Die Strafbarkeit des Arztes bei der Offenbarung genetischer Daten an Angehörige eines Patienten

Europäische Hochschulschriften
Publications Universitaires Européennes
European University Studies

Reihe II
Rechtswissenschaft

Série II Series II
Droit
Law

Bd./Vol. 5276

PETER LANG
Frankfurt am Main · Berlin · Bern · Bruxelles · New York · Oxford · Wien

Julia Schröter

Die Strafbarkeit des Arztes bei der Offenbarung genetischer Daten an Angehörige eines Patienten

Eine Untersuchung am Beispiel der Chorea Huntington, der Polyzystischen Nierenerkrankung und der erblichen Form der Brust- und Darmkrebserkrankung

PETER LANG
Internationaler Verlag der Wissenschaften

Bibliografische Information der Deutschen Nationalbibliothek
Die Deutsche Nationalbibliothek verzeichnet diese Publikation in der Deutschen Nationalbibliografie; detaillierte bibliografische Daten sind im Internet über http://dnb.d-nb.de abrufbar.

Zugl.: Münster (Westfalen), Univ., Diss., 2010

Gedruckt auf alterungsbeständigem,
säurefreiem Papier.

D 6
ISSN 0531-7312
ISBN 978-3-631-60356-7

Vorwort

Die vorliegende Arbeit wurde im Wintersemester 2009/2010 von der juristischen Fakultät der Westfälischen Wilhelms-Universität Münster als Dissertation angenommen.

Die Arbeit befindet sich auf dem Stand Frühjahr 2010.

Für ihre fortwährende Unterstützung möchte ich mich von ganzem Herzen bei meinen Eltern und bei meinem Bruder Alexander bedanken. Großer Dank gebührt natürlich auch Dr. Stefan Schmidt, der meine Launen während der Promotionszeit aufgefangen hat und mir auch in fachlicher Hinsicht stets zur Seite stand. Zudem möchte ich mich bei Jennifer Kellotat für die anregenden Diskussionen per Telefon sowie ihre Hilfe bei der Korrektur der Arbeit bedanken.

Besonderen Dank möchte ich Prof. Dr. Michael Heghmanns aussprechen, der meine Tätigkeit stets interessiert begleitet und mir wertvolle Hinweise und Anregungen gegeben hat. Für die zügige Zweitkorrektur möchte ich auch Prof. Dr. Ulrich Stein ganz herzlich danken.

Münster, im September 2011

Julia Schröter

Inhaltsverzeichnis

Abkürzungsverzeichnis

a.A.	andere Ansicht
a. a. O.	am angegebenen Ort
Abs.	Absatz
abw.	Abweichend
a. E.	am Ende
AG	Amtsgericht
AIFO	Aids-Forschung (Zeitschrift)
a. M.	amdere Meinung
Art.	Artikel
ArztR	Arztrecht (Zeitschrift)
AT	Allegemeiner Teil
Aufl.	Auflage
Ausschussdrs.	Ausschussdrucksache
BayObLG	Bayrisches Oberstes Landesgericht
BÄK	Bundesärztkammer
BÄO	Berufsordnung für Ärzte
BB	Betriebsberater (Zeitschrift)
Bd.	Band
BDSG	Bundesdatenschutzgesetz
BGB	Bürgerliches Gesetzbuch
BGBl.	Bundesgesetzblatt
BGH	Bundesgerichtshof
BGHSt	Entscheidungen des Bundesgerichtshofes in Strafsachen
BGHZ	Entscheidungen des Bundesgerichtshofes in Zivilsachen
BKK	Betriebskrankenkasse/n
Bl.	Blatt
BMK	Biomedizin-Konvention
BRD	Bundesrepublik Deutschland
BT	Besonderer Teil
BT-Drs.	Bundestag-Drucksache
BVDH	Berufsverband Deutscher Humangenetiker e.V.
BVerfG	Bundesverfassungsgericht
BVerfGE	Entscheidungen des Bundesverfassungsgerichts
bzgl.	bezüglich
bzw.	beziehungsweise

ca.	circa
CR	Computer und Recht (Zeitschrift)
d.	des/r
DB	Der Betrieb (Zeitschrift)
ders.	derselbe
d.h.	das heißt
Diss	Dissertation
DKG	Deutsche Krebsgesellschaft
DMW	Deutsche Medizinische Wochenschrift (Zeitschrift)
DNA	desoxyribonucleic acid
DNS	Desoxyribonukleinsäure
DÖV	Die Öffentliche Verwaltung (Zeitschrift)
Dt.	Deutsche/r/s
Dt. Ärztbl.	Deutsches Ärztblatt (Zeitschrift)
DuD	Datenschutz und Datensicherung (Zeitschrift)
EGStGB	Einführungsgessetz zum Strafgesetzbuch
ESchG	Embryonenschutzgesetz
e.V.	eingetragener Verein
FAP	Familiäre Adenomatöse Polyposis
f.	nachfolgender
ff.	nachfolgende
Fn.	Fußnote
FS	Festschrift
GeN	Gen-ethisches Netzwerk
GenDG	Gendiagnostik-Gesetz
GenDG-E	Entwurf zum Gendiagnostikgesetz
GenTG	Gentechnikgesetz
GfH	Deutsche Gesellschaft für Humangenetik e.V.
GG	Grundgesetz
G+G	Gesundheit und Gesellschaft (Zeitschrift)
ggf.	gegebenenfalls
GGW	Gesundheit und Gesellschaft Wissenschaft (Beilage zu G+G)
GID	Gen-ethischer Informationsdienst
GTG	Gentechnikgesetz (Österreich)
GUMG	Bundesgesetz über genetische Untersuchungen beim Menschen (Schweiz)
HeilBerG NW	Heilberufsgesetz Nordrheinwestfalen
h. L.	herrschende Lehre
h. M.	herrschende Meinung
HNPCC	Hereditäres kolorektales Karzinom ohne Polyposis

Hrsg.	Herausgeber
i. S. d.	im Sinne des/r
i. S. v.	im Sinne von
i. V. m.	in Verbindung mit
JA	Juristische Arbeitsblätter (Zeitschrift)
JK	Karteikarte Jura (Zeitschrift)
JR	Juristische Rundschau (Zeitschrift)
JuS	Juristische Schulung (Zeitschrift)
JZ	Juristenzeitung (Zeitschrift)
KG	Kammergericht
KritV	Kritische Vierteljahresschrift für Gesetzgebung und Rechtswissenschaft
LG	Landgericht
lit.	Littera (Buchstabe)
MBO	Musterberufsordnung für Ärzte
MDR	Monatsschrift für Deutsches Recht (Zeitschrift)
m. E.	meines Erachtens
MedR	Medizinrecht (Zeitschrift)
medgen	Medizinische Genetik (Zeitschrift)
m. w. N.	mit weiteren Nachweisen
NJW	Neue Juristische Wochenschrift (Zeitschrift)
Nr.	Nummer
NStZ	Neue Zeitschrift für Strafrecht
OECD	Organisation für witschaftliche Zusammenarbeit und Entwicklung
od.	oder
OLG	Oberlandesgericht
PrStGB	Strafgesetzbuch für die Preußischen Staaten
RegE	Regierungsentwurf
RGSt	Entscheidungen des Reichsgerichts in Strafsachen
RGZ	Entscheidungen des Reichsgerichts in Zivilsachen
Rn.	Randnummer
Rspr.	Rechtsprechung
RStGB	Reichsstrafgesetzbuch
s.	siehe
S.	Seite
s. o.	siehe oben
sog.	so genannte/r/s
StGB	Strafgesetzbuch
StGB-E	Entwurf zum Strafgesetzbuch

StPO	Strafprozessordnung
st. Rspr.	ständige Rechtsprechung
s. u.	siehe unten
u.	und
u.a.	unter anderem
Urt.	Urteil
v.	vom
VersR	Versicherungsrecht (Zeitschrift)
vgl.	vergleiche
z.B.	zum Beispiel
WHO	World Health Organization (Weltgesundheitsorganisation)
Ziff.	Ziffer
ZRP	Zeitschrift für Rechtspolitik
ZStW	Zeitschrift für die gesamte Strafrechtswissenschaft

Einleitung

A. Problemstellung und Zielsetzung der Untersuchung

Ausgangspunkt der Arbeit ist die Beobachtung, dass sich die Medizin in der heutigen Zeit kontinuierlich fortentwickelt, immer neue Möglichkeiten zur Erkennung und Behandlung von Krankheiten bietet und gerade das Strafrecht als Bestandteil des Medizin- und Arztrechts stetig an Bedeutung gewinnt.[1] Untersucht wird im Rahmen dieser Ausarbeitung die strafrechtliche Verantwortung des Arztes in der Humangenetik, denn insbesondere auf diesem Gebiet ist eine rasante Entwicklung in der Medizin zu verzeichnen.[2] Dabei umfasst die Humangenetik alle Inhalte, die sich mit den Vererbungsvorgängen in Bezug auf den Menschen beschäftigen.[3]

„Man kann erwarten, dass ein beträchtlicher Teil der genetischen Dispositionen für sog. Volkskrankheiten innerhalb des nächsten Jahrzehnts aufgedeckt wird. Die Kenntnis der genetischen Grundlagen wird auch eine umfassende prädiktive (voraussagende) Diagnostik möglich machen. [...] Deshalb werden die Schwierigkeiten beim Umgang mit dem wachsenden genetischen Wissen eher zu- als abnehmen“, so der Nationale Ethikrat in einer Stellungnahme aus dem Jahre 2005.[4] Fortschritte in der Humangenetik ermöglichen es, einen gesunden Menschen als „zukünftig“ Kranken zu definieren[5], so dass durch die genetische Diagnostik zu der allgemeinen Vorstellung von Gesundheit und Krankheit auch der Zustand des „Noch-nicht-Kranken“ [6] bzw. des „potentiell Kranken“[7] hinzutritt.

Bei allen neuartigen medizinischen Erkenntnissen und ärztlichen Tätigkeitsfeldern stehen allerdings die Standesethik des Arztes und das Recht nicht unab-

---

1 Ries/Althaus ua, Arztrecht, 119.

2 Dt. Forschungsgemeinschaft, Prädiktive genetische Diagnostik, 34; Propping, G+G Spezial 2007, 4; Hoppe, G+G Spezial 2007, 7; Kolpatzik/Egger, G+G Spezial 2007, 10 (11).

3 Brückl, Rechtsfragen zur Verwendung von genetischen Informationen, 67.

4 Nationaler Ethikrat, „Prädiktive Gesundheitsinformationen bei Einstellungsuntersuchungen“, Stellungnahme v. 2005, 21; so auch: Hasskarl/Ostertag, MedR 2005, 640 (641).

5 so: Tinnefeld, ZRP 2000, 10 (11).

6 so: Kolpatzik/Egger, G+G Spezial 2007, 10.

7 so: Heller-Jung, G+G Spezial 2007, 14.

hängig nebeneinander, denn „was die Standesethik vom Arzte fordert, übernimmt das Recht weithin zugleich als rechtliche Pflicht. Weit mehr als sonst in den sozialen Beziehungen des Menschen fließt im ärztlichen Berufsbereich das Ethische mit dem Rechtlichen zusammen".[8] Die fortschreitende „Perfektion der Technik" bringt dabei für den Arzt immer komplexere Konflikte und Entschlüsse mit sich und erhöht so dessen Verantwortlichkeit.[9]

Nachdem die medizinische Forschung bestätigt hat, dass verschiedene Krankheiten vererbbar sind bzw. durch ererbte genetische Faktoren zumindest mitbestimmt werden, arbeiten Mediziner nun daran, die genauen genetischen Ursachen für solche Erbkrankheiten zu erforschen, um eine Erkrankung möglichst schon vor deren Ausbruch effektiv behandeln oder einen Ausbruch gar verhindern zu können.[10] Zwar hat es Erbkrankheiten schon immer gegeben, jedoch sind sie aufgrund der ansteigenden Lebenserwartungen und der Eindämmung von Infektionskrankheiten durch entsprechende Impfungen besonders in den letzten Jahrzehnten in den medizinischen Vordergrund gerückt und stellen prozentual gesehen eine immer signifikanter werdende Todesursache dar.[11]

Medizinische Fortschritte und die Erlangung genetischen Wissens haben zweifellos ein ganz erhebliches Nutzungspotential für die Gesundheit des Menschen, jedoch bergen neue Erkenntnisse auch weitreichende Schadensmöglichkeiten.[12] Die Anwendung des neuartigen theoretischen Wissens ist demnach zunächst mit Skepsis zu betrachten. So betonte Henk A.M.J. Ten Have treffend: „The fact that knowledge is available should not itself dictate its application".[13] Schaden und Nutzen neuer Erkenntnisse müssen analysiert werden und in einem ausgewogenen Verhältnis zueinander stehen.[14] Von Nutzen können die Erkenntnisse der humangenetischen sowie der gendiagnostischen Forschung insbesondere für Betroffene solcher genetisch bedingten Erkrankungen sein, die erst im mittleren bis späteren Lebensverlauf ausbrechen. Mithilfe vorhersagender (prä-

---

8 Schmidt in: Ponsold, Lehrbuch der gerichtlichen Medizin, 2; Laufs, NJW 2000, 1757; Laufs, NJW 1980, 1315.

9 Laufs, NJW 1987, 1449; Ten Have betont „There is no history of science without shadows, without failures, dissensus, and conflicts." in Ten Have, Medicine, Health Care and Philosophy 4, 2001, 303.

10 vgl. BÄK, Dt. Ärztebl. 1998, A 1396; Tinnefeld, ZRP 2000, 10.

11 Cairns in: Schirrmacher, Krebs, 10; Brown, Gentechnologie, 343.

12 Dt. Forschungsgemeinschaft, Prädiktive genetische Diagnostik, 34.

13 Ten Have, Medicine, Health Care and Philosophy 4, 2001, 295.

14 so auch: BÄK, Dt. Ärztebl. 1998, A 1396; auch Barth formuliert dieses Problemfeld durch die Frage „Wie viel Wissen tut uns gut?" in: G+G Spezial 2007, 3; Kolpatzik/Egger, G+G Spezial 2007, 10.

diktiver) Testverfahren ist es in diesen Fällen möglich, noch vor dem klinischen Ausbruch einer Erkrankung Kenntnis von einer genetischen Veranlagung diesbezüglich zu erhalten und eine effektive Prävention zu betreiben. Beispiele für solch klassische Erbkrankheiten, die erst im späteren Lebensverlauf auftreten, sind die neurodegenerative Erkrankung der Chorea Huntington sowie die polyzystische Nierenerkrankung. Aber auch Formen des Brust- oder Darmkrebses sowie Diabetes und Asthma können durch erbliche Faktoren mitbestimmt werden und brechen erst in einem späteren Lebensabschnitt aus.[15] Bekannt ist darüber hinaus, dass in etwa einem Drittel aller Krebsfälle Einfluss auf die Ursachen für die Erkrankung genommen werden kann.[16] Für eine erblich mitbedingte Erkrankung bedeutet dies, dass externe Risikofaktoren, die einen Ausbruch der Krebserkrankung zusätzlich begünstigen würden, gezielt vermieden werden können. Hat eine betroffene Person also schon vor dem Ausbruch der genetischen Krankheit Kenntnis von einer entsprechenden Veranlagung, so sind allein aufgrund dieses Wissens die Vorsorgemöglichkeiten und Handlungsspielräume der betroffenen Person erheblich erweitert. Dennoch kann andererseits auch ein Schaden im Sinne eines Nachteils für die betroffene Person entstehen, dann nämlich, wenn eine prädiktive Diagnose zu tief greifenden Ängsten und Depressionen bei einem „Patienten“[17] führt.[18]

Eine Weitergabe genetischer Daten kann somit sowohl positive als auch negative Auswirkungen auf das Wohlbefinden eines Betroffenen haben. Im besonderen Fokus der modernen Medizin steht daher das Zusammenspiel von Entstehung, Verlauf und Beeinflussbarkeit genetischer Erkrankungen einerseits und genetischer Verantwortung andererseits.

Aufgrund der Besonderheiten genetischer Informationen stellen sich auf dem Gebiet der Humangenetik allerdings weitere Probleme, denn genetische

---

15 Brown, Gentechnologie, 343; Schmidtke, Vererbung und Ererbtes, 119; Henn, Perspectives in biology and medicine 1998, 282 (284).

16 DKV, Prävention von Krebs, 11.

17 Es besteht Uneinigkeit hinsichtlich der Bezeichnung der genetisch betroffenen Person, da diese noch keine Krankheitssymptome im eigentlichen Sinne aufweist. Teils wird diese als Patient, teils als Ratsuchender oder als Klient bezeichnet (vgl. dazu: Fröhlich/Wang/Peters in: Sass/Schröder, Patientenaufklärung, 95). Da sich die betroffene Person in die Obhut eines Arztes begibt und dieses regelmäßig und unabhängig davon, ob eine Person tatsächlich krank ist, ein typisches Arzt-Patienten-Verhältnis begründet, wird im Rahmen dieser Arbeit die Bezeichnung des „Patienten“ verwendet.

18 BÄK, Dt. Ärztebl. 2003, A 1297; BÄK, Dt. Ärztebl. 1998, A 1398; Propping, G+G Spezial 2007, 4 (5 f); Hoppe, G+G Spezial 2007, 7; Hasskarl/Ostertag, MedR 2005, 640 (642); Henn, Perspectives in biology and medicine 1998, 282 (284).

Informationen betreffen nicht nur eine bestimmte Person, sondern liegen aufgrund ihrer Vererblichkeit immer bei mehreren Personen innerhalb mehrerer Generationen gleichzeitig vor.[19] Weist eine Person eine genetisch zumindest mitbedingte Erkrankung auf, so besteht in Abhängigkeit vom Erbgang des jeweiligen Gendefekts auch für andere Familienmitglieder ein erhöhtes Risiko an dieser Krankheit zu erkranken. Für den Fall, dass Vorsorgemaßnahmen getroffen werden können, kann die gefährdete verwandte Person nach Kenntniserlangung von einer eigenen genetischen Veranlagung, z.B. durch einen molekulargenetischen Test, selbst solche ergreifen.[20]

Zu berücksichtigen ist außerdem, dass genetische Informationen höchstpersönlichen Charakter[21] haben und eine Offenbarung der genetischen Dispositionen für eine bestimmte Krankheit von den Betroffenen oftmals nicht erwünscht ist. Teilweise werden diese Informationen daher auch zwischen verschiedenen Mitgliedern einer Familie nicht ausgetauscht. Dies ist insbesondere in innerfamiliären Konfliktsituationen der Fall, wenn sich Elternteile voneinander trennen, deren Kinder bei nur einem Elternteil aufwachsen und sich das Verhältnis zu dem anderen leiblichen Elternteil verschlechtert.

So kann beispielsweise der Fall eintreten, dass sich zwei Elternteile, von denen eines eine genetische Disposition für eine Erbkrankheit hat, voneinander trennen und das gemeinsame Kind des Paares bei dem Elternteil ohne genetische Disposition aufwächst. Aufgrund der Vererblichkeit des Merkmals für die Erkrankung besteht ein gewisses Risiko für das Kind, ebenfalls zu erkranken. Durch die Trennung der Elternteile ist es nun möglich, dass sich das Verhältnis zwischen dem Kind und dem in Trennung lebenden Elterteil derart verschlechtert, dass dieser Elternteil eine Inkenntnissetzung des Kindes über die bestehende Erkrankung sowie über das familiäre genetische Risiko nicht wünscht. Auch sind Zerwürfnisse zwischen Geschwistern möglich, die zu Konfliktsituationen führen können. Kennt ein Geschwisterteil seine genetische Veranlagung für eine eventuell später ausbrechende Erbkrankheit und hat sich dieser mit einem anderen Geschwisterteil zerstritten, so kann auch hier der Fall eintreten, dass genetische Daten innerfamiliär nicht weitergegeben werden. Stirbt nun der genetisch ebenfalls betroffene Elternteil, bevor er Kenntnis von der eigenen Disposition erlangt, so kann auch dem zweiten Geschwisterteil die Information über die eigenen Gene verwehrt bleiben.[22] Den betroffenen nicht unterrichteten Personen

---

19 Vgl. Dt. Forschungsgemeinschaft, Prädiktive genetische Diagnostik, 34 f; BÄK, Dt. Ärztebl. 2003, A 1297; Hasskarl/Ostertag, MedR 2005, 640 (642).

20 BÄK, Dt. Ärztebl. 2003, A 1301.

21 Heller-Jung, G+G Spezial 2007, 14 (15).

22 Weiteres Fallbeispiel bei: Henn, Zeitschrift für medizinische Ethik 2002, 343 (347).

würde in den beispielhaft dargestellten Fällen jeweils die Motivation genommen werden, eine eigene genetische Untersuchung zu veranlassen, um auf Grundlage dieser ggf. gezielte Vorsorgemaßnahmen treffen zu können. Die Beispielsituationen zeigen auf, dass alltäglich Situationen entstehen können, in denen auch unter Blutsverwandten eine Weitergabe genetischer Informationen nicht erwünscht sein kann und dadurch verwandten Personen ihr individuelles genetisches Risiko vorenthalten wird.

Dies wird zusätzlich dadurch verschärft, dass sich der Trend in der heutigen Zeit deutlich von dem klassischen Eltern-Kind-Familienbild hinweg entwickelt und alternative Familienformen mehr und mehr an Bedeutung gewinnen. In den alten Bundesländern nahm die Zahl alternativer Familienformen beispielsweise im Jahre 2006 um 41 Prozent zu, die Zahl der traditionellen Familien verringerte sich um 6 Prozent.[23] Statistische Untersuchungen zeigen, dass sich zudem die Zahl derer, die überhaupt noch eine Ehe eingehen von 1950 bis 2006 in etwa halbiert hat. Während im Jahre 1950 rund 750.000 Menschen eine Ehe eingingen, sind es im Jahre 2006 nur noch circa 374.000.[24] Darüber hinaus ist hinsichtlich der Anzahl der Scheidungen über die Jahre 1950 bis 2006 ein absoluter Anstieg zu verzeichnen. Im Jahre 1950 wurden etwa 135.000 Ehen geschieden. Im Jahre 2006 waren es bereits 191.000.[25] Es bleibt festzuhalten, dass sich das Institut der Ehe auf einem „leisen Rückzug“[26] befindet. Etwa jede dritte Ehe wird heutzutage wieder geschieden[27] (in Großstädten sogar jede zweite Ehe)[28], was in der Regel nicht nur Auswirkungen auf die Ehepartner selbst, sondern auch auf die oftmals noch minderjährigen Kinder hat. Nach einer Scheidung werden häufig neue Partnerschaften eingegangen. Da in den meisten dieser Fälle wiederum Kinder betroffen sind, hat dieser Trend enormen Einfluss auf die Familienstruktur der gesamten Bevölkerung. Teilweise wird sogar davon gesprochen, dass von den unter achtjährigen Kindern mittlerweile jedes zweite Kind nicht mehr mit beiden leiblichen Elternteilen gemeinsam aufwächst.[29] Der Kontakt zu dem Elternteil, bei dem das Kind nicht lebt, verschlechtert sich aufgrund vielfältiger Umstände zumeist erheblich oder bricht sogar ganz ab, so dass jedenfalls das

---

23 Statistisches Bundesamt ua, Datenreport 2008, 33.

24 Statistisches Bundesamt ua, Datenreport 2008, 32.

25 Statistisches Bundesamt ua, Datenreport 2008, 32.

26 So auch: Jung, Hamburger Abendblatt v. 13.08.2007.

27 So auch: Emmerling, Wirtschaft und Statistik 2007, 159; Krähenbühl ua, Stieffamilien, 23; (es wird hier in beiden Fällen sogar von „mehr“ als einem Drittel gesprochen, 167); Statistisches Bundesamt ua, Datenreport 2008, 33.

28 Krähenbühl ua, Stieffamilien, 23.

29 Krähenbühl ua, Stieffamilien, 23.

Vertrauensverhältnis zwischen dem Kind und dem getrennt lebenden Elternteil stark beeinträchtigt wird. Zu erwarten ist, dass zukünftig ein Großteil aller Kinder und Erwachsenen in sog. Stieffamilien leben wird. Eben diese gesellschaftliche Entwicklung unterstreicht die Aktualität der hier behandelten Thematik.

An dieser Stelle setzt die Untersuchung an, indem sie innerhalb der soeben dargestellten Problematik die Rolle des Arztes beleuchtet. Im Regelfall befinden sich Menschen, die bereits an einer Erbkrankheit leiden oder auch nur um ihre genetische Veranlagung für eine schwere erbliche Krankheit wissen, in ärztlicher Behandlung. Der Arzt wird diese Personen über das genetische Risiko der übrigen Verwandten aufklären und zu einer Unterrichtung auch dieser Familienmitglieder raten. Jedoch kann der Arzt eine solche Weitergabe der Informationen durch den Patienten nicht erzwingen. So stellt sich nun die Frage, wie der Arzt sich zu verhalten hat, wenn er einerseits um das genetische Risiko und eventuell greifbaren Vorsorgemaßnahmen eines möglicherweise betroffener Angehöriger weiß, jedoch andererseits sein genetisch disponierter Patient in eine Weitergabe der entsprechenden Daten nicht einwilligt.

Grundsätzlich basiert die gesamte ärztliche Tätigkeit auf dem allgemeinen ärztlichen Heilauftrag, d.h. auf der Pflicht, zu helfen und die Gesundheit und das Wohl der Allgemeinheit zu fördern und zu sichern. Patienten bringen dem Arzt hierbei ein sehr hohes Maß an Vertrauen entgegen. Um eine solche Vertrauensbeziehung im Arzt-Patienten-Verhältnis sicherzustellen, ist es notwendig, die Handlungsmöglichkeiten des Arztes zum Schutz der Patienten einzuschränken. Der Arzt unterliegt wegen seiner besonderen Stellung daher bestimmten Berufspflichten, insbesondere der ärztlichen Schweigepflicht. Diese besagt, dass der Arzt die ihm durch seinen Patienten anvertrauten persönlichen Informationen nicht an Dritte weitergeben darf. Im Falle einer unbefugten Weitergabe hat er sich strafrechtlich nach § 203 StGB zu verantworten. Mit der Regelung des § 203 StGB wurde eine gesetzliche Grenze ärztlichen Handelns gezogen. Strebt der Arzt nun eine Weitergabe von Informationen an Familienmitglieder eines Patienten zum Schutze von deren Gesundheit an, so kann dies einen Verstoß gegen die ärztliche Schweigepflicht begründen. Ein Arzt steht demnach in der hier beschriebenen Situation, in der keine Einwilligung des Patienten in eine Datenweitergabe vorliegt, im Konflikt mit dem ärztlichen Heilauftrag und seiner ärztlichen Schweigepflicht.

Eine vergleichbare Konfliktlage ergibt sich für den Arzt in den so genannten „HIV-Fällen“. Auch bei einer HIV-Erkrankung kann es Situationen geben, in denen ein Patient an dem HIV-Virus leidet, seinen Lebenspartner aber nicht über dieser Erkrankung in Kenntnis setzen möchte. Für den Partner jedoch besteht in solch einer Situation eine begründete Ansteckungsgefahr und somit ein erhebliches gesundheitliches Risiko. Wegen der fehlenden Kenntnis über dieses eigene

Risiko wird auch hier einer anderen Person die Möglichkeit genommen, angemessene Vorsorgemaßnahmen zum Schutz der eigenen Gesundheit und des eigenen Lebens zu treffen. Es besteht ebenfalls ein begründetes Schutzbedürfnis Dritter. Der Arzt befindet sich in einem solchen Fall also in vergleichbarer Weise im Konflikt mit der Schweigepflicht gegenüber dem erkrankten Patienten einerseits und seinem Heilauftrag, welcher ein grundsätzliches Streben nach Gesundheitserhaltung erfasst, andererseits. Beide Aufträge sind Grundlagen ärztlichen Handelns und stellen wesentliche Voraussetzungen für die Funktionsfähigkeit und das Vertrauen in die Ärzteschaft dar.

Zusammenfassend lässt sich daraus das Thema und Ziel dieser Untersuchung formulieren: Es soll im Rahmen dieser Arbeit herausgestellt werden, ob und gegebenenfalls wie der ärztliche Heilauftrag und die ärztliche Schweigepflicht unter Berücksichtigung der besonderen Eigenschaften genetischer Daten in Einklang gebracht werden können und ob eine Datenweitergabe durch den Arzt dessen Strafbarkeit begründet. Die Strafnorm des § 203 StGB steht dabei im Mittelpunkt der Untersuchung. Ziel ist es, festzustellen, ob bei einer Weitergabe genetischer Informationen durch den Arzt an Familienangehörige eines betroffenen Patienten eine Verletzung der Strafnorm des § 203 StGB vorliegt und ob und gegebenenfalls in welchen Fällen eine solche Weitergabe aufgrund der durch die moderne Medizin eröffneten Handlungsmöglichkeiten gerechtfertigt sein kann, so dass eine Strafbarkeit des Arztes nach dem Strafgesetzbuch entfällt.

B. Gang der Untersuchung

Der Frage, wie der ärztliche Heilauftrag mit der Schweigepflicht des Arztes in Bezug auf genetisch bedingte Krankheiten in Einklang gebracht werden kann und in welchen Fällen eine Strafbarkeit nach § 203 StGB vorliegt, wird in dieser Untersuchung in sechs Kapiteln nachgegangen:

In einem ersten Kapitel wird einleitend ein Überblick über die wesentlichen Bereiche des ärztlichen Berufes gegeben. Neben der Darstellung der beruflichen Organisation und des Tätigkeitsbereichs werden die wesentlichen Berufspflichten des Arztes im Verhältnis zu seinen Patienten skizziert. Besonderes Augenmerk wird dabei auf die ärztliche Schweigepflicht gelegt. Hieraus wird ein Überblick über den Arzt als die im Mittelpunkt dieser Arbeit stehende Person entwickelt.

Um letztlich eine Strafbarkeit des Arztes nach § 203 StGB im Hinblick auf die Weitergabe genetischer Informationen herauszuarbeiten, werden in einem zweiten Kapitel die notwendigen medizinischen Hintergründe erklärt und ein

Einblick in die relevanten genetischen Zusammenhänge gegeben. Einen wichtigen Abschnitt dieses Kapitels bildet die Darstellung der genetisch bedingten Krankheiten, denn die diesen zugrunde liegenden genetischen Informationen sind Inhalt einer Offenbarung durch den Arzt nach § 203 StGB. Zu beachten ist allerdings, dass hierbei nur solche Erbkrankheiten als Untersuchungsgegenstand in Betracht kommen, die innerhalb einer Familie relativ häufig auftreten und von denen eine betroffene Person regelmäßig erst im späteren Lebensverlauf Kenntnis erlangt, denn gerade in diesen Fällen erscheint eine frühzeitige Mitteilung geboten. Es werden daher unterschiedliche spätmanifeste Erbkrankheiten vorgestellt und deren Unterschiede in der Wahrscheinlichkeit eines Ausbruchs sowie den im konkreten Fall bestehenden Präventionsmöglichkeiten und Heilungschancen verdeutlicht. Abschließend erfolgt eine Darstellung der aktuellen Gesetzeslage hinsichtlich der Gewinnung, Verwendung und Verwertung genetischen Materials. Insbesondere wird das im April 2009 beschlossene Gesetz über genetische Untersuchungen bei Menschen (Gendiagnostikgesetz – GenDG)[30] herangezogen und dessen Auswirkungen im Rahmen dieser Untersuchung veranschaulicht.

Im dritten Kapitel wird näher auf das konkrete Interesse anderer Familienangehöriger an familiären genetischen Daten eingegangen und der Drittbezug dieser Informationen verdeutlicht. Hierzu werden die Mendelschen Vererbungsregeln skizziert und das Risiko einer Ererbung genetischer Veranlagungen in Bezug auf die zu untersuchenden Erbkrankheiten bestimmt.

Nachdem in den ersten drei Teilen der Untersuchung die Problemlage des Untersuchungsgegenstandes herausgearbeitet wurde, erfolgt im vierten Kapitel eine ausführliche Prüfung einer Verletzung des § 203 StGB im Falle der Weitergabe genetischer Daten eines Patienten an dessen Angehörige durch den Arzt. Dieser vierte Teil stellt den Hauptteil der Untersuchung dar. Zunächst werden die wesentlichen Grundzüge der aus der ärztlichen Schweigepflicht resultierenden Strafnorm des § 203 StGB erläutert. Eingegangen wird auf die Reichweite und den Zweck der Norm in Bezug auf den Arzt als eines der genannten Tatsubjekte sowie auf das durch die Norm geschützte Rechtsgut. Es schließt sich hieran eine Darstellung der einzelnen Tatbestandsmerkmale des § 203 StGB und die Anwendung dieser auf die zu untersuchenden Fallkonstellationen an. Der Schwerpunkt der Untersuchung liegt auf der Ebene der Rechtswidrigkeit einer Verwirklichung des § 203 StGB. Diskutiert werden auf dieser Ebene mögliche Gründe, die eine Weitergabe genetischer Daten durch den Arzt an Familienangehörige zu rechtfertigen vermögen. Im Vordergrund steht eine Rechtfertigung

30 BGBl. 2009 Teil I, 2529 ff.

ärztlichen Handelns nach § 34 StGB. Da bereits im Rahmen des Gesetzgebungsverfahrens zum GenDG eine Rechtfertigung des Arztes thematisiert wurde und die Problematik sowohl in Fachkreisen als auch in der Literatur zu kontroversen Diskussionen führte, wird einleitend ein Überblick über den aktuellen Meinungsstand gegeben. Im Anschluss erfolgt die Darstellung möglicher Lösungswege aus Sicht der Autorin, insbesondere unter Bezugnahme auf die Vorschrift des § 34 StGB. Im Rahmen einer umfassenden Abwägung finden hier neben dem abstrakten Rangverhältnis der kollidierenden Interessen auch die Wahrscheinlichkeit eines Schadenseintritts im konkreten Fall und die zur Verfügung stehende Rettungschancen in Bezug auf die jeweilige Erbkrankheit Berücksichtigung. Festzustellen ist, ob eine Rechtfertigung des Arztes von der Ausbruchswahrscheinlichkeit sowie den Präventionsmöglichkeiten der einzelnen Krankheiten abhängt und somit in Bezug auf die verschiedenen Arten der Erbkrankheiten auch unterschiedlich zu beurteilen ist. Da für einen Arzt auch im Rahmen der Behandlung anderer Erkrankungen, wie beispielsweise bei einer HIV-Erkrankung, ähnliche Konfliktsituationen entstehen können, wird auch auf diese Parallelfälle Bezug genommen und aktuelle Entwicklungen der Rechtsprechung zur Lösung des Konflikts zwischen Schweigepflicht und Heilauftrag diskutiert. Unter Berücksichtigung aller relevanten Aspekte wird ein Ergebnis bezüglich der Rechtfertigung des ärztlichen Handelns nach § 34 StGB erlangt. Unter Einbeziehung dieses Ergebnisses werden abschließend die vorab dargestellten Ansätze von Fachgesellschaften und Literatur kritisch gewürdigt. Im Rahmen dessen wird auch Stellung zu einer vereinzelt angenommenen Pflicht des Arztes zur Offenbarung genetischer Informationen an Angehörige genommen.

Das fünfte Kapitel beinhaltet eine kritische Auseinandersetzung mit den rechtlichen Konsequenzen, die einen Arzt im Falle eines Verstoßes gegen seine ärztliche Schweigepflicht treffen können. Neben den Folgen nach dem StGB werden auch die Bestimmungen des Datenschutzrechts sowie in Betracht kommende zivilrechtliche und berufsrechtliche Sanktionen skizziert und kritisch gewürdigt.

Vorschläge zur Lösung der bestehenden Konfliktsituation werden im sechsten Kapitel unternommen. Es wird zunächst auf die Möglichkeit der Schaffung einer neuen gesetzlichen Regelung eingegangen und deren möglicher Regelungsinhalt sowie dessen inhaltlichen Anforderungen skizziert. Darüber hinaus wird beispielhaft eine solche Regelung formuliert. Um auch Alternativen zu einer gesetzlichen Regelung nicht auszublenden, die zu einer Vermeidung der hier untersuchten Problematik beitragen können, wird ergänzend die Möglichkeit der Durchführung genetischer Bevölkerungsscreenings und deren Nutzen diskutiert. Sodann wird das Augenmerk wieder auf den Arzt gelenkt und Handlungsmöglichkeiten aufgezeigt, die diesem nach der bestehenden Gesetzeslage in den untersuchten Konfliktsituationen zur Verfügung stehen.

Abschließend wird ein Überblick über alle im Rahmen dieser Untersuchung erlangten Ergebnisse gegeben und ein Eindruck von der zukünftigen Entwicklung der diskutierten Problematik vermittelt.

1. Kapitel: Das Berufsbild des Arztes

Im Mittelpunkt dieser Arbeit steht die strafrechtliche Verantwortung des Arztes im Hinblick auf die Weitergabe genetischer Daten. Es soll ein Bereich der ärztlichen Tätigkeit unter strafrechtlichen Gesichtspunkten untersucht werden.

Zum Verständnis der Thematik dieser Arbeit wird zunächst auf die Rolle des Arztes in der Gesellschaft eingegangen und ein grober Überblick über die ärztliche Tätigkeit vermittelt. Ziel dieses ersten Teils ist es, den Arzt als potenziellen „Täter" im Sinne des § 203 StGB vorzustellen und so ein allgemeines Bild des „Tatsubjekts Arzt" zu vermitteln.

A. Stellung und Funktion des Arztes in der Gesellschaft

„Der Arzt dient der Gesundheit des einzelnen Menschen und des gesamten Volkes", so formuliert die Berufsordnung für die deutschen Ärzte in § 1 I Bundesärzteordnung (BÄO). Die Rolle des Arztes in der Gesellschaft ist seit jeher von einem nach Wissenschaft und Humanität ausgerichteten Heilauftrag geprägt. Jedes Handeln des Arztes soll gleichermaßen von naturwissenschaftlicher Erkenntnis aber auch von Nächstenliebe geleitet sein.[31] Das Wesen der ärztlichen Tätigkeit ist in dem ständigen Bestreben zu sehen, „spezifisch zu helfen, um zu heilen".[32] Dieses Bestreben stützt sich auf die über Jahre beständigen Grundmuster „des Vertrauens, der Solidarität und der Verantwortlichkeit". Ziel ärztlicher Tätigkeit ist nicht die Entwicklung „glanzvoller Theorien", sondern eine erfolgreiche Heilung des Patienten.[33]

Als akademischer Heilberuf zählt der Beruf des Arztes zur Gruppe der freien Berufe und ist nach der Formulierung des § 1 II 2. Halbsatz der BÄO auch „seiner Natur nach" ein freier Beruf, was in der Weise zu verstehen ist, dass der Arzt unabhängig und weisungsfrei seine Heilbehandlungstätigkeit auszuführen hat.[34] Auch im Rahmen eines Angestelltenverhältnisses gilt die ärztliche „Frei-

---

31 Russek, Ärztliches Berufsgeheimnis, 32; Laufs in: Laufs/Uhlenbruck, Handbuch des Arztrechts, § 1, Rn 1; Deutsch/Spickhoff, Medizinrecht, Rn 14, 15.

32 vgl. Sass in: Sass/Schröder, Patientenaufklärung, 41; Laufs in: Laufs/Uhlenbruck, Handbuch des Arztrechts, § 1, Rn 3.

33 Laufs in: Laufs/Uhlenbruck, Handbuch des Arztrechts, § 1, Rn 3.

34 So: BGH, NJW 1978, 589 (591); Laufs spricht in Laufs/Uhlenbruck, Handbuch des Arztrechts, § 3, Rn 8 von einer Freiheit des ärztlichen Berufes nach seinem „inneren Sinn" bzw. seinem „inneren Wesen".

beruflichkeit“, welche dem Weisungsrecht eines Vorgesetzten Grenzen aufzeigen kann.[35] Zwar existiert keine gesetzliche Definition des freien Berufs, jedoch ist der freie Beruf ein besonderer Berufstypus, der sich durch die spezifischen, auf einer richterlichen Spruchpraxis beruhenden Merkmale des „hohen Maßes an Verantwortlichkeit und eigenem Risiko in wirtschaftlicher Beziehung“ sowie „eigener Verantwortlichkeit vor allem bei der Ausübung des Berufs selbst“ auszeichnet.[36] Jeder Arzt hat seine Aufgabe gem. § 1 I 2 BÄO nach seinem Gewissen und nach den Geboten der ärztlichen Sitte zu erfüllen. Prägend für einen freien Beruf ist, dass die persönliche Leistungserbringung im Vordergrund steht.[37] Die Einordnung als freier Beruf nach § 1 II der BÄO betont so die besondere eigenverantwortliche Stellung des Arztes im Sinne des Gesundheitsinteresses der Allgemeinheit.

I. Berufsorganisation

Mit der Freiberuflichkeit des ärztlichen Berufs gehen auch die „Verkammerung“ der Ärzteschaft und die Bindung an eine das standesrichtige Verhalten regelnde Berufsordnung einher.[38] Alle Ärzte in der Bundesrepublik Deutschland sind in Ärztekammern des Landes, also öffentlich-rechtlichen Körperschaften mit Zwangsmitgliedschaft, organisiert, die durch entsprechende Landesgesetze eingerichtet wurden.[39] Diese Kammern haben die Aufgabe, bestimmte standesrechtliche Pflichten der Ärzte festzuschreiben, deren Tätigkeit zu überwachen und so eine gewissenhafte Ausübung des ärztlichen Berufes in Eigenverantwortlichkeit sicherzustellen.[40] Neben dieser Rechtssetzungs- und Aufsichtsfunktion trifft die Kammern eine Informationspflicht gegenüber ihren Mitgliedern hinsichtlich berufsbezogener Themen sowie eine Pflicht, berufsbezogene Fortbildungen zu fördern und zu organisieren.[41] Außerdem sind sie als eine Art Schlichtungsstelle für die Beilegung von Streitigkeiten zwischen den Kammer-

---

35 Laufs, Arztrecht, 11.

36 BVerfGE 9, 339 (351).

37 Andreas/Debong/Bruns, Handbuch Arztrecht, Rn 40.

38 Andrea/Debong/Bruns, Handbuch Arztrecht, Rn 40.

39 Deutsch/Spickhoff, Medizinrecht, Rn 37; Laufs in: Laufs/Uhlenbruck, Handbuch des Arztrechts, § 13, Rn 1; Ries/Althaus ua, Arztrecht, 81; Andreas/Debong/Bruns, Handbuch Arztrecht, Rn 42.

40 Laufs in: Laufs/Uhlenbruck, Handbuch des Arztrechts, § 13, Rn 2; Deutsch/Spickhoff, Medizinrecht, Rn 37 ff; Ries/Althaus ua, Arztrecht, 81.

41 Dazu ausführlich: Andreas/Debong/Bruns, Handbuch Arztrecht, Rn 46 ff.

mitgliedern zuständig.[42] Gegenüber ihren Mitgliedern handeln sie hoheitlich, Entscheidungen ergehen somit in Form von Verwaltungsakten. Sie können Verstöße ihrer Mitglieder gegen Pflichten rügen und auch ein berufsgerichtliches Verfahren gegen ihre Mitglieder einleiten.[43]

Neben den Landesärztekammern stellt die Bundesärztekammer als Arbeitsgemeinschaft der deutschen Ärztekammern (sog. „Dachgesellschaft"[44]) einen freiwilligen privatrechtlichen Zusammenschluss der Landesärztekammern dar, der eine länderübergreifende einheitliche Berufsausübung des ärztlichen Berufs fördert und die Interessen der Ärzteschaft bundesweit wahren soll. Oberstes Gremium der Bundesärztekammer ist der Deutsche Ärztetag, welcher aus Mitgliedern der Landesärztekammern besteht und jährlich tagt. Durch den Deutschen Ärztetag gefasste Beschlüsse sind für die Landesärztekammern nicht verbindlich, sondern lediglich empfehlend, tragen jedoch dennoch wesentlich zu einer einheitlichen Berufsausübung bei.[45]

II. Wesentliche berufliche Regelungen

Ein einheitliches Gesetzeswerk, welches umfassende Bestimmungen bezüglich des Arztrechts, d.h. der Summe der Rechtsnormen, unter denen der Arzt und seine Berufsständigen stehen[46], enthält, existiert nicht. Vielmehr gibt es mehrere Regelungen zu Teilbereichen des ärztlichen Berufes, die sich im Bundes- und Landesrecht unübersichtlich zerstreuen.[47] Diese Rechtszersplitterung ist darauf zurück zu führen, dass sowohl dem Bundes- als auch dem Landesgesetzgeber Kompetenzen zur Gesetzgebung in medizinischen Bereichen zustehen. So ist in Art. 74 I Nr. 19 GG eine konkurrierende Gesetzgebungskompetenz auf Bundesebene für den Erlass von Normen hinsichtlich der „Zulassung zu ärztlichen und anderen Heilberufen und zum Heilgewerbe" vorgesehen.[48] Wesentliche bundesgesetzliche Regelungen, die die Zulassung zum ärztlichen Beruf regeln, finden

---

42 Laufs in: Laufs/Uhlenbruck, Handbuch des Arztrechts, § 13, Rn 2 ff.

43 Ries/Althaus ua, Arztrecht, 81, 100; Laufs in: Laufs/Uhlenbruck, Handbuch des Arztrechts, § 13, Rn 8 f; Andreas/Debong/Bruns, Handbuch Arztrecht, Rn 58 ff.

44 So bei: Ries/Althaus ua, Arztrecht, 81.

45 Laufs in: Laufs/Uhlenbruck, Handbuch des Arztrechts, § 13 Rn 13 ff; Ries/Althaus ua, Arztrecht, 81.

46 Deutsch/Spickhoff, Medizinrecht, Rn 2; Laufs in: Laufs/Uhlenbruck, Handbuch des Arztrechts, § 5, Rn 2.

47 Quaas/Zuck, Medizinrecht, § 12, Rn 1; Laufs in: Laufs/Uhlenbruck, Handbuch des Arztrechts, § 5, Rn 2; Ries/Althaus ua, Arztrecht, 79.

48 Eine solche Verteilung der Kompetenzen bestand bereits vor der Föderalismusreform, vgl. Art. 74 I Nr. 19 a.F. des GG.

sich daher in der auch als „Magna Charta des Arztberufs“ [49] bezeichneten Bundesärzteordnung (BÄO). Weitere bundesrechtliche Gesetze sind die auf § 4 I BÄO gestützte Approbationsordnung für Ärzte (ÄAppO), die auf § 11 BÄO gestützte Gebührenordnung für Ärzte (GOÄ) sowie die Regelungen der §§ 69 ff. SGB V.[50] Abgesehen von dieser Zuständigkeit des Bundes verbleibt die Zuständigkeit bezüglich der übrigen regelungsbedürftigen Bereiche, d.h. insbesondere der Erlass von Regelungen, die die Berufsausübung betreffen, bei den Ländern.[51] Regelungen über die Berufsausübung, die vom Landesgesetzgeber zu treffen sind, können und werden oftmals auf die Landesärztekammern übertragen.[52]

Neben den durch den Bundes- oder Landesgesetzgeber ergangenen gesetzlichen Regelungen sind in der täglichen Behandlungspraxis des Arztes somit auch die erlassenen Satzungen der Ärztekammern relevant.[53] Von Bedeutung ist hier vor allem die Musterberufsordnung der Ärzte (MBO), die als unverbindliche Empfehlung von der Bundesärztekammer erstellt und vom Deutschen Ärztetag verabschiedet worden ist.

III. Tätigkeitsbereiche

Zur Führung der Berufsbezeichnung „Arzt“ und somit auch zur Ausübung seiner beruflichen Tätigkeit bedarf der Arzt nach § 2 V BÄO einer Approbation. Mit der Approbation kann der Arzt selbstständig tätig werden, d.h. sich als Arzt niederlassen, als angestellter Arzt in einem privaten Betrieb oder als Vertragsarzt in einem öffentlichen Krankenhaus arbeiten oder andere Funktionen in der Verwaltung, Wirtschaft oder Forschung übernehmen.[54] Der Arzt kann darüber hinaus durch Fortbildungen weitere Qualifikationen auf bestimmten Gebieten erlangen und so nach entsprechender Weiterbildung beispielsweise eine Facharztbezeichnung führen.[55] Insgesamt ist die Weiterbildung auf ungefähr dreißig medizini-

---

49 So: Andreas/Debong/Bruns, Handbuch Arztrecht, vor Rn 29.

50 Quaas/Zuck, Medizinrecht, § 12, Rn 2;

51 Degenhart in: Sachs, GG-Kommentar, Art. 74, Rn 83; BVerfGE 33, 125 (154 f); BVerfGE 71, 162 (171 f); BVerfGE 98, 265 (303); BVerfGE 102, 26, (37); Laufs in: Laufs/Uhlenbruck, Handbuch des Arztrechts, § 5, Rn 3 f; Ries/Althaus ua, Arztrecht, 79.

52 vgl. BVerfGE 33, 125 (155).

53 Ries/Althaus ua, Arztrecht, 79, 81.

54 Quaas/Zuck, Medizinrecht, § 12, Rn 21 f; Deutsch/Spickhoff, Medizinrecht, Rn 29 f; Laufs in: Laufs/Uhlenbruck, Handbuch des Arztrechts, § 13, Rn 38.

55 Deutsch/Spickhoff, Medizinrecht, Rn 34 ff; Quaas/Zuck, Medizinrecht, § 12, Rn 31 ff.

schen Fachgebieten möglich.[56] Ein Fachgebiet, welches hier explizit zu nennen ist, ist das Gebiet der Humangenetik. Nachdem in der Diskussion stand, ob genetische Untersuchungen nur von Fachärzten oder aber auch von allgemeinen Ärzten durchgeführt werden sollten, legt das neue Gendiagnostikgesetz (GenDG) in § 7 I GenDG nun fest, dass jedenfalls „prädiktive genetische Untersuchungen nur durch Fachärztinnen oder Fachärzte für Humangenetik oder andere Ärztinnen oder Ärzte, die sich beim Erwerb einer Facharzt-, Schwerpunkt- oder Zusatzbezeichnung für genetische Untersuchungen im Rahmen ihres Fachgebietes qualifiziert haben", vorgenommen werden dürfen.[57] Diese Regelung deutet darauf hin, dass von der hier diskutierten Problematik insbesondere Humangenetiker betroffen sind, welche jedenfalls bei prädiktiven, in der Regel aber auch bei nicht prädiktiven genetischen Untersuchungen, als erste der unter den ärztlichen Berufsstand fallenden Personen von einer genetische Veranlagung eines Patienten erfahren. Im Falle einer Weiterleitung der Ergebnisse an den Hausarzt oder an einen anderen behandelnden Arzt weitet sich die Problematik einer eventuellen Weitergabe auf diese anderen Ärzte aus.

Unabhängig davon, in welchem Bereich ein Arzt tätig wird, gilt es auf allen Tätigkeitsfeldern die ärztlichen Pflichten zu achten und das Vertrauensverhältnis zwischen Arzt und Patient umfassend zu schützen.[58]

B. Berufspflichten des Arztes

Wie es schon an einer einheitlichen Normierung des ärztlichen Berufsrechts mangelt, so existiert auch keine einheitliche und umfassende Normierung der Berufspflichten eines Arztes.[59] Tugenden ärztlichen Handelns gründen vornehmlich auf dem griechischen Eid des Hippokrates, aus welchem sich im Wandel der Zeit die unterschiedlichsten Maximen ärztlichen Handelns aus zeitlos anerkannten und als für richtig befundenen ethischen Verhaltensweisen gegenüber Kranken herausgebildet haben.[60] Berücksichtigt werden müssen hier jedoch auch die rasanten Fortschritte in der medizinischen Forschung und Wissenschaft. Nicht alles, was die Medizin zu können vermag, ist auch zugleich mit ethischen und moralischen Grundsätzen vereinbar. Oftmals kollidieren in conc-

---

56 Laufs in: Laufs/Uhlenbruck, Handbuch des Arztrechts, § 12, Rn 1.

57 § 7 GenDG, BGBl. 2009, Teil I, 2529 (2531).

58 Laufs in: Laufs/Uhlenbruck, Handbuch des Arztrechts, § 13, Rn 38.

59 Quaas/Zuck, Medizinrecht, § 12, Rn 50; Ries/Althaus ua, Arztrecht, 81.

60 Laufs, Arztrecht, Rn 6; Laufs in: Laufs/Uhlenbruck, Handbuch des Arztrechts, § 14, Rn 1.

reto der wissenschaftliche Fortschritt in der Medizin mit dem Grundrecht auf Menschenwürde aus Art. 1 GG oder dem allgemeinen Persönlichkeitsrecht aus Art. 2 I i.V.m. Art. 1 I GG. An diesen Stellen müssen Beschränkungen ärztlichen Handelns erfolgen. Solche Beschränkungen werden oftmals durch die Berufspflichten des Arztes konkretisiert.

Die wichtigsten Berufspflichten ergeben sich schon aus den Wertungen des allgemeinen Rechts wie dem Grundgesetz, dem BGB und dem StGB.[61] Spezielle Rechtsgrundlagen der ärztlichen Berufspflichten sind die erwähnte BÄO sowie die auf der MBO basierenden Berufordnungen der Ärzte, die durch die einzelnen Landesärztekammern in Form von Satzungen erlassen werden.[62] Neben diesem normierten Recht wurden die ärztlichen Pflichten darüber hinaus auch durch die ständige richterliche Rechtsfortbildung weiter ausgestaltet.[63]

Es wird im Folgenden hauptsächlich auf die berufliche Schweigepflicht des Arztes eingegangen. Da sich die Pflichten in den Berufsordnungen der Länder an denen der MBO orientieren, wird von einer Darstellung der einzelnen Berufsordnungen abgesehen.

I. Allgemeiner Überblick über die Berufspflichten

Zentrale Pflicht des Arztes ist zunächst die in § 1 I, II MBO normierte und sich auch auf Bundesebene in § 1 I BÄO wieder findende Pflicht zur Erfüllung des Heilauftrags. Der Arzt soll unter Befolgung aller anerkannten Regeln der ärztlichen Kunst der Gesundheit des einzelnen Patienten sowie der Volksgesundheit dienen.[64] Er soll dabei nach § 2 I MBO sein Gewissen an den Geboten der ärztlichen Ethik und der Menschlichkeit orientieren, Leben und Gesundheit bewahren, Respekt vor dem Tode und dem Sterbenden haben und gem. § 2 II MBO dem ihm entgegengebrachten Vertrauen entsprechen. Diese allgemeinen Gebote sollen jedem ärztlichen Handeln zugrunde liegen.

Zudem muss der Arzt die ihm durch § 4 MBO und § 5 MBO auferlegte Pflicht zur Fortbildung und Qualitätssicherung erfüllen.[65] Speziell gegenüber seinen Patienten und Patientinnen muss der Arzt nach § 7 MBO und ergänzend nach § 11 MBO unter Wahrung der Menschenwürde und insbesondere des Selbstbestimmungsrechts die anerkannten Behandlungsgrundsätze und Verhal-

61 Taupitz in: Rieger, Lexikon des Arztrecht, 910, 2.

62 Ries/Althaus ua, Arztrecht, 82; Taupitz in: Rieger, Lexikon des Arztrechts, 910, 3 ff.

63 Laufs in: Laufs/Uhlenbruck, Handbuch des Arztrechts, § 14, Rn 14.

64 Quaas/Zuck, Medizinrecht, § 12, Rn 51; Ries/Althaus ua, Arztrecht, 82; Sass in: Sass/Schröder, Patientenaufklärung, 41.

65 Ries/Althaus ua, Arztrecht, 83; Quaas/Zuck, Medizinrecht, § 12, Rn 59 ff.

tensregeln einhalten, den Patienten vor jeder Behandlung gem. § 8 MBO über diese aufklären und die konkrete Behandlung zum Gesundheitsschutz des Patienten im Sinne des § 10 MBO in angemessener Weise dokumentieren. Darüber hinaus trifft ihn eine allgemeine Pflicht der kollegialen Zusammenarbeit mit anderen Ärzten sowie des Abschlusses einer Haftpflichtversicherung.[66]

II. Ärztliche Schweigepflicht nach § 9 MBO

Die ärztliche Schweigepflicht als Mittelpunkt dieser Arbeit ist berufsrechtlich in § 9 MBO normiert und ergibt sich zudem als eine Nebenpflicht aus dem Arztvertrag.[67] Sie gilt umfassend für das gesamte ärztliche Behandlungsverhältnis und zählt zu einer der bedeutendsten Berufspflichten des Arztes. Bestätigt wird dies dadurch, dass in der Strafnorm des § 203 StGB eine strafrechtliche Sanktion für den Fall eines Verstoßes gegen eben diese Pflicht vorgesehen ist.

Ihre verfassungsrechtliche Grundlage findet die ärztliche Schweigepflicht in dem Recht auf informationelle Selbstbestimmung des Patienten, welches wiederum Ausfluss des allgemeinen Persönlichkeitsrechts aus Art. 2 I i.V.m. Art. 1 I GG ist.[68] Spätestens seit dem Volkszählungsurteil des BVerfG ist anerkannt, dass das Recht des Einzelnen auf informationelle Selbstbestimmung gem. Art. 2 I i.V.m. Art. 1 I GG ein Grundrecht darstellt.[69] Dieses spezielle Grundrecht gewährt dem Einzelnen die Befugnis „selbst über die Preisgabe und Verwendung persönlicher Daten zu bestimmen“[70] und stellt so den Schutz vor Eingriffen in die Privatsphäre des Geheimnisbetroffenen nach Maßgabe der Grundsätze des Verhältnismäßigkeitsprinzips sicher.

---

66 Deutsch/Spickhoff, Medizinrecht, Rn 37, Quaas/Zuck, Medizinrecht, § 12, Rn 68 ff.

67 Kiesecker/Rieger in: Rieger, Lexikon des Arztrechts, 4740, 2; BÄK, Dt. Ärztebl. 2008, A 1026.

68 BVerfGE 96, 171 (181); BVerfGE 100, 313 (358); BVerfGE 101, 106 (121); BVerfGE 65, 1 (41 ff); Jarass in: Jarass/Pieroth, GG, Art. 2, 44; Murswiek in: Sachs, GG, Art 2, 68, 72 ff; Giring in: Ratzel/Luxenburger, Handbuch Medizinrecht, § 14, 106; Ries/Althaus ua, Arztrecht, 125; Hamann/Fenger, Allgemeinmedizin und Recht, 5, 70; OLG Hamburg, NStZ 1998, 358.

69 BVerfGE 65, 1 (41 ff); BVerfGE 100, 313 (358 f).

70 BVerfGE 113, 29 (46); BVerfGE 65, 1 (43); BVerfGE 84, 192 (194); BVerfGE 96, 171 (181);

1. Ursprung und geschichtliche Entwicklung

Ihren Ursprung hat die ärztliche Schweigepflicht im Alten Griechenland, nämlich in dem sog. Eid des Hippokrates aus dem 5. Jahrhundert vor Christus[71]. Hippokrates sprach schon um 400 vor Christus von der Schweigepflicht als einer „heiligen Pflicht". Der Eid des Hippokrates besagt:

> „Was immer ich sehe und höre, bei der Behandlung oder außerhalb der Behandlung, im Leben der Menschen, so werde ich von dem, was niemals nach draußen ausgeplaudert werden soll, schweigen, indem ich alles Derartige als solches betrachte, das nicht ausgesprochen werden darf".[72]

Gesetzlich verankert wurde eine Strafbarkeit des Arztes wegen Verletzung der Schweigepflicht erstmals im Jahre 1794 in § 505 des zweiten Teils, zwanzigster Titel, achtzehnter Abschnitt des Allgemeinen Landrechts für die Preußischen Staaten.[73] Nach zahlreichen Beratungen und Entwürfen fand sich diese Regelung in § 155 des Strafgesetzbuches für die Preußischen Staaten (PrStGB)[74] aus dem Jahre 1851 wieder. Der Wortlaut des § 155 PrStGB verwendete anstatt des bis dahin gebräuchlichen Begriffs des „Familiengeheimnisses" erstmal den noch heute existenten Begriff des geschützten „Privatgeheimnisses". § 155 PrStGB wurde im Mai 1871 als § 300 in das Strafgesetzbuch des Deutschen Reiches (RStGB)[75] eingeführt. § 300 RStGB normierte erstmals einen umfassenden Kreis möglicher schweigepflichtiger Täter und schränkte so den einst in Anlehnung an den französischen Code Pénal weit gefassten Tatbestand der Strafnorm wieder ein. Am 2. März 1974 wurden durch das Einführungsgesetz zum Strafgesetzbuch (EGStGB) der bisherige § 300 RStGB über die Verletzung von Privatgeheimnissen durch Angehörige bestimmter Berufe sowie zahlreiche Einzelvorschriften über die Verletzung von Privatgeheimnissen durch Amtsträger und amtsnahe Personen in der Norm des § 203 StGB zusammengefasst.[76] Nach mehreren Reformen des Strafrechts findet sich auch heute die strafrechtliche Sanktion einer Schweigepflichtverletzung in § 203 StGB.

---

71 Tag in: Dölling/Duttge/Rössner, StGB, § 203, 3.

72 Nach K. Deichgräber, Der Hippokratische Eid, 1983, abgedruckt in Laufs, Arztrecht, vor 1; Hamann/Fenger, Allgemeinmedizin und Recht, 5, 69; Braun in: Roxin/Schroth, Handbuch Medizinstrafrecht, II, 275.

73 Vgl. Hattenhauer, Allgemeines Landrecht für die Preußischen Staaten, 693.

74 Vgl. Schubert/Regge ua, PrStGB, 260; Oppenhoff, PrStGB, 201.

75 Vgl. Zirpins, RStGB, 329.

76 Vgl. BT-Drs. 7/550, 235 ff; Göhler, NJW 1974, 825 (833).

Neben dieser Entwicklung der Schweigepflicht im Strafrecht wurden auch im ärztlichen Standesrecht auf Grundlage des Hippokratischen Eids Vorschriften zur Wahrung der ärztlichen Schweigepflicht geschaffen. Im Jahre 1948 hat der Weltärztebund die ethischen Grundsätze ärztlichen Handelns in dem sog. „Genfer Gelöbnis" neu formuliert und hinsichtlich der ärztlichen Schweigepflicht eine Grundlage für die durch die Landesärztekammern erlassenen Berufsordnungen geschaffen.[77] Normiert ist die ärztliche Schweigepflicht heute in § 9 MBO und in § 203 StGB, d.h. sowohl als Pflicht des Arztes aus dem ärztlichen Standesrecht als auch im Rahmen des Strafrechts.

Neben diesen berufsrechtlichen und strafrechtlichen gesetzlichen Regelungen schreibt auch das BVerfG die ärztliche Schweigepflicht in einem Beschluss aus dem Jahre 1972 als eine Grundvoraussetzung für die Vertrauensbeziehung zwischen Arzt und Patient fest, in dem es formulierte: „Wer sich in ärztliche Behandlung begibt, muss und darf erwarten, dass alles, was der Arzt im Rahmen seiner Berufsausübung über seine (des Patienten) gesundheitliche Verfassung erfährt, geheim bleibt und nicht zur Kenntnis Unbefugter gelangt. Nur so kann zwischen Patient und Arzt jenes Vertrauen entstehen, das zu den Grundvoraussetzungen ärztlichen Wirkens zählt, weil es die Chancen der Heilung vergrößert und damit – im Ganzen gesehen – der Aufrechterhaltung einer leistungsfähigen Gesundheitsvorsorge dient".[78]

2. Inhalt und Geltungsbereich

Nach § 9 der MBO ist der Arzt verpflichtet „über das, was ihm in seiner Eigenschaft als Arzt anvertraut oder bekannt geworden ist – auch über den Tod des Patienten hinaus – zu schweigen". Geschützt sind demnach alle Informationen, die die persönlichen Umstände oder die konkreten Behandlungsmaßnahmen eines bestimmten Patienten betreffen und die dem Arzt anvertraut worden oder in sonstiger Weise bekannt geworden sind. Der Begriff des strafrechtlichen Geheimnisses ist im Rahmen des § 9 MBO nicht maßgeblich.[79] Die ärztliche Schweigepflicht umfasst einerseits die Krankheit des Patienten selbst, andererseits aber auch die Diagnose, Therapie, Prognose und alle Informationen, die sich aus Aufzeichnungen der Behandlungsverläufe, Röntgenaufnahmen, Anästhesieprotokollen, Laborbefunden etc. über den Patienten ergeben.[80]

---

77 Hollmann, MedR 1992, 177.

78 BVerfGE 32, 373 (380); BVerfG NJW 1972, 1123 (1124).

79 Lippert in: Ratzel/Lippert, MBO, § 9, 3 ff.

80 Schlund, JR 1977, 265.

Die ärztliche Schweigepflicht gilt umfassend, insbesondere auch gegenüber dem Ehepartner sowie nahen Angehörigen eines volljährigen Patienten[81] und ist auch gegenüber anderen Ärzten einzuhalten, solange keine entsprechende Einwilligung des Patienten hinsichtlich der Mitteilung von Informationen vorliegt.[82] Keine Einhaltung der Schweigpflicht ist geboten, wenn eine wirksame Entbindung[83] des Arztes von der Schweigepflicht i.S.d. § 9 II MBO oder eine sonstig geartete Einwilligung des Patienten in die Weitergabe seiner Daten vorliegt. Darüber hinaus ist nach § 9 II MBO eine Offenbarung „zum Schutze eines höherwertigen Rechtsguts" möglich. Für die Verfolgung von Schweigepflichtverletzungen ist festzuhalten, dass durch die Berufsgerichte die Möglichkeit sowohl einer straf- als auch einer berufsgerichtlichen Verfolgung anerkannt wird.[84]

Viele berufsrechtlich normierte Pflichten des Arztes korrespondieren mit entsprechenden Straftatbeständen. So kann ein Verstoß gegen die allgemeine Untersuchungs- und Behandlungspflicht aus §§ 1, 2 MBO eine Sanktion nach § 323c StGB mit sich ziehen oder ein Verstoß gegen die berufliche Schweigepflicht des Arztes den Straftatbestand des § 203 StGB verwirklichen. Anzumerken ist jedoch, dass die in den Berufsordnungen niedergelegten ärztlichen Berufspflichten wesentlich allgemeiner gehalten sind als die mit diesen korrespondierenden Straftatbestände des StGB. Dennoch werden durch die Parallelität standesethischer und rechtlicher Regelungen die Abhängigkeit und das Nebeneinander der ärztlichen Standesethik und des Rechts[85] deutlich.

Hinsichtlich des Verhältnisses berufsrechtlicher und strafrechtlicher Sanktionierung zueinander ist auf eine Entscheidung des BVerfG aus dem Jahre 1969 zu verweisen, in der das BVerfG festlegt, dass eine berufsrechtliche Verfolgung nach der vorangegangenen Durchführung eines strafrechtlichen Verfahrens nicht gegen das verfassungsrechtliche Verbot der Doppelbestrafung aus Art. 103 III GG („ne bis in idem") verstößt, soweit ein noch nicht durch die Strafgerichte

---

81 Kiesecker/Rieger in: Rieger, Lexikon des Arztrechts, 4740, 37; Tiebe, Strafrechtlicher Patientenschutz, 106 f; Bruns/Andreas/Debong, ArztR 1999, 34; Hamann/Fenger, Allgemeinmedizin und Recht, 5.5.5, 85; Lippert in: Ratzel/Lippert, MBO, § 9, 6 ff; Schlund, JR 1977 265 (266).

82 BayObLG NJW 1995, 1623; Deutscher Ärztetag, DÄ 1982/21 39 f; Kiesecker/Rieger in: Rieger, Lexikon des Arztrechts, 4740, 36. Hamann/Fenger, Allgemeinmedizin und Recht, 5 .5.1, 82; BÄK, Dt. Ärztebl. 2008, A 1026; Laufs, NJW 1980, 1315 (1319); Schlund, JR 1977, 265 (267).

83 dazu ausführlich Kiesecker/Rieger in: Rieger, Lexikon des Arztrechts, 4740, 39 ff.

84 Andreas/Debong/Bruns, Handbuch Arztrecht, Rn 65, 67.

85 so schon in der Einleitung mit Bezug auf Laufs, NJW 1987, 1449.

gesühnter „berufsrechtlicher Überhang“ vorliegt.[86] Die Verantwortlichkeit des Arztes soll im Rahmen dieser strafrechtlichen Untersuchung jedoch in erster Linie unter strafrechtlichen Gesichtspunkten untersucht werden. Nur am Rande wird auf die Möglichkeit einer berufsrechtlichen Sanktionierung eingegangen.

C. Zusammenfassung

Dieses erste Kapitel hat aufgezeigt, dass dem Arzt eine überaus wichtige Funktion in der Gesellschaft zukommt. Seine berufliche Tätigkeit dient vornehmlich dem Erhalt und der Wiederherstellung der Gesundheit in der Bevölkerung. Damit dieses gewährleistet werden kann sind dem Arzt bestimmte berufliche Pflichten auferlegt. Eine der bedeutendsten Pflichten ist die ärztliche Schweigepflicht, welche bereits im 5. Jahrhundert vor Christus aus dem Eid des Hippokrates entstanden ist. Ihre Bedeutung ist auch in der heutigen Zeit für eine effektive Ausübung des ärztlichen Berufes sehr groß. Standesrechtlich festgeschrieben ist die ärztliche Schweigepflicht in § 9 MBO. Eine strafrechtliche Absicherung erfährt sie durch die Norm des § 203 StGB.

---

86 BVerfG NJW 1970, 507 (509).

2. Kapitel: Genetische Daten

Gegenstand der Arbeit ist die strafrechtliche Verantwortung des Arztes nach § 203 StGB gerade in Bezug auf eine Weitergabe genetischer Daten. Es gilt daher zu klären, was genetische Daten sind, wie und zu welchen Zwecken sie gewonnen werden und welche Zusammenhänge zwischen ihnen und bestimmten Erbkrankheiten bestehen.

Genetische Daten sind nach allgemeiner Ansicht alle wesentlichen Informationen, also das „molekulare Selbst“[87] eines Menschen. Aufgrund der Vielzahl an Informationen, die genetische Daten in ihrer Gesamtheit über einen einzelnen Menschen enthalten, gelten sie als besonders sensible Daten[88] und haben eine Sonderstellung[89] in der Medizin. Teilweise wird sogar von einem „genetischen Exzeptionalismus“, d.h. einer grundsätzlichen qualitativen Unterscheidung genetischer Daten von anderen medizinischen Informationen, gesprochen. Auf diese Diskussion wird im 4. Kapitel näher eingegangen. Einigkeit besteht jedenfalls darüber, dass genetischen Informationen besondere Eigenschaften zukommen, die sie von anderen medizinischen Informationen unterscheiden.[90] So besitzen sie über einen langen Zeitraum Voraussagekraft, sind andererseits aber auch mit gewissen Unsicherheitsfaktoren in ihrer Prognose behaftet. Sie enthalten nicht nur Informationen über ein einzigen Individuums, sondern geben auch Auskunft über genetische Eigenschaften und Risiken anderer Familienmitglieder.[91]

Bereits im Jahre 1990 wurde das menschliche Genomprojekt ins Leben gerufen, welches sich zur Aufgabe machte, das menschliche Genom vollständig zu erforschen und zu entschlüsseln.[92] Die Arbeit im Rahmen dieses Projekts, welche ursprünglich bis zum Jahre 2005 fortdauern sollte, war jedoch schon im Jah-

---

87 Lanzerath in: Honnefelder ua, Genetisches Wissen, 127; Hofmann benutzt den Begriff des „gläsernen Bürgers“ in: Rechtsfragen der Genomanalyse, 15.

88 So auch in: Gesetzesentwurf der Bundesregierung zum GenDG, BT-Drs. 16/10532, 1; BÄK, Dt. Ärztebl. 2003, A 1297.

89 Schmidtke in: Winter/Fenger/Schreiber, Genmedizin und Recht Rn 1071; Schmidtke, Vererbung und Ererbtes, 80.

90 So auch: Duttge, Kurzstellungnahme zu BT-Drs. 16/3233, Ausschussdrs. 16(14) 0288(37), 1; so einig vertreten auch von „nicht exzeptionalistisch“ orientierten Autoren, vgl. dazu: Schröder, Gendiagnostische Gerechtigkeit, 214.

91 Schmidtke in: Winter/Fenger/Schreiber, Genmedizin und Recht Rn 1071; BÄK, Dt. Ärztebl. 2003, A 1297; Schmidtke, Vererbung und Ererbtes, 80.

92 Henn/Meese, Humangenetik, 11.

re 2003 mit der vollständigen Sequenzierung des menschlichen Genoms abgeschlossen. Das Ergebnis dieser Entschlüsselung war die ungefähre Bestimmung der Anzahl der menschlichen Gene (etwa 30.000 Gene[93]) und die Möglichkeit Genomkarten zu erstellen, welche dann die Lage der einzelnen Gene auf den verschiedenen Chromosomen aufzeigen können.[94] Die Entschlüsselung des menschlichen Genoms ermöglicht nunmehr nicht nur die Bestimmung bereits bekannter genetisch bedingter Erbkrankheiten, sondern auch die Identifizierung solcher Erbkrankheiten, deren biologische Ursachen noch nicht eindeutig feststehen, deren genetischer Defekt jedoch im Genom lokalisiert werden kann.

Der folgende Teil der Ausarbeitung soll einen Eindruck von der wachsenden Bedeutung genetischer Daten in der medizinischen Praxis vermitteln, Gefahren und Nutzen dieser Daten aufzeigen und die Hintergründe beleuchten, die vor allem aufgrund des Drittbezugs genetischer Informationen zu einer Konfliktsituation für einen Arzt führen können.

Zum besseren Verständnis der Materie wird zunächst ein allgemeiner Überblick über die relevanten Begrifflichkeiten aus der Humangenetik gegeben, wie sie in dieser Arbeit zugrunde gelegt werden (A). Um zu verdeutlichen, wie genetische Daten gewonnen werden, skizziert der darauf folgende Abschnitt kurz unterschiedliche Verfahren zur Gewinnung von DNA (B). Im dritten Abschnitt werden verschiedene Arten der Diagnostik genetischer Veränderungen vorgestellt (C). Hierdurch wird auf die steigende Bedeutung der vorhersagenden (prädiktiven) Medizin hingewiesen. Im vierten und wichtigsten Abschnitt dieses Kapitels werden unterschiedliche Erbkrankheiten vorgestellt, die durch eine genetische Komponente zumindest mitverursacht werden (D). Dies soll als Grundlage der Diskussion über einen Nutzen der Weitergabe genetischer Daten auch an Familienangehörige eines erkrankten Patienten dienen und im vierten Kapitel in der konkreten Situation der Abwägung Bedeutung gewinnen. Besonderes Augenmerk wird auf die Erbkrankheiten Chorea Huntington, die polyzystische Nierenerkrankung sowie auf die erbliche Form des Brust- und Darmkrebses gelegt. Diese Formen der Erbkrankheiten stehen jeweils als Beispiel für bestimmte Arten von Erbkrankheiten.

Um einen Überblick über die bestehende Rechtslage zu der hier behandelten Thematik zu geben, werden zuletzt rechtliche Gesichtspunkte hinsichtlich des Umgangs mit genetischen Daten erläutert (E). Neben verfassungsrechtlichen

---

93 hier herrscht Uneinigkeit über die genaue Anzahl der Gene, die sich in einem menschlichen Genom befinden sollen, nach Graw etwa 30.000-40.000 Gene (Graw, Genetik, 8) dagegen sprechen Henn und Meese von weniger als 30.000 Genen (Henn/Meese, Humangenetik, 14).

94 Henn/Meese, Humangenetik, 14.

Aspekten werden die Entwicklung des einfachgesetzlichen Rechts und insbesondere das im April 2009 vom Deutschen Bundestag beschlossene Gendiagnostikgesetz (GenDG)[95] vorgestellt.

A. Relevante Begrifflichkeiten aus der Genetik

Die Untersuchung beschäftigt sich mit der Humangenetik, d.h. der gesamten Genetik in Bezug auf den Menschen[96]. Sowohl formal vorhandene Gendefekte bei einem Menschen als auch unterschiedliche Verfahren der genetischen Analyse zur Aufdeckung dieser Defekte, die genetische Beratung sowie die Durchführung allgemeiner Bevölkerungsstudien bezüglich genetisch bedingten Verhaltens und der Vererblichkeit genetischer Veranlagungen fallen unter diesen Begriff.[97]

I. DNA

Den Ausgangspunkt aller Überlegungen in der Humangenetik bildet die DNA. Die DNA (desoxyribonucleic acid)[98] ist eine biochemisch definierte Substanz und Träger der Erbinformationen aller biologischen Zellvorgänge in Lebewesen und Organismen.[99] Jede Zelle eines Organismus trägt die gleiche, dem Organismus individuelle DNA in sich und verfügt über die vollständige genetische Information des Organismus, welche dann im Wege der Vererbung an die nächste Generation weitergegeben wird[100].

Entdeckt wurde die DNA als chemische Substanz erstmals von Johann Friedrich Miescher im Jahre 1871.[101] Die Relevanz der DNA für die Vererbung wurde im Jahre 1944 durch Oswald Theodore Avery deutlich, der die Desoxyri-

---

95 BGBl. 2009, Teil I, 2529 ff.

96 Graw, Genetik, 6.

97 Laufs in: Rieger, Lexikon des Arztrechts, Beitrag 2100, Rn 2; Winter in: Winter/Fenger/Schreiber, Genmedizin und Recht, Rn 12 ff, Tab 3.

98 DNA ist die englische Abkürzung für desoxyribonucleic acid, welches dem Begriff der Desoxyribonukleinsäure (abgekürzt DNS) entspricht; gebräuchlicher ist der Begriff der DNA, so dass auch in dieser Arbeit der Begriff der DNA verwendet wird.

99 Graw, Genetik, 20; Aubele, Genetik, 5; Wrba/Dolznig/Mannhalter, Genetik, 23; Schmitter, MDR 1989, 402; Brückl, Rechtsfragen zur Verwendung von genetischen Informationen, 67.

100 Wrba/Dolznig/Mannhalter, Genetik, 23; Brückl, Rechtsfragen zur Verwendung von genetischen Informationen, 67.

101 Graw, Genetik, 3; Wrba/Dolznig/Mannhalter, Genetik, 19.

bonukleinsäure als stoffliche Basis und Träger der Erbinformationen identifizierte.[102] Ihrer räumlichen Struktur nach stellt die DNA eine Doppelhelix dar, bestehend aus zwei Basensträngen, die sich wie um eine zentrale virtuelle Achse wickeln und durch Wasserstoffbrücken zwischen den Basen stabilisiert werden.[103]

II. Chromosom

Die Kern-DNA eines Menschen besteht in komprimierter Form aus 23 Chromosomenpaaren, also 46 Chromosomen[104], insgesamt 44 Autosomen (d.h. Chromosomen, die bei beiden Geschlechtern vorliegen)[105] und 2 Geschlechtschromosomen (bei Frauen zwei X-Chromosomen, bei Männern je ein X- und ein Y-Chromosom)[106]. Die DNA-Doppelhelix ist das Grundelement der einzelnen Chromosomen, die bei der Verdoppelung der DNA vor der Zellteilung entstehen und sich aus DNA und Proteinen zusammensetzen.[107]

III. Genom und Gen

Die Gesamtheit aller genetischen Informationen eines Organismus bezeichnet man als das Genom.[108] Das Genom eines Menschen setzt sich aus etwa drei Milliarden Basenabfolgen zusammen und besteht nach derzeitigem wissenschaftlichen Kenntnissstand aus etwa 25.000 bis 30.000 Genen.[109]

Der Begriff des Gens dagegen konnte bis jetzt nicht eindeutig definiert werden.[110] Jedenfalls ist ein Gen eine Basenabfolge, welche die Informationen für eine bestimmte Funktion des Organismus enthält und sich durch seinen ganz bestimmten Platz auf einem Chromosom charakterisiert.[111] Bei falscher Anord-

---

102 Wrba/Dolznig/Mannhalter, Genetik, 20; Graw, Genetik, 3.

103 Aubele, Genetik, 7; Wrba/Dolznig/Mannhalter, Genetik, 42; Crick in: Sippel/Nordheim, Erbsubstanz DNA, 13 ff; Dickerson in: Sippel/Nordheim, Erbsubstanz DNA, 18 ff.

104 Böhm, DuD 1993, 264; Schmidtke, Vererbung und Ererbtes, 73, 153.

105 Schmidtke, Vererbung und Ererbtes, 17.

106 Schmidtke, Vererbung und Ererbtes, 17.

107 Graw, Genetik, 34 f.; Wrba/Dolznig/Mannhalter, Genetik, 51 ff.

108 Graw, Genetik, 6; Wrba/Dolznig/Mannhalter, Genetik, 168 f; Schmidtke, Vererbung und Ererbtes, 17; Brückl, Rechtsfragen zur Verwertung von genetischen Informationen, 69; Böhm, DuD 1993, 264.

109 Wrba/Dolznig/Mannhalter, Genetik, 168 f; Graw, Genetik, 8.

110 Graw, Genetik, 8 f; Wrba/Dolznig/Mannhalter, Genetik, 169.

111 Wrba/Dolznig/Mannhalter, Genetik, 169; Schmidtke, Vererbung und Ererbtes, 17; Graw, Genetik, 9.

nung eines Gens auf dem Chromosom ist die Ordnung im gesamten Genom gestört, was dann aufgrund der geänderten Funktion des Gens in der Regel zu einer Erkrankung des Organismus führt.[112]

IV. Genotyp und Phänotyp

Um die Ausprägung genetischer Merkmale bei einem Organismus beschreiben zu können, werden die Begriffe des Geno- und des Phänotyps verwendet. Der Genotyp ist die Gesamtheit aller erblichen Eigenschaften, die ein Organismus in sich trägt.[113] Jedoch treten nicht all diese Eigenschaften nach außen in Erscheinung. Lediglich diejenigen Eigenschaften, die tatsächlich das äußere Erscheinungsbild eines Lebewesens bestimmen, bilden den sog. Phänotyp.[114]

V. Mutationen

Darüber hinaus ist in der Humangenetik der Begriff der Mutation von Bedeutung, um die genauen Ursachen genetischer Erkrankungen zu bezeichnen. Mutationen sind genetische Veränderungen des Genoms, einzelner Chromosomen oder einzelner Gene, die bei der Teilung einer Zelle auftreten und vererbt werden können.[115] Die Unterscheidung verschiedener Arten von Mutationen ist nach unterschiedlichen Kriterien möglich.[116] In dieser Arbeit wird zwischen den Haupt- und Unterklassen von Mutationen unterschieden und in Zuge dessen die Genommutation, die Chromosomenmutation sowie die Genmutation voneinander abgegrenzt.[117]

Eine Genommutation liegt vor, wenn sich die Anzahl einzelner Chromosomen innerhalb des Genoms oder der gesamte Chromosomensatz, der in einer Körperzelle im Normalfall diploid, d.h. als doppelter Chromosomensatz vorliegt[118], zahlenmäßig verändert.[119] Liegt ein Chromosomensatz lediglich einfach

---

112 Wrba/Dolznig/Mannhalter, Genetik, 169.

113 Graw, Genetik, 10; Wrba/Dolznig/Mannhalter, Genetik, 169.

114 Graw, Genetik, 10; Wrba/Dolznig/Mannhalter, Genetik, 171.

115 Brückl, Rechtsfragen zur Verwendung von genetischen Informationen, 70 f.

116 vgl. auch Graw, Genetik, 372.

117 So auch Gottschalk, Genetik, 169 ff; Graw, Genetik, 372 ff; Wrba/Dolznig/Mannhalter, Genetik, 170; Aubele, Genetik, 128 ff; Schmidtke, Vererbung und Ererbtes, 153.

118 im ersten Fall handelt es sich um eine Aneuploidie, im zweiten Fall spricht man von einer Euploidie.

119 Gottschalk, Genetik, 227; Aubele, Genetik, 131; Janning/Knust, Genetik, 126; anders: Graw, Genetik, 379 ff, der die Veränderung der Einzelchromosomenzahl sowohl als Genommutation (372) als auch als numerische Mutation unter dem Oberbegriff der

in einer Zelle vor, so spricht man von einem haploiden Chromosomensatz; liegt er dagegen dreifach, vierfach oder sonst vielfach vor, wird er als triploid, tetraploid oder allgemein als polyploid bezeichnet.[120] Zahlenmäßige Veränderungen nur einzelner Chromosomen können in der Weise auftreten, dass ein einzelnes Chromosom nur einfach vorliegt (Monosomie) oder dreifach bzw. sonst vielfach vorhanden ist (Trisomie bzw. Polyploidie).[121]

Bei einer Chromosomenmutation dagegen liegt eine veränderte Struktur eines größeren Chromosomenabschnittes innerhalb des Chromosomensatzes vor.[122] Strukturelle Chromosomenmutationen können in der Weise auftreten, dass chromosomale Abschnitte fehlen (Deletion), doppelt oder funktionsverstärkt[123] vorliegen (Duplikation bzw. Amplifikation), sich ein Chromosomenstück auf ein anderes Chromosom verlagert (Translokation) oder aber Brüche in einem Chromosom und ein „umgedrehter Wiedereinbau" des Chromosomenstücks in das Chromosom stattgefunden hat (Inversion).[124]

Genmutationen[125] dagegen sind kleinste Veränderungen in der genetischen Information, die lediglich ein oder mehrere Basenpaare der DNA betreffen.[126] Aufgrund der Genmutation wird dann die auf dem DNA-Abschnitt normalerweise durch das Gen festgelegte Information missverstanden, was zu einer Fehlinformation im Genom und so zu Erkrankungen des Organismus führt.[127]

Chromosomenmutation (378 f) einordnet, so auch Schmidtke, Vererbung und Ererbtes, 153 ff; da jedoch die Übergänge der einzelnen Mutationen fließend sind, stellen geringfügige Unstimmigkeiten bezüglich der Einordnung einer Mutation inhaltlich keinen wesentlichen Unterschied dar.

120 Aubele, Genetik, 131; Gottschalk, Genetik, 227 ff; Graw, Genetik, 372; Wrba/Dolznig/Mannhalter, Genetik, 105 f.

121 Aubele, Genetik, 131; Graw, Genetik, 381; Wrba/Dolznig/Mannhalter, Genetik, 105; Gottschalk, Genetik, 227 f.

122 Aubele, Genetik, 129; Gottschalk, Genetik, 211, 227; Brückl, Rechtsfragen zu Verwendung von genetischen Informationen, 71; anders: Wrba/Dolznig/Mannhalter, Genetik, 170, die eine solche Chromosomenmutation als „große Mutation" bezeichnen; auch hier stellt die veränderte Bezeichnung keinen Unterschied in der Bedeutung dar.

123 So: Grundmann, Das ist Krebs, 71.

124 Aubele, Genetik, 129; Gottschalk, Genetik, 211 ff.; Wrba/Dolznig/Mannhalter, Genetik, 170; Graw, Genetik, 388 ff; Schmidtke, Vererbung und Ererbtes, 158 ff.

125 Auch hier variiert die Bezeichnung; gleichbedeutend mit dem Begriff der Genmutation wird der Begriff der Punktmutation verwendet, so Gottschalk, Genetik, 170; Wrba/Dolznig/Mannhalter, Genetik, 170; Graw, Genetik, 372.

126 Gottschalk, Genetik, 170; Wrba/Dolznig/Mannhalter, Genetik, 170.

127 Wrba/Dolznig/Mannhalter, Genetik, 170.

B. Verfahren zur Gewinnung genetischer Daten

Mithilfe unterschiedlicher Verfahren ist es möglich, genetische Eigenschaften eines Menschen zu bestimmen und eine Erkrankung, die auf genetischen Veränderungen beruht, schon lange vor ihrem klinischen Ausbruch (prädiktiv) zu erkennen.[128] Zum besseren Verständnis und der Einordnung der Verfahren sollen diese kurz erläutert werden.

Unterschieden werden die Chromosomenanalyse, die proteinchemische A-nalyse und die DNA-Analyse. Allgemein fasst man die unterschiedlichen Arten der Untersuchung von Genen und Chromosomen unter dem Begriff der „Genomanalyse“ oder der „genetischen Analyse“ zusammen.[129] Alle Arten der Analyse ermöglichen die Bestimmung einer genetischen Veränderung und mithin auch eine Identifizierung der darauf beruhenden Erkrankung. Sie können auf diese Weise sehr hilfreich für den erkrankten Patienten sein, indem sie ihm bereits vor dem Ausbruch der zu erwartenden Erkrankung eine genetische Veranlagung für eine solche offenbaren und vorbeugende Behandlungs- und Therapiemöglichkeiten eröffnen. Die Durchführung von Gentests ist ein sehr wichtiger Bestandteil der modernen Medizin geworden. Jedoch gehen mit ihr auch Schwierigkeiten einher. Insbesondere müssen geeignete Verfahren für die jeweiligen zu analysierenden genetischen Informationen entwickelt sowie gewisse Qualitätsmindestanforderungen gewahrt werden.[130] Für alle genannten Verfahrensarten ist im Gegensatz zur Vornahme einer bloßen Phänotypanalyse, welche ausschließlich nach äußeren Merkmalen eines Menschen erfolgt[131], die Entnahme menschlichen Zellmaterials erforderlich.[132] Welches Verfahren im einzelnen Falle zur Analyse der genetischen Informationen eines Lebewesens angewandt wird, ist maßgeblich davon abhängig, auf welche Art der genetischen Mutation ein Lebewesen untersucht wird.[133]

---

128 Wrba/Dolznig/Mannhalter, Genetik, 173 f.

129 Winter in: Winter/Fenger/Schreiber, Genmedizin und Recht, Rn 845; Brückl, Rechtsfragen zur Verwendung von genetischen Informationen, 73 m.w.N.

130 Wrba/Dolznig/Mannhalter, Genetik, 175 f.

131 Cramer, Genom- und Genanalyse, 11; Schmidt, Rechtliche Aspekte der Genomanalyse, 13; Deutsch, ZRP 1986, 1; Schmidtke, Vererbung und Ererbtes, 71 f.

132 Schmidt, Rechtliche Aspekte der Genomanalyse, 13; Deutsch, ZRP 1986, 1 (2).

133 Wrba/Dolznig/Mannhalter, Genetik, 176 f; Graw, Genetik, 372.

Die Chromosomenanalyse ist im Gegensatz zu den beiden anderen Verfahren ein eher grobes Diagnostikverfahren[134] und erfolgt im Wesentlichen durch die Erstellung und Auswertung eines Karyogramms. Dabei werden die Chromosomen während der Metaphase, der eigentlichen Teilungsphase der Zellteilung (Mitose)[135], lichtmikroskopisch aufgenommen und paarweise sortiert[136], so dass durch einen Vergleich der Chromosomen eines Paares Chromosomenveränderungen und somit die durch diese verursachten genetischen Krankheiten festgestellt werden können.[137] Dies wird in der Regel durch eine unterschiedliche Anfärbung der verschiedenen Chromosomen verdeutlicht.[138] Die Chromosomenanalyse dient so der Diagnostik von Genommutationen und dem Nachweis struktureller Veränderungen eines Chromosoms.[139] In neuerer Zeit ist es sogar möglich, selbst feinste chromosomale Veränderungen (Aberrationen) mithilfe der Chromosomenanalyse zu identifizieren.[140]

Im Rahmen der proteinchemischen Genanalyse werden nicht das Genom oder einzelne Gene selbst, sondern nur die Proteine als Genprodukte untersucht.[141] Über die Beschaffenheit der Proteine werden dann Rückschlüsse auf die Beschaffenheit der Gene gezogen.[142] Dieses Verfahren ist deshalb ein indirektes Analyseverfahren und eignet sich dadurch, dass die Proteine den Stoffwechsel der Zellen steuern, insbesondere zur Feststellung von Stoffwechselerkrankungen.[143] Aufgrund der Tatsache, dass jedoch nicht in jeder Zelle eines Organismus Proteine gebildet werden und auch Umwelteinflüsse Auswirkungen

---

134 Hofmann, Rechtsfragen der Genomanalyse, 7; Schmidt, Rechtliche Aspekte der Genomanalyse, 13.

135 Detailliert dargestellt bei: Janning/Knust, Genetik, 21 ff.

136 Wrba/Dolznig/Mannhalter, Genetik, 106; Cramer, Genom- und Genanalyse, 11; Schmidtke in: Winter/Fenger/Schreiber, Genmedizin und Recht, Rn 1035; Schmidtke, Vererbung und Ererbtes, 73.

137 Cramer, Genom- und Genanalyse, 11.

138 Schmidtke in: Winter/Fenger/Schreiber, Genmedizin und Recht, Rn 1035.

139 Brückl, Rechtsfragen zur Verwendung von genetischen Informationen, 74; Schmidt, Rechtliche Aspekte der Genomanalyse, 13.

140 Dies geschieht insbesondere durch das Verfahren der In-situ-Hybridisierung, so: Schmidtke, Vererbung und Ererbtes, 73; Schmidtke in: Winter/Fenger/Schreiber, Genmedizin und Recht, Rn 1036.

141 Cramer, Genom- und Genanalyse, 11; Hofmann, Rechtsfragen der Genomanalyse, 6.

142 Brückl, Rechtsfragen zur Verwendung von genetischen Informationen, 74; Hofmann, Rechtsfragen der Genomanalyse, 6; Cramer, Genom- und Genanalyse, 11.

143 Brückl, Rechtsfragen zur Verwendung von genetischen Informationen, 74.

auf das Untersuchungsergebnis haben können, ist der Aussagewert einer proteinchemischen Analyse beschränkt.[144]

Bei der DNA-Analyse dagegen werden ganze Abschnitte der DNA untersucht und die auf diesen liegenden genetischen Informationen ausgewertet.[145] Erforderlich ist eine molekulargenetische Untersuchung der DANN; eine rein lichtmikroskopische Betrachtung von DNA-Molekülen ist nicht möglich.[146] Die DNA-Analyse kann so auch zum Nachweis feinster struktureller Chromosomenmutationen sowie zur Feststellung von Punktmutation an einem Gen[147] eingesetzt werden. Die aus Basenpaaren bestehende DNA-Doppelhelix[148] enthält die gesamte Erbinformation eines Organismus als genetischen Code, welcher sich aus der linearen Reihenfolge der Basen ergibt.[149] Dieser genetische Code der DNA kann auf direkte oder indirekte Weise entschlüsselt werden.[150] Während die Form der indirekten Analyse zu Unsicherheiten der Ergebnisse führen kann, liefert die direkte DNA-Analyse, die allerdings die Kenntnis des gesuchten Gens voraussetzt, sichere und aussagekräftige Untersuchungsergebnisse.

C. Arten genetischer Untersuchungen zu medizinischen Zwecken

Im Rahmen dieser Untersuchung geht es darum, nach der Kenntniserlangung von dem familiären Risiko bezüglich einer bestimmten Erbkrankheit mithilfe genetischer Analyseverfahren die genaue Veranlagung zu bestimmen, noch bevor eine hiermit in Zusammenhang stehende Erbkrankheit ausgebrochen ist. Es soll deshalb kurz erläutert werden, zu welchen medizinischen Zwecken genetische Untersuchungen in der Praxis durchgeführt werden.

Die moderne Medizin ermöglicht durch die Analyse genetischer Dispositionen einerseits das Aufdecken von Krankheiten und hilft andererseits einem Ausbruch einer auf genetischen Dispositionen beruhenden Krankheit vorzubeu-

144 Cramer, Genom- und Genanalyse, 11; Hofmann, Rechtsfragen der Genomanalyse, 7.
145 Ritter, FamRZ 1991, 646 (648).
146 Wrba/Dolznig/Mannhalter, Genetik, 113.
147 Schmidtke in: Winter/Fenger/Schreiber, Genmedizin und Recht, Rn 1042.
148 siehe oben zur Begriffsbestimmung der DNA, 2. Kapitel, A, I.
149 Janning/Knust, Genetik, 188 f; Hofmann, Rechtsfragen der Genomanalyse, 9; Crick in: Sippel/Nordheim, Erbsubstanz DNA, 16, 74 ff.
150 Genaues Analyseverfahren nachzulesen bei: z.B. Wrba/Dolznig/Mannhalter, Genetik, 110 f.

gen.[151] Im Wesentlichen unterscheidet man die kurative (heilende) von der prädiktiven (vorhersagenden) Medizin.[152] Untersuchungen können jeweils vor (pränatal) oder nach (postnatal) der Geburt eines Lebewesens erfolgen.[153] Im Rahmen dieser Arbeit ist allein die postnatale Behandlung von Bedeutung, denn die Untersuchung eines Angehörigen soll in den zu behandelnden Fallkonstellationen gerade nach der Informationsweitergabe durch den Arzt erfolgen, welche nur postnatal möglich ist. Da es zudem um eine Weitergabe genetischer Daten noch vor dem Ausbruch einer Krankheit geht, kommt der prädiktiven Diagnostik zur Aufdeckung genetischer Risiken eine besondere Bedeutung zu.

I. Kurative Medizin

Die kurative Medizin beschäftigt sich mit der Beratung und der Behandlung von Patienten, die bereits erkrankt sind und in deren konkreter Fallkonstellation aktueller Handlungs- und Entscheidungsbedarf besteht, um eine „Heilung" des Patienten zu erreichen.[154]

II. Prädiktive Medizin

Im Gegensatz hierzu werden in der prädiktiven Medizin genetische Analysen bei noch nicht erkrankten Personen durchgeführt und auf diese Weise nicht beeinflussbare genetische Dispositionen und die Wahrscheinlichkeit des Auftretens einer bestimmten Erbkrankheit vorhergesagt.[155] Teilweise wird von der prädiktiven Diagnostik die präsymptomatische Diagnostik unterschieden.[156] Andere verstehen die prädiktive genetische Diagnostik gerade als die Untersuchung prä-

---

151 Wrba/Dolznig/Mannhalter, Genetik, 175.

152 So auch: Buchborn, MedR 1996, 441.

153 Buchborn, MedR 1996, 441.

154 Schmidtke in: Winter/Fenger/Schreiber, Genmedizin und Recht, Rn 1030; Buchborn, MedR 1996, 441; Schmidtke, Vererbung und Ererbtes, 46.

155 Böhm, DuD 1993, 269; Buchborn, MedR 1996, 441; Schmidtke in: Winter/Fenger/Schreiber, Genmedizin und Recht, Rn 564; Dt. Forschungsgemeinschaft, Prädiktive genetische Diagnostik, 25; BÄK, Dt. Ärztebl. 2003, A 1299.

156 so: Schroeder-Kurth, Zeitschrift für medizinische Ethik 2002, 329 (332); Präsymptomatische Diagnostik ist dabei die Diagnostik an gesunden Personen, die in Zukunft mit Sicherheit an einer bestimmten genetischen Erkrankung erkranken werden. Als prädiktive Diagnostik wird ebenfalls die Diagnostik an gesunden Menschen bezeichnen, bei denen aufgrund bestimmter Krankheitsdispositionen ein überdurchschnittliches Erkrankungsrisiko besteht, in Zukunft an einer bestimmten genetischen Krankheit zu erkranken.

symptomatischer Personen.[157] Die Begrifflichkeiten in diesem Sektor sind uneinheitlich, begriffliche Grenzen unscharf. In dieser Arbeit werden Erbkrankheiten untersucht, bei denen ein Vorliegen einer genetischen Veranlagung für eine Erkrankung jedenfalls ein überdurchschnittliches Erkrankungsrisiko begründet. Eine Einordnung genetischer Untersuchungen vor Krankheitsausbruch als prädiktive Diagnostik erscheint daher angemessen. Da die genetischen Dispositionen eines Menschen feststehen, trifft in der prädiktiven Medizin in erster Linie der Patient nach umfassender Aufklärung durch den Arzt eine Entscheidung über das weitere medizinische Vorgehen. In der anschließenden Behandlung steht nicht die Heilung, sondern die Lebensqualität bzw. der Lebensstil des Patienten in seinem weiteren Lebensverlauf im Vordergrund.[158]

Die prädiktive Diagnostik bringt daher insgesamt den Vorteil für den Patienten, sich bei einer vorhandenen genetischen Veranlagung auf die Vermeidung von Risikofaktoren einzustellen. Sie birgt jedoch auch die Gefahr, dass ein Patient von einer bisher noch nicht in Erscheinung getretenen Krankheit Kenntnis erlangt, für die es möglicherweise keine Therapie gibt.[159]

D. Genetisch bedingte Krankheiten

Grundsätzlich können genetisch bedingte Krankheiten in Abhängigkeit von den ihnen zugrunde liegenden Mutationen in unterschiedlichen Formen auftreten. Man unterscheidet bei angeborenen Erkrankungen zwischen denjenigen, die von der jeweils vorherigen Generation übertragen, also ererbt wurden und solchen, die im ungeborenen Lebewesen spontan in der Erbmasse entstehen.[160]

Spontan entstandene Erkrankungen werden häufig durch Chromosomenanomalien[161], insbesondere durch numerische Anomalien eines einzelnen Chromosoms, hervorgerufen, wohingegen ererbte Krankheiten auf einer Veränderung eines einzelnen Gens oder einzelner Gene[162] beruhen. Numerische Chromoso-

---

157 Damm, MedR 1999, 437 (441); Buchborn, MedR 1996, 441.

158 Buchborn, MedR 1996, 441.

159 Böhm, DuD 1993, 269; Dt. Forschungsgemeinschaft, Prädiktive genetische Diagnostik, 25.

160 Wrba/Dolznig/Mannhalter, Genetik, 168.

161 erfasst sind hier sowohl Fälle der oben aufgeführten Genommutationen als auch der skizzierten Chromosomenmutationen, vgl. 2. Kapitel, A. V.

162 Hier sind Fälle der oben aufgeführten Chromosomenmutationen und Genmutationen gemeint, vgl. 2. Kapitel, A, V.

menanomalien wie beispielsweise eine Chromosomen-Trisomie[163] entstehen bei dem Vorgang der Zellteilung[164], so dass eine betroffene Person von Geburt an an einer Krankheit leidet, die deren Vorfahren nicht aufweisen. Da sich die Träger solcher Mutationen in der Regel nicht fortpflanzen, werden Monosomien und Trisomien regelmäßig nicht vererbt.[165] Die Erkrankungen zählen somit nicht zu der Gruppe der im weiteren Verlauf dieser Untersuchung relevanten Erbkrankheiten. Von weiteren Ausführungen wird daher abgesehen.

Veränderungen einzelner Gene dagegen können zwar auch innerhalb des Vorgangs der Zellteilung entstehen, werden in der Regel aber durch Vererbung weitergegeben und sind so Ursachen klassischer Erbkrankheiten. Bei Erbkrankheiten handelt es sich der Definition nach um Krankheiten, die durch einen genetischen Defekt (Mutation) entstehen und durch Vererbung weitergegeben werden.[166]

Die Erforschung von Erbkrankheiten erfolgt zum einen durch die Analyse von Familienstammbäumen, die Aufschluss darüber geben, welche Eigenschaften sich in einer Generation als vererblich herausgestellt haben.[167] Des Weiteren werden im Rahmen der Zwillingsforschung Gemeinsamkeiten und Unterschiede zwischen genetisch identischen und genetisch nicht identischen Individuen untersucht.[168] Allerdings kann eine Untersuchung im Rahmen dieser beiden Verfahren ausschließlich nach äußerlich in Erscheinung tretenden Merkmalen der betreffenden Personen, d.h. dem Phänotyp, erfolgen. Rückschlüsse auf den tatsächlich vorliegenden Genotyp können allenfalls indirekt gezogen werden. Präzisere Analysen genetischer Dispositionen ermöglichen dagegen neuere gentechnologischen Methoden der Molekularbiologie, welche das menschliche Genom vollständig zu analysieren vermögen und so Informationen über die Lokalisation und Beschaffenheit einzelner Gene geben können.[169] Auf diese Weise ist es nun möglich, verschiedenen Erbkrankheiten bestimmte genetische Defekte zuzuordnen. Bis heute sind etwa 6.000 Erbkrankheiten bekannt; von etwa der

163 So die „Trisomie 21" (Trisomie des 21. Chromosoms), die zur bekannten „Down-Syndrom"-Erkrankung führt.

164 Graw, Genetik, 667; Aubele, Genetik, 131.

165 Graw, Genetik, 669.

166 Brown, Gentechnologie, 342; Schmidtke, Vererbung und Ererbtes, 153.

167 Wrba/Dolznig/Mannhalter, Genetik, 145; Brown, Gentechnologie, 344 f; Graw, Genetik, 656.

168 Graw, Genetik, 656.

169 Graw, Genetik, 657 f; Wrba/Dolznig/Mannhalter, Genetik, 145, 167.

Hälfte wurden bereits die für die jeweilige Krankheit verantwortlichen Gendefekte lokalisiert.[170]

Im Folgenden werden unterschiedliche Formen der Erbkrankheiten dargestellt und einige besonders häufig auftretende Krankheiten der jeweiligen Gruppen mit ihren typischen Symptomen genannt. Man unterscheidet im Wesentlichen zwischen sog. monogenen (I.) und sog. komplexen (II.) Erbkrankheiten. Besondere Bedeutung kommt den monogenen Erbkrankheiten der Chorea Huntington (I. 2.) und der polyzystischen Nierenerkrankung (I. 3.) sowie den komplexen erblich mitbedingten Formen des Brust- und Darmkrebses (II. 2.) zu, welche exemplarisch für jeweils eine bestimmte Form der Erbkrankheiten stehen. Mit Blick auf die im vierten Teil zu untersuchende Verletzung des § 203 StGB werden in Bezug auf diese Erbkrankheiten deren Ursachen, typische Krankheitsverläufe sowie Behandlungs- und Präventionsmöglichkeiten skizziert.

I. Monogene Erbkrankheiten

Als monogene Erbkrankheiten werden solche Erkrankungen bezeichnet, deren Auftreten allein von dem Defekt eines einzigen Gens abhängt.[171] Dabei kann sich das defekte Gen auf einem der 44 Autosomen oder aber auf einem der beiden Geschlechtschromosomen befinden. Die Vererbung monogener Gendefekte folgt in der Regel den Mendelschen Regeln[172], welche im Verlauf der Arbeit weiter ausgeführt werden.

1. Formen monogener Erbkrankheiten

a) Geschlechtsspezifische monogene Erbkrankheiten

Geschlechtsspezifische monogene Erbkrankheiten sind solche, bei denen sich das kranke Gen auf einem der beiden Geschlechtschromosomen befindet. Es lassen sich x-chromosomale[173] und y-chromosomale[174] Erbkrankheiten vonein-

---

170 Wrba/Dolznig/Mannhalter, Genetik, 168.

171 Henn/Meese, Humangenetik, 35; Dt. Forschungsgemeinschaft, Prädiktive genetische Diagnostik, 14; Wrba/Dolznig/Mannhalter, Genetik, 168 (verwenden den inhaltlich identischen Begriff der „monogenetischen Erbkrankheit"); Böhm, DuD 1993, 268; BÄK, Dt. Ärztebl. 2003, A 1298.

172 vgl. Schmidtke, Vererbung und Ererbtes, 163 ff; sinngemäß Schmidtke in: Honnefelder ua, Das genetische Wissen und die Zukunft des Menschen, 171, Propping/Nöthen in: Honnefelder ua, Das genetische Wissen und die Zukunft des Menschen, 179.

173 Das veränderte Gen liegt auf dem X-Chromosom.

174 Das veränderte Gen liegt auf dem Y-Chromosom; y-chromosomale Erbkrankheiten können nur Männer betreffen, da Frauen kein Y-Chromosom aufweisen.

ander unterscheiden. Aufgrund des Geschlechterbezugs weisen diese besonderen Erbkrankheiten jedoch geschlechtsbedingte Unregelmäßigkeiten in der Vererbung auf und eignen sich so nicht als Gegenstand für diese Untersuchung. Weiteren Ausführungen diesbezüglich erfolgen daher nicht.

b) Autosomal-rezessive monogene Erbkrankheiten

Genetische Defekte auf den Autosomen (also den 44 übrigen Chromosomen) sind in den meisten Fällen autosomal-rezessiv, d.h. sie treten nur auf, wenn beide Autosome von demselben Gendefekt betroffen sind.[175]

Die bekannteste und in Mitteleuropa am weitesten verbreitete rezessive monogene Erbkrankheit ist die Mukoviszidose[176]. Diese genetische Stoffwechselstörung kommt bei etwa einem von 2.500 Menschen[177] vor, beruht auf einem genetischen Defekt des Chromosoms 7 und äußert sich in übermäßiger Bildung einer zähen Substanz vor allem in Lunge und Bauchspeicheldrüse.[178] Symptome der Mukoviszidose zeigen sich zumeist schon im Kindesalter oder in der frühen Jugend.[179] Eine weitere bekannte autosomal-rezessive Erbkrankheit ist eine Form des Albinismus (Oculocutaner Albinismus), welche durch ein defektes Gen des Chromosoms 11 verursacht wird und durch eine extrem blasse Haut, fast weiße Haare und eine schwach blaue oder rötliche Augenfarbe in Erscheinung tritt.[180] Durch die auffälligen äußeren Symptome wird auch diese Krankheit in der frühen Lebensphase eines betroffenen Kindes erkannt. Daneben stellt das Tay-Sachs-Syndrom[181] als eine Erkrankung, die mit Blindheit, geistiger und motorischer Degeneration des Patienten einhergeht, nach wenigen Lebensmonaten diagnostiziert wird und bereits vor dem 4. Lebensjahr des Patienten zu dessen Tod führt[182], eine weitere häufige rezessive Erbkrankheit dar.

Insgesamt bleibt festzuhalten, dass rezessive Erberkrankungen zwar relativ gesehen häufiger auftreten als dominante, innerhalb einer Familie jedoch unre-

---

175 Brown, Gentechnologie, 342; Dt. Forschungsgemeinschaft, Prädiktive genetische Diagnostik, 15 f.

176 Oftmals auch Zystische Fibrose genannt.

177 Dörk/Stuhrmann in: Ganten/Ruckpaul, Monogene Erbkrankheiten 1, 173; Graw, Genetik, 678; Schmidtke, Vererbung und Ererbtes, 166; Wrba/Dolznig/Mannhalter, Genetik, 182 sprechen von einer Häufigkeit von 1:3.000.

178 Wrba/Dolznig/Mannhalter, Genetik, 182; Dörk/Stuhrmann in: Ganten/Ruckpaul, Monogene Erbkrankheiten 1, 173 ff.

179 Dörk/Stuhrmann in: Ganten/Ruckpaul, Monogene Erbkrankheiten 1, 173.

180 Graw, Genetik, 675.

181 Graw, Genetik, 675 f.

182 Kolter/Sandhoff in: Ganten/Ruckpaul, Monogene Erbkrankheiten 1, 206.

gelmäßig in Erscheinung treten und zumeist schon in der frühen Lebensphase einer erkrankten Person festgestellt werden. Aus diesem Grund haben die betroffenen Personen bereits bei der Geburt oder jedenfalls zu einem sehr frühen Zeitpunkt Kenntnis von der Erkrankung, so dass sich die im Rahmen dieser Untersuchung zu analysierende Problematik einer notwendigen Mitteilung zu einem späteren Zeitpunkt gar nicht stellt.

c) Autosomal-dominante monogene Erbkrankheiten

Autosomal-dominante Erbkrankheiten dagegen brechen bereits aus, wenn lediglich ein Chromosom eines Chromosomenpaares eine fehlerhafte Genkopie aufweist.[183]

Die häufigste autosomal-dominante Erbkrankheit ist die familiäre Hypercholesterinämie. Erkrankte Personen leiden an Cholesterinablagerungen unter der Haut und im Auge sowie Ablagerungen von Cholesterin-Plaque in den Herzkranzgefäßen, wodurch dann etwa ab dem 20. Lebensjahr Herzanfälle auftreten können.[184] Andere dominante Erbkrankheiten sind zum Beispiel das Marfan-Syndrom, welches eine Störung im Aufbau des Bindegewebes bezeichnet, die sich dann auf das Knochensystem, das Herz-Kreislauf-System und die Augen auswirkt,[185] die nervlich bedingte Chorea Huntington-Erkrankung[186] sowie die polyzystische Nierenerkrankung.

Zwar sind solche dominanten Erbkrankheiten insgesamt seltener als rezessive[187], jedoch treten sie innerhalb einer Familie wesentlich häufiger, in der Regel in aufeinander folgenden Generationen, in Erscheinung.[188] Aufgrund dieser Tatsache soll die dominante Form der Erbkrankheit Gegenstand dieser Untersuchung sein. Ausschließlich bei dominanten Erbkrankheiten besteht nämlich aufgrund des wahrscheinlicheren Vorliegens der genetischen Disposition auch bei anderen Familienmitgliedern in der gleichen Generation oder in aufeinander folgenden Generationen ein Bedürfnis des Arztes, eine gegebenenfalls von dem genetischen Defekt betroffene verwandte Person eines Patienten auf eine möglicherweise ererbte Krankheit hinzuweisen.

---

183 Brown, Gentechnologie, 342; Dt. Forschungsgemeinschaft, Prädiktive genetische Diagnostik, 15; Henn/Meese, Humangenetik, 35.

184 Graw, Genetik, 682; sind bei einer Person sogar zwei Chromosomen von einer entsprechenden Genmutation betroffen, so treten Herzanfälle bereits im frühen Kindesalter auf.

185 Graw, Genetik, 680 f.

186 Graw, Genetik, 695; Griffiths ua, Genetic Analysis, 69.

187 Graw, Genetik, 680, 683 (Erkrankungen haben etwa eine Häufigkeit von 1:10.000).

188 Henn/Meese, Humangenetik, 37.

Jedoch kann ein solches Bedürfnis nur in den Fällen bestehen, in denen die Krankheit bzw. die dieser zugrunde liegende genetische Veranlagung dem eventuell betroffenen Angehörigen selbst noch unbekannt ist. Eine solche Situation ist ausschließlich bei solchen Erbkrankheiten gegeben, die nicht schon im Zeitpunkt der Geburt oder im frühen Kindesalter in Erscheinung treten, sondern erst im späteren Lebensverlauf ausbrechen. Beispiele für solche sog. „spätmanifesten Erbkrankheiten" sind die Chorea Huntington Erkrankung und die polyzystische Nierenerkrankung. Beide Erkrankungen treten in der Regel erst nach dem 30. Lebensjahr in Erscheinung. Da diese Krankheiten erst spät ausbrechen, haben einige Betroffene bereits Kinder, bevor erste Symptome sichtbar werden.[189]

Aufgrund der genannten spezifischen Eigenschaften eignen sich die Chorea Huntington Erkrankung und die polyzystische Nierenerkrankung somit als Untersuchungsgegenstand für diese Arbeit.

2. Die Chorea Huntington Erkrankung

Die Chorea Huntington ist eine neurologisch sowie psychiatrisch bedingte Krankheit, die mit psychischen und motorischen Störungen einhergeht.[190] Mit einer Häufigkeit von einem Betroffenen unter 10.000 Personen[191] stellt die Erkrankung eine weit verbreitete dominante Erbkrankheit dar.

a) Symptome und genetische Ursache

Der Ausbruch der Krankheit beginnt zumeist schleichend mit minimalen motorischen Störungen wie flüchtigen Gesichtsgrimassen oder unwillkürliche Bewegungen einzelner Gliedmassen, die im Alltag zunächst nicht als krankhaft wahrgenommen werden.[192] Den motorischen Auffälligkeiten können psychische Veränderungen in Form von Depressionen, insbesondere in der frühen Phase der Erkrankung, vorausgehen.[193] Hat sich das Krankheitsbild der Chorea Huntington vollständig entfaltet, leidet ein Erkrankter an unaufhörlichen Zuckungen, Krümmungen und Verdrehungen der Extremitäten, des Rumpfes und des Kop-

---

189 Dose ua, Broschüre Huntington-Krankheit, 2; Griffiths ua, Genetic Analysis, 69.

190 Epplen/Haupt in: Ganten/Ruckpaul, Monogene Erbkrankheiten 1, 518; Weigell-Weber, Chorea Huntington, 11; Syska/Epplen in: Sass/Schröder, Patientenaufklärung, 139; Dose ua, Broschüre Huntington-Krankheit, 4.

191 Graw, Genetik, 695; Henn/Meese, Humangenetik, 69; Epplen/Haupt in: Ganten/Ruckpaul, Monogene Erbkrankheiten, 518.

192 Wilming, Chorea Huntington, 9; Henn/Meese, Humangenetik, 69; Griffiths ua, Genetic Analysis, 69, Abb. 2-32; Syska/Epplen in: Sass/Schröder, Patientenaufklärung, 139.

193 Lange, Psycho 2002, 480.

fes.[194] Häufig kann es zu Verletzungen oder Stürzen kommen. Als psychiatrische Symptome können zudem eine erhöhte Aggressivität, Persönlichkeitsstörungen, hysterisches Verhalten oder Depressionen auftreten. Auch sind Gedächtnis-, Wahrnehmungs- und verbale Störungen möglich.[195] Insgesamt sind die neurologischen Symptome der Erkrankung sehr vielfältig und variieren von Fall zu Fall, regelmäßig liegt jedoch eine auffällige Beeinträchtigung der Motorik des Patienten vor.[196]

Die Chorea Huntington Erkrankung beruht auf einem Defekt eines Gens auf dem kurzen Arm des 4. Chromosoms (sog. HD-Gen).[197] Die Mutation wurde im Jahre 1993 entdeckt und kann durch einen direkten Gentest einfach und sicher molekulargenetisch nachgewiesen werden[198].

b) Krankheitsverlauf

Die Erkrankung tritt in der Regel zwischen dem 35. und 45. Lebensjahr auf, in seltenen Fällen (lediglich 1 bis 10 Prozent)[199] bereits im Kindesalter oder erst nach dem 65. Lebensjahr.[200] Je später die Krankheit ausbricht, desto milder ist der zu erwartende Krankheitsverlauf.[201] Ist die Krankheit ausgebrochen, führt sie innerhalb der folgenden 10 bis 20 Lebensjahre zum vollständigen körperlichen und geistigen Verfall und schließlich zum Tod des Erkrankten.[202] Das durchschnittliche Todesalter liegt in etwa bei 57 Jahren.[203] Chorea Huntington ist eine

---

194 Weigell-Weber, Chorea Huntington, 12.

195 Graw, Genetik, 695; Weigell-Weber, Chorea Huntington, 14; Dose ua, Broschüre Huntington-Krankheit, 4; Syska/Epplen in: Sass/Schröder, Patientenaufklärung, 139.

196 Epplen/Haupt in: Ganten/Ruckpaul, Monogene Erbkrankheiten, 518; Lange, Psycho 2002, 480.

197 Graw, Genetik, 695; Weigell-Weber, Chorea Huntington, 16; Lange, Psycho 2002, 479; Syska/Epplen in: Sass/Schröder, Patientenaufklärung, 140.

198 Dose ua, Broschüre Huntington-Krankheit, 4 f; Weigell-Weber, Chorea Huntington, 9; Henn/Meese, Humangenetik, 69; Lange, Psycho 2002, 479.

199 so Wilming, Chorea Huntington, 8.

200 Graw, Genetik, 695; Epplen/Haupt in: Ganten/Ruckpaul, Monogene Erbkrankheiten 1, 518; Weigell-Weber, Chorea Huntington, 14; Syska/Epplen in: Sass/Schröder, Patientenaufklärung, 140; Dt. Forschungsgemeinschaft, Prädiktive genetische Diagnostik, 29; Lange spricht sogar von einem regelmäßigen Austreten erst zwischen dem 40. und 50. Lebensjahr, in: Psycho 2002, 481.

201 Lange, Psycho 2002, 481.

202 Weigell-Weber, Chorea Huntington, 14 f.; Henn/Meese, Humangenetik, 69; Dt. Forschungsgemeinschaft, Prädiktive genetische Diagnostik, 29.

203 Lange, Psycho 2002, 481.

Erkrankung mit nahezu vollständiger Penetranz[204], d.h. es kommt mit an Sicherheit grenzender Wahrscheinlichkeit bei allen Trägern eines entsprechenden genetischen Defekts im Verlauf des Lebens zum Ausbruch der Erkrankung.

c) Behandlungsmöglichkeiten und Prävention

Bislang ist noch keine Therapie zur Heilung der Chorea Huntington Krankheit bekannt.[205] Zwar wurden in der medizinischen Wissenschaft und Forschung im Rahmen von Versuchen an Tieren verschiedene Ansätze zur Heilung der Erkrankung entwickelt[206], jedoch haben diese im Ergebnis allenfalls zu einer kurzen Verzögerung der Symptome geführt, nicht aber zu einer Heilung der Erkrankung beim Menschen beigetragen. Allerdings ist eine Behandlung der Krankheit nicht völlig unmöglich. Durch eine medikamentöse Therapie können zumindest einzelne neurologische und psychiatrische Symptome abgeschwächt und so der Krankheitsverlauf positiv beeinflusst werden.[207] Bei gezielter medikamentöser Behandlung sind bereits 40-jährige Krankheitsverläufe erreicht worden.[208]

Eine derartige Linderung von Symptomen kann jedoch allenfalls nach dem Ausbruch der Erkrankung angestrebt werden. Erkenntnisse über effektive vorbeugende Therapiemaßnahmen, die sich positiv auf den Verlauf der Erkrankung auswirken können, gibt es bislang nicht. Aus diesem Grund ist auch die Durchführung prädiktiver Gentests zur Feststellung einer genetischen Veranlagung vor dem Ausbruch der Krankheit äußerst fragwürdig.[209] Einerseits hat der Betroffene aufgrund seiner Kenntnis von dem späteren Verlust an Lebensqualität zwar die Möglichkeit, seine weitere Lebensplanung schon frühzeitig umstellen. Ande-

---

204 Graw, Genetik, 696; Lange, Psycho 2002, 479; Syska/Epplen in: Sass/Schröder, Patientenaufklärung, S 140; Dt. Forschungsgemeinschaft, Prädiktive genetische Diagnostik, 30; Dose ua sprechen in: Broschüre Huntington-Krankheit, 2 von einer Ausbruchswahrscheinlichkeit von 99 %; Lohkamp spricht von „mit an Sicherheit grenzender Wahrscheinlichkeit", in: G+G Spezial 10/2007, 18.

205 Henn/Meese, Humangenetik, 69; Dose ua, Broschüre Huntington-Krankheit, 5; Syska/Epplen in: Sass/Schröder, Patientenaufklärung, 139; DHH, Dt. Forschungsgemeinschaft, Prädiktive genetische Diagnostik, 29.

206 Lehnen-Beyel, Süße Therapie gegen Chorea Huntington?, http.//www.wissenschaft.de/wissenschaft/news/236522.html; Harbig, Neuer Therapieansatz für Chorea Huntington entdeckt, http://www.wissenschaft.de/wissenschaft/news/225415.html; Amrhein, Diät bremst Huntington-Krankheit, http://www.wissenschaft.de/wisseschaft/news/203497.html.

207 Dose ua, Broschüre Huntington-Krankheit, 5.

208 so Lange, Psycho 2002, 481.

209 So auch: Dt. Forschungsgemeinschaft, Prädiktive genetische Diagnostik, 29 f.

rerseits jedoch kann ein solches Wissen auch große Ängste bei dem Betroffenen hervorrufen, welche dann eine erhebliche Einbuße an Lebensqualität bedeuten.

3. Die Polyzystische Nierenerkrankung

Die polyzystische Nierenerkrankung (auch als „Zystennieren" oder „ADPKD" bezeichnet) ist neben der Chorea Huntington Erkrankung eine zweite häufige autosomal-dominante spätmanifeste Erbkrankheit. Die Erkrankung geht mit einer Bildung zahlreicher Zysten, insbesondere in den Nieren, einher und tritt bei etwa einer von 1.000[210] Lebendgeburten auf.[211] Bis zu 10 Prozent aller Erkrankungen, die zu einem Nierenversagen führen, werden durch die polyzystische Nierenerkrankung hervorgerufen.[212]

a) Symptome und genetische Ursache

Bei der polyzystischen Nierenerkrankung bilden sich zunächst Mikrozysten in allen Nierenabschnitten des betroffenen Patienten, die im Laufe des Lebens an Größe zunehmen und letztlich zu einer Niereninsuffizienz führen.[213] Weitere Symptome können Zysten in Leber, Magen, Milz, Ovar oder Hoden, Erweiterungen der Hirngefäße oder Veränderungen der Herzklappen sein.[214]

Als genetische Ursachen für diese Erbkrankheit wurden in den Jahren 1994 und 1996 Mutationen auf dem PKD 1-Gen und dem PKD 2-Gen identifiziert, die auf den Chromosomen 16 (PKD 1-Gen) und 4 (PKD 2-Gen) liegen.[215] In etwa 85 Prozent der Erkrankungsfälle ist das PKD 1-Gen ursächlich, das PKD 2-Gen spielt eine untergeordnete Rolle.[216] Sicher festgestellt werden kann die genetische Veranlagung für diese Erkrankung durch eine direkte DNA-Analyse,

---

210 Teils wird sogar von einer Häufigkeit von 1:200 gesprochen, vgl. Kielstein in: Sass/Schröder, Patientenaufklärung, 147.

211 Zerres/Rudnik-Schöneborn in: Ganten/Ruckpaul, Monogene Erbkrankheiten 2, 285.

212 Schütze ua in: Sass/Schröder, Patientenaufklärung, 198.

213 Zerres/Rudnik-Schöneborn in: Ganten/Ruckpaul, Monogene Erbkrankheiten 2, 285.

214 Kielstein in: Sass/Schröder, Patientenaufklärung, 148; Schröder, Gendiagnostische Gerechtigkeit, 16; Kielstein/Peters in: Sass/Schröder, Patientenaufklärung, 179 f; Schütze ua in: Sass/Schröder, Patientenaufklärung, 191.

215 Zerres/Rudnik-Schöneborn in: Ganten/Ruckpaul, Monogene Erbkrankheiten 2, 286 ff; Kielstein in: Sass/Schröder, Patientenaufklärung, 158 f.

216 Zerres/Rudnik-Schöneborn in: Ganten/Ruckpaul, Monogene Erbkrankheiten 2, 285; Kühn/Walz, Dt. Ärztebl. 2007, A 3022.

jedoch ist auch ein Nachweis durch eine konservative Diagnostik in Form der Durchführung eines Ultraschalls oder einer Computertomographie möglich.[217]

b) Krankheitsverlauf

Aufgrund zunächst bestehender Mikrozysten treten im Kindes- und Jugendalter regelmäßig noch keine Beschwerden auf. Ein eventuelles Leiden an Bauch- oder Kopfschmerzen wird in der Regel nicht als Grund gesehen, sich auf eine Nierenerkrankung hin ärztlich untersuchen zu lassen. Da sich klinische Beschwerden erst jenseits des 25. oder 30. Lebensjahres manifestieren, suchen Patienten häufig erst im Erwachsenenalter einen Arzt auf.[218] Teils erfahren Eltern nur durch eine Zufallsdiagnose bei ihren Kindern von einer eigenen Erkrankung, teils treten erstmalige Beschwerden erst jenseits des 70. Lebensjahres auf.[219]

Für den Patienten macht sich die Krankheit durch ein chronisches, unbestimmtes Druck- und Völlegefühl bemerkbar. Treten dabei auch Übelkeit und Erbrechen auf, liegt jedoch zunächst der Verdacht auf eine Erkrankung des Magen-Darm-Traktes nahe. Die Diagnosestellung erfolgt nach statistischen Untersuchungen durchschnittlich im Alter von etwa 39 Jahren.[220] Die ADPKD ist eine langsam fortschreitende Krankheit. Zunächst bestehende Mikrozysten gewinnen mehr und mehr an Größe, bis es schließlich zu einem dialysepflichtigen chronischen Nierenversagen kommt.[221] Durchschnittlich werden Patienten um das 50. Lebensjahr dialysepflichtig oder erhalten etwa in gleichem Alter ein Nierentransplantat.[222] Die Überlebensrate nach 5 Jahren beträgt nach einer erfolgreicher Nierentransplantation 90 Prozent und bei einer Dialysetherapie etwa 85 Prozent.[223] Die mithilfe einer Langzeitstudie ermittelte Sterberate lag bei 151 teilnehmenden Patienten nach 30 Jahren bei ca. 40 Prozent.[224] Noch nicht ab-

---

217 Schröder, Gendiagnostische Gerechtigkeit, 17; Kielstein in: Sass/Schröder, Patientenaufklärung, 152 f.

218 Kielstein/Peters in: Sass/Schröder, Patientenaufklärung, 179, 182 sprechen vom Auftreten erster Symptome in einem mittleren Alter von 39,1 Jahren; Kielstein in: Sass/ Schröder, Patientenaufklärung, 149.

219 Kielstein in: Sass/Schröder, Patientenaufklärung, 149.

220 Kielstein/Peters in: Sass/Schröder, Patientenaufklärung, 182.

221 Kielstein in: Sass/Schröder, Patientenaufklärung, 153.

222 Kielstein/Peters in: Sass/Schröder, Patientenaufklärung, 183 f.

223 Kielstein in: Sass/Schröder, Patientenaufklärung, 156; Schütze ua in: Sass/Schröder, Patientenaufklärung, 198.

224 Kielstein/Peters in: Sass/Schröder, Patientenaufklärung, 186.

schließend geklärt ist, ob ausschließlich erbliche Faktoren oder aber auch externe Umweltfaktoren ein Fortschreiten der Erkrankung begünstigen.[225]

Wie die Chorea Huntington Erkrankung weist die ADPKD-Erkrankung ebenfalls eine nahezu vollständige Penetranz auf, d.h. sie bricht regelmäßig bei allen Trägern mit einer entsprechenden genetischen Veranlagung auch aus.[226]

c) Behandlungs- und Präventionsmöglichkeiten

Bislang gibt es keine kausale Therapie zur Heilung der polyzystischen Nierenerkrankung.[227] Es erfolgt im Wesentlichen eine konservative Behandlung auftretender Symptome durch Antibiotika und eine Regulierung des zu hohen Blutdrucks der Patienten zur Verringerung von Herzproblemen. Eine endgültige Beschwerdefreiheit kann lediglich mit einer Nierentransplantation erreicht werden.[228] Mit einem Patientenüberleben von etwa 90 Prozent nach 5 Jahren stellt die Nierentransplantation jedoch eine äußerst erfolgreiche Therapieform dar.[229]

Im Gegensatz zu der Chorea Huntington Erkrankung bestehen allerdings bei dieser Erkrankung auch Möglichkeiten der Prävention. Der Patient kann durch eine Änderung seines Lebensstils schon vor einem Ausbruch der Krankheit die Progression dieser zu einem großen Teil selbst mitbestimmen.[230] So können ein häufiger Bluthochdruck, der auf lange Sicht Gefäße und Nieren schädigt, medikamentös gesenkt, die Ernährung der Patienten günstig verändert oder auch Sportarten sowie heftige Erschütterungen des Körpers, die zu Rupturen der Zysten führen, vermieden werden.[231] Infektionen der Harnwege, die einen frühzeitigen Verlust der Nierenfunktion fördern, können dadurch verhindert werden, dass Unterkühlungen vorgebeugt wird. Insgesamt ist also eine Prävention bei Kenntnis der genetischen Veranlagung für eine polyzystische Nierenerkrankung in gewissem Maße und mit einem gewissen Engagement des Patienten möglich. Eine frühe Kenntnis von der genetischen Veranlagung bzgl. der Erkrankung wird daher als „die wichtigste mögliche Vorsorge“ gesehen, mit welcher der Erkrankung begegnet werden kann.[232] Denn der Verlauf der Erkrankung kann bei

225 Kielstein in: Sass/Schröder, Patientenaufklärung, 154.

226 Schröder, Gendiagnostische Gerechtigkeit, 16.

227 Kielstein in: Sass/Schröder, Patientenaufklärung, 153; Schröder, Gendiagnostische Gerechtigkeit, 17.

228 Schütze ua in: Sass/Schröder, Patientenaufklärung, 191.

229 Schütze ua in: Sass/Schröder, Patientenaufklärung, 198.

230 So auch: Kielstein/Peters in: Sass/Schröder, Patientenaufklärung, 180.

231 Schröder, Gendiagnostische Gerechtigkeit, 17; Kielstein/Peters in: Sass/Schröder, Patientenaufklärung, 180.

232 so: Schröder, Gendiagnostische Gerechtigkeit, 17.

entsprechender Kenntnis nachweislich positiv beeinflusst und eine Funktionseinschränkung der Nieren deutlich herausgezögert werden.[233]

Mithilfe molekulargenetischer prädiktiver DNA-Analysen kann gerade bei Jugendlichen noch vor dem ersten Auftreten klinischer Symptome eine ADPKD-Erkrankung erkannt werden.[234] Zwar kann eine präsymptomatische Diagnose unter Umständen wie bei der Huntington Erkrankung auch negative Auswirkungen auf das Leben des Patienten haben und beispielsweise zu Depressionen und einer Verschlechterung der Lebensqualität führen. Andererseits ermöglicht eine solche Früherkennung hier jedoch nachweislich eine effektive Prävention und somit eine Leidensminderung des Patienten. Nach statistischen Erhebungen erachteten 67 Prozent aller Befragten, insbesondere aus Gründen, die die Familienplanung und die Möglichkeiten medizinischer Vorsorge betreffen, eine möglichst frühe Diagnose dieser Erkrankung für sehr sinnvoll.[235] Eine Feststellung der genetischen Veranlagung mithilfe eines prädiktiven Tests kann daher durch die Ergreifung effektiver Vorsorgemaßnahmen zu einem milderen Krankheitsverlaufs führen und so insgesamt zu einer Verbesserung der Lebensqualität des Patienten beitragen.

II. Komplexe Erbkrankheiten

Neben den monogenen Erbkrankheiten gibt es komplexe Erbkrankheiten. Unter diesem Begriff werden im Rahmen dieser Arbeit sog. polygene und sog. multifaktorielle Erkrankungen zusammengefasst. Polygene Erbkrankheiten sind solche, auf deren Auftreten mehrere Gendefekte Einfluss nehmen.[236] Multifaktorielle Krankheiten sind ihrer Definition nach Krankheiten, an deren Ausprägung sowohl genetische Faktoren als auch externe Faktoren wie Ernährung, bestimmte Gewohnheiten oder andere Umwelteinflüsse beteiligt sind.[237] Zu beachten ist, dass zumeist weder die Gesamtheit aller gemeinschaftlich ursächlichen Erbfaktoren noch die im Einzelfall relevanten Umwelteinflüsse eindeutig bestimmt werden können. Aufgrund dieses Zusammenspiels an relevanten Komponenten

---

233 vgl. PKD Familiäre Zystennieren e.V., http://www.pkdcure.de/diagnose.html; Selbsthilfegruppe Familiäre Zystennieren e.V., http://www.znshg.de Link: Zur Erkrankung.

234 Kielstein in: Sass/Schröder, Patientenaufklärung, 159.

235 Kielstein in: Sass/Schröder, Patientenaufklärung, 161.

236 Schmidtke, Vererbung und Ererbtes, 53; Böhm, DuD 1993, 269; Wrba/Dolznig/Mannhalter, Genetik, 168 (verwenden den inhaltl. identischen Begriff „polygenetische“ Erbkrankheiten).

237 Wrba/Dolznig/Mannhalter, Genetik, 183; Schmidtke, Vererbung und Ererbtes, 53, 176; Graw, Genetik, 702; BÄK, Dt. Ärztebl. 2003, A 1298.

werden die Begriffe der polygenen und der multifaktoriellen Erbkrankheiten in Literatur und Praxis oft synonym gebraucht.[238] Eine Unterscheidung der Begriffe soll durch die Zusammenfassung der verschiedenen Formen unter dem Begriff der komplexen Erbkrankheiten auch im Rahmen dieser Arbeit irrelevant sein.

1. Formen komplexer Erbkrankheiten

Zunächst ist fraglich, wie sich komplexe Erbkrankheiten charakterisieren und welche konkreten komplexen Erkrankungen es gibt.

Charakteristisch für diese Art der Erbkrankheit ist, dass mehrere genetische Faktoren sowie auch externe Einflüsse eine große Rolle für das Auftreten und den Verlauf einer Erkrankung spielen.[239] Beispiele sind das Erleiden eines Herzinfarkts oder eines Schlaganfalls, immunologische sowie neurodegenerative Erkrankungen oder auch Asthma, Diabetes oder Tumorerkrankungen.[240] Externe Einflüsse, die das Auftreten einer solchen Erkrankung begünstigen, können eine ungesunde Ernährung, Rauchen, mangelnde Bewegung oder die Einnahme von Hormonpräparaten sein.[241] Andererseits können diese Faktoren jedoch auch bei einem entsprechend gesundheitsbewussten Verhalten den Ausbruch einer Krankheit herauszögern oder gar vermeiden. Komplexe Erbkrankheiten treten in der Regel erst im späteren Verlauf des Lebens auf, wenn sich eine genetische Veranlagung bedingt auch durch begünstigende externe Faktoren manifestiert hat. Aufgrund der teilweisen Abhängigkeit des Ausbruchs komplexer Erkrankungen von externen beeinflussbaren Faktoren kann es allerdings möglich sein, dem Ausbruch einer Erkrankung bei entsprechender Kenntnis der genetischen Veranlagung vorzubeugen. Prädiktive Tests haben demnach bei der Diagnose genetischer Veranlagungen zu komplexen Krankheiten eine erhebliche Rele-

---

238 So auch: Schmidtke, Vererbung und Ererbtes, 176; Graw und Schmidtke benutzen diesbezüglich den Begriff der „komplexen“ Erkrankungen, Graw, Genetik, 702; Schmidtke in: Honnefelder, Das genetische Wissen und die Zukunft des Menschen, 170 f, auch die Dt. Forschungsgemeinschaft und die Bundesärztekammer sprechen von „genetisch komplexen (multifaktoriellen) Krankheiten“, Dt. Forschungsgemeinschaft, Prädiktive genetische Diagnostik, 17; BÄK, Dt. Ärztebl. 2003, A 1298.

239 Graw, Genetik, 702; Wrba/Dolznig/Mannhalter, Genetik, 183; Schmidtke in: Honnefelder ua, Das genetische Wissen und die Zukunft des Menschen, 170 f.

240 Wrba/Dolznig/Mannhalter, Genetik, 183; Griffiths ua, Genetic Analysis, 111; Graw, Genetik, 702.

241 Robert Koch-Institut/GEKID, Krebs in Deutschland 2003-2004, 17 f; Wrba/Dolznig/Mannhalter, Genetik, 183 f; Propping, G+G Spezial 2007, 4 (5).

vanz, denn auch hier können sie Möglichkeiten eröffnen, den Ausbruch einer Erkrankung zu verzögern oder gar zu verhindern.

Eine der bekanntesten komplexen Erbkrankheiten, deren genetische Komponente bereits lokalisiert werden konnte, ist das sog. FV-Leiden, welches auf einer Mutation im Gerinnungs-Faktor-V-Gen beruht und sich durch eine erhöhte Thrombosegefahr auszeichnet. Sein Auftreten wird durch externe Faktoren wie beispielsweise das Rauchen oder die Einnahme von Hormonpräparaten begünstigt.[242] Aber auch einige Krebsarten konnten teilweise auf genetische Faktoren zurückgeführt werden. In den 1990er Jahren gelang der schlüssige Nachweis, dass Krebs im Wesen eine genetische Erkrankung ist und eine genetische Veranlagung hierfür auch vererbt werden kann. Durchschnittlich jeder dritte Mensch erkrankt im Laufe seines Lebens an Krebs.[243] Bestimmte Krebsformen treten in manchen Familien erkennbar häufiger auf als in anderen.[244] Es wird teilweise sogar von sog. „Krebsfamilien"[245] gesprochen. Die in der deutschen Bevölkerung am häufigsten auftretenden Krebsformen sind bei Männern der Prostata- und der Dickdarmkrebs, welche ca. 25 Prozent bzw. ca. 16 Prozent aller Krebsneuerkrankungen bei Männern ausmachen. Bei Frauen dagegen treten der Brustkrebs mit einem prozentualen Anteil von ca. 28 Prozent und ebenfalls der Dickdarmkrebs mit einem Anteil von ca. 18 Prozent am häufigsten auf.[246] Genetische Faktoren sind insbesondere bei der Brust- und Darmkrebserkrankung von Bedeutung, denn etwa 5 bis 10 Prozent aller Erkrankungen[247] (beim Dickdarmkrebs wird teilweise sogar von bis zu 20 Prozent gesprochen)[248], werden durch erbliche Mutationen mitverursacht.

Uneinigkeit besteht jedoch darüber, ob erblich mitbedingte Krebserkrankungen, wie beispielsweise die Brust- und Darmkrebserkrankung, als monogene[249]

---

242 Wrba/Dolznig/Mannhalter, Genetik, 184.

243 Henn/Meese, Humangenetik, 61.

244 Scherneck/Kölble in: Ganten/Ruckpaul, Tumorerkrankungen, 3; Henn/Meese, Humangenetik, 3.

245 Schmidtke, Vererbung und Ererbtes, 185 ff; Scherneck/Kölble in: Ganten/Ruckpaul, Tumorerkrankungen, 5.

246 Robert Koch-Institut/GEKID, Krebs in Deutschland 2003-2004, 12, Abb. 2.2.1.

247 BÄK, Dt. Ärztebl. 1998, A 1401; Grundmann, Das ist Krebs, 139, 142; Silva/Zurrida, Brustkrebs, 33; Henn/Meese, Humangenetik, 64; Mau/Untch in: Untch/Sittek, Mammakarzinom, 26; eim Brustkrebs wird auch von 8-10%, Kuhl in: Untch/Sittek, Mammakarzinom, 60 oder 10-15%, Dt. Forschungsgemeinschaft, Prädiktive genetische Diagnostik, 30 gesprochen.

248 Delbrück, Dickdarmkrebs, 26; Sieg/Seitz, Darmkrebsprävention, 37.

249 so beispielsweise: Schmidtke in: Honnefelder, Das genetische Wissen und die Zukunft des Menschen, 170.

oder als komplexe[250] Erkrankung einzustufen sind. Zwar folgen sie hinsichtlich ihrer Form der Vererbung, wie es für die meisten monogenen Erbkrankheiten typisch ist, im Wesentlichen den Mendelschen Vererbungsregeln, welche im Weiteren noch ausführlicher skizziert werden. Jedoch können sich auch komplexe Erkrankungen in seltenen Fällen nach diesen Regeln richten.[251] Gegen eine Einordnung als monogene Krankheit spricht zudem, dass sowohl eine Brust- als auch eine Darmkrebserkrankung nachweislich durch mehr als eine genetische Mutation bedingt werden kann. So können für eine Brustkrebserkrankung Mutationen auf mindestens zwei verschiedenen Genen ursächlich sein; bei einer Darmkrebserkrankung sind mindestens fünf Genorte bekannt, die eine Erkrankung beeinflussen können.[252] Selbst die Tatsache, dass sich die Krebserkrankungen vielfach auf die überwiegende Wirkung eines einzelnen Gens zurückführen lassen, lässt eine Einstufung als komplexe Erbkrankheit zu, wenn zudem ein Einfluss weiterer Faktoren vorliegt.[253] Erbliche Krebserkrankungen werden durch externe Faktoren, wie beispielsweise Alkoholgenuss oder eine ungesunde Ernährung mitbestimmt.[254] Demnach kommt auch Umweltbedingungen hinsichtlich eines Ausbruchs bzw. Verlaufs der Brust- bzw. Darmkrebserkrankung eine gewisse Bedeutung zu. Weder die Relevanz der eine Erkrankung begünstigenden externen Risikofaktoren, noch die Gesamtheit aller beteiligten Genveränderungen und deren Auswirkungen sind bekannt und abschließend geklärt.[255] Komplexe und monogene Erbkrankheiten lassen sich nur unscharf voneinander abgrenzen und nur sehr selten ist eine Erkrankung ausschließlich erblich oder ausschließlich durch externe Einflüsse bedingt. In der weit überwiegenden

---

250 so beispielsweise: WHO, Proposed International Guidelines on Ethical Issues in Medical Genetics and Genetic Services, 3.

251 so: Schmidtke in: Honnefelder, Das genetische Wissen um die Zukunft des Menschen, 171; a.A. BÄK, Richtlinien zur prädiktiven genetischen Diagnostik, A 1299, die bei einer Vererbung nach den Mendelschen Regeln immer Monogenität annehmen.

252 vgl. Grundmann, Das ist Krebs, 140, 142; Silva/Zurrida, Brustkrebs, 34; Scherneck/ Kölble in: Ganten/Ruckpaul, Tumorerkrankungen, 11 f; Mau/Untch in: Untch/Sittek, Mammakarzinom, 26; Kuhl in: Untch/Sittek, Mammakarzinom, 60; Delbrück, Darmkrebs, 26; Sieg/Seitz, Darmkrebsprävention, 39.

253 vgl. Schmidtke, Vererbung und Ererbtes, 179.

254 Delbrück, Darmkrebs, 26 f.

255 Scherneck/Kölble in: Ganten/Ruckpaul, Tumorerkrankungen, 8; Grundmann, Das ist Krebs, 71; Robert Koch-Institut/GEKID, Krebs in Deutschland 2003-2004, 54 (bzgl. Brustkrebs), 24 (bzgl. Dickdarmkrebs); Henn/Meese, Humangenetik, 65; Falk Foundation, Darmkrebserkrankungen, 16; Kuhl in: Untch/Sittek, Diagnostik und Therapie des Mammakarzinoms, 61.

Mehrzahl aller Krankheitsfälle wirken genetische Faktoren und Umwelteinflüsse zusammen.[256]

Vor dem Hintergrund, dass auch bei den hier zu untersuchenden Krebserkrankungen die Möglichkeit eines Zusammenspiels verschiedener genetischer Komponenten sowie eine Beeinflussung auch durch externe Faktoren besteht und komplexe Ursache-Wirkung-Vorgänge in der genetischen Medizin und Forschung noch nicht abschließend geklärt sind, wird im Rahmen dieser Arbeit eine Einordnung der erblichen Brust- und Darmkrebserkrankungen als komplexe Erkrankungen bevorzugt. Da bei den Krebsformen des Brust- und Darmkrebses das entsprechende Risiko einer Betroffenheit auch der Angehörigen aufgrund ihres regelmäßigen Erbganges besser eingeschätzt werden kann als bei komplexen Erkrankungen, die sich unregelmäßig vererben, sollen diese Krebsformen hier exemplarisch für komplexe Erbkrankheiten stehen.

2. Die erbliche Form des Brust- und des Darmkrebses

Die Darm- und Brustkrebserkrankungen zählen mit einer Inzidenz von 1:20 bzw. 1:14 zu den am häufigsten auftretenden Krebsformen. Etwa 5 bis 20 Prozent aller Darmkrebsfälle (entspricht einer Inzidenz von ca. 1:400 bis 1:100) bzw. etwa 5 bis 15 Prozent aller Brustkrebsfälle (entspricht einer Inzidenz von ca. 1:280 bis 1:93) sind erblich bedingt.[257] Erkrankungsalter und Krankheitsverlauf variieren.[258]

a) Genetische Faktoren bei der Brust- und Darmkrebserkrankung

Genetisch wird der erbliche Brustkrebs in der Mehrheit seiner Fälle durch eine Mutation des BRCA 1-Gens auf dem 17. Chromosom begünstigt, oftmals ist eine solche Mutation an eine Mutation des BRCA 2-Gens auf dem 13. Chromo-

---

256 so auch: Schmidtke in: Honnefelder ua, Das genetische Wissen um die Zukunft des Menschen, 171; Henn/Meese, Humangenetik, 57; Schröder, Bundesgesundheitsblatt 2006, 1219 (1220).

257 BÄK, Dt. Ärztebl. 1998, A 1401; Grundmann, Das ist Krebs, 139, 142; Silva/Zurrida, Brustkrebs, 33; Henn/Meese, Humangenetik, 64; Mau/Untch in: Untch/Sittek, Mammakarzinom, 26; Delbrück, Dickdarmkrebs, 26; Sieg/Seitz, Darmkrebsprävention, 37; Stiftung LebensBlicke, Faltblatt: Vermeiden statt Leiden; Deutsche Krebshilfe, Sachstandserhebung „Krebs-Früherkennung", 8; beim Brustkrebs wird auch von 8-10%, Kuhl in: Untch/Sittek, Mammakarzinom, 60 oder 10-15%, Dt. Forschungsgemeinschaft, Prädiktive genetische Diagnostik, 30 gesprochen.

258 Robert Koch-Institut/GEKID, Krebs in Deutschland 2003-2004. 34, 54; Grundmann, Das ist Krebs, 139 f, 142; Delbrück, Darmkrebs, 21.

som gekoppelt.[259] Die Wahrscheinlichkeit, an Brustkrebs zu erkranken, ist bei Vorliegen einer Mutation des BRCA 1-Gens erhöht. Meinungen in der Literatur gehen bezüglich der Bezifferung eines Risikos auseinander; es wird davon gesprochen, dass insgesamt etwa zwischen 25-85 Prozent der genetisch betroffenen Frauen auch an Brustkrebs erkranken.[260] Diese große Spanne hinsichtlich des Risikos verdeutlicht, dass ein Ausbruch der Erkrankung im Laufe des Lebens trotz einer genetischen Disposition auch gänzlich ausbleiben kann.[261] Eine Mutation des BRCA 1- bzw. 2-Gen kann molekulargenetisch ebenfalls durch eine direkte DNA-Analyse nachgewiesen werden, jedoch ist es aufgrund der Tatsache, dass auch andere noch nicht bekannte Gene ursächlich für den erblichen Brustkrebs sein können und auch externe Faktoren Einfluss auf genetische Veränderungen haben können, nicht möglich, bei jedem beliebigen Menschen dessen Risiko bezüglich einer erblich mitbedingten Krebserkrankung eindeutig zu bestimmen.[262]

Die am häufigsten auftretende Form des erblichen Darmkrebses ist auf eine Mutation eines Gens auf dem 5. Chromosom zurückzuführen, andere ursächliche Mutationen können beispielsweise auf dem 17. oder 18. Chromosom liegen.[263] Auch hier ist das genaue Ursache-Wirkung-Verhältnis der einzelnen Gene unsicher. Weist eine Person eine genetische Veranlagung für eine Darmkrebserkrankung auf, so besteht dennoch ein Erkrankungsrisiko von etwa 90 Prozent.[264]

---

259 Grundmann, Das ist Krebs, 140; Silva/Zurrida, Brustkrebs, 34; Scherneck/Kölble in: Ganten/Ruckpaul, Tumorerkrankungen, 11 f; Mau/Untch in: Untch/Sittek, Mammakarzinom, 26; Kuhl in: Untch/Sittek, Mammakarzinom, 60.

260 BÄK, Dt. Ärztebl. 1998, A 1402; Grundmann, Das ist Krebs, 71; Henn, BKK 2008, 349; Moniz nennt 50-85 % in: Frisch, Medizinstrafrecht, 107; die Dt. Forschungsgemeinschaft sieht ein Risiko von 25-85%, Prädiktive genetische Diagnostik, 30; Silva/Zurrida, Brustkrebs, 33 sprechen von einer „hoch penetranten" Erkrankung und einer Erkrankungswahrscheinlichkeit von 50-80%, 34; Schmidtke von einem „hohen Maß" für eine Tumorerkrankung disponiert zu sein und einer „sehr wahrscheinlichen" Erkrankung im Laufe des Lebens, in: Vererbung und Ererbtes, 184.

261 Deutsche Krebshilfe, Familienangelegenheit, 2; Deutsche Krebshilfe, Familiärer Brust- und Eierstockkrebs, 3.

262 Scherneck/Kölble in: Ganten/Ruckpaul, Tumorerkrankungen, 12 f; Henn/Meese, Humangenetik, 65; anschaulich dargestellt bei Deutsche Krebshilfe, Familiärer Brust- und Eierstockkrebs, 3 ff, 8 f.

263 Grundmann, Das ist Krebs, 142 f; Delbrück, Darmkrebs, 26; Sieg/Seitz, Darmkrebsprävention, 39.

264 Delbrück, Darmkrebs, 27; von einem „extrem hohen Risiko" spricht Schmidtke, Vererbung und Ererbtes, 179.

b) Externe Risikofaktoren bei der Brust- und Darmkrebserkrankung

Externe Risikofaktoren, die eine Brustkrebserkrankung begünstigen, betreffen die Lebensweise einer Person an sich, insbesondere die Ernährung, die sportliche Aktivität sowie die Aufnahme von Hormonen. So wirkt sich die regelmäßige Aufnahme tierischer Fette im Gegensatz zum Konsum pflanzlicher Fette negativ aus, auch die Einnahme von Hormonpräparaten wie der Pille sowie Bewegungsmangel und Übergewicht begünstigen eine Krebserkrankung. Regelmäßiger körperlicher Aktivität dagegen wird ein positiver Einfluss zugesprochen.[265] Weitere Risikofaktoren, die jede Art von Krebserkrankung begünstigen, sind das Zigarettenrauchen sowie ein erhöhter Alkoholkonsum.[266] Insbesondere bei der Brustkrebserkrankung kann auch der Zeitpunkt der Geburt eines Kindes Einfluss entfalten. So ist das Erkrankungsrisiko einer Frau, die ein Kind nach dem 35. Lebensjahr zur Welt bringt, doppelt so hoch wie das einer Frau, die vor dem 30. Lebensjahr ein Kind bekommt.[267]

Bezüglich des Darmkrebses ist auf die eben genannten Risikofaktoren zu verweisen. Jedoch hat hier der Einfluss von Hormonen nur eine untergeordnete Bedeutung, während der Ernährung eine besondere Gewichtung zugesprochen wird. Insbesondere fettreiches Fleisch von Rind und Schwein begünstigt einen Ausbruch der Krebserkrankung.[268] Studien belegten, dass die tägliche Aufnahme von etwa 80 g Rinder- oder Schweinefleisch das Risiko an Darmkrebs zu erkranken um 30 Prozent erhöht, insgesamt sind weitere 30 Prozent aller Tumore durch das Rauchen bedingt.[269] Das Rauchen wird mithin als wichtigster, den Krebs begünstigenden Faktor gesehen, der vermieden werden kann.[270]

c) Behandlungsmöglichkeiten und Prävention

Ist bei einer Person Brust- oder Darmkrebs diagnostiziert worden, so stehen unterschiedliche Behandlungsmöglichkeiten zur Verfügung. In der Praxis am effektivsten sind chirurgische Eingriffe zur Entfernung der Tumore. Aber auch

---

265 Robert Koch-Institut/GEKID, Krebs in Deutschland 2003-2004, 54; DKG, Prävention von Krebs, 32; 117 ff.

266 DKG, Prävention von Krebs, 32; Robert Koch-Institut/GEKID, Krebs in Deutschland 2003-2004, 17 f; Grundmann, Das ist Krebs, 35 ff.

267 DKG, Prävention von Krebs, 31.

268 Robert Koch-Institut/GEKID, Krebs in Deutschland 2003-2004, 34; Grundmann, Das ist Krebs, 142; BKK, Gesunder Darm, 9 ff; Deutsche Krebsgesellschaft e.V., Darmkrebs verhindern, 6, 12 ff.

269 Grundmann, Dar ist Krebs, 49 ff; DKG, Prävention von Krebs, 100.

270 DKG, Prävention von Krebs, 32.

Strahlenbehandlungen sowie medikamentöse Behandlungen gewinnen immer mehr an Bedeutung.[271] Chirurgisch kurative, also heilende Eingriffe streben die radikale Entfernung des Tumors an, sind aber nur in solchen Fällen möglich, in denen der Tumor örtlich begrenzt ist.[272] Eine solche Situation kann sich sowohl beim Brust- als auch bei Darmkrebs ergeben. An einen derartigen chirurgischen Eingriff schließt sich in der Regel eine Chemotherapie oder eine Strahlenbehandlung an. Zur Gewebeerhaltung werden vor allem jedoch auch Strahlentherapien ohne vorherigen chirurgischen Eingriff eingesetzt, die entweder zur Heilung oder zur Linderung der Erkrankung führen.

Die Heilungschancen einer Krebserkrankung steigen mit einer möglichst frühzeitigen Erkennung erheblich an. Die Krebsmedizin betont immer wieder, dass Krebs „umso besser geheilt werden kann, je früher er erkannt wird".[273] Besonders wichtig für eine erfolgreiche Behandlung und eine möglichst große Heilungschance des Krebses ist deshalb die Krebsfrüherkennung[274] und die Prävention[275]. Weiß eine Person von ihrer genetischen Veranlagung zu einer Krebserkrankung, so können bereits weit vor dem Ausbruch der Erkrankung Vorsorgemaßnahmen[276] wie beispielsweise Früherkennungsuntersuchungen oder gegebenenfalls medikamentöse Maßnahmen in Form neuer Verfahren der Chemoprävention ergriffen werden.[277]

In Bezug auf den Brustkrebs gibt es derzeit jedoch noch keine Möglichkeit, ein Auftreten der Erkrankung durch eine entsprechende Behandlung präventiv sicher zu verhindern.[278] Genetisch Betroffenen kann lediglich ein engmaschiges Vorsorgeprogramm, bestehend aus der regelmäßigen Selbstuntersuchung, Tastuntersuchungen durch den Frauenarzt sowie Ultraschall-, Mammographie- und gegebenenfalls Kernspinmammographie-Untersuchungen, angeboten werden.[279] Auf diese Weise kann eine Erkrankung zu einem sehr frühen Zeitpunkt erkannt

---

271 Delbrück, Darmkrebs, 35; Grundmann, Das ist Krebs, 98.

272 Grundmann, Das ist Krebs, 109 ff.

273 DKG, Prävention von Krebs, 11; Grundmann, Das ist Krebs, 133, 149; Deutsche Krebshilfe, Familiärer Brust- und Eierstockkrebs, 9.

274 Mit Früherkennung sind hier Maßnahmen gemeint, die zur Aufdeckung einer bereits bestehenden Krebserkrankung dienen.

275 Prävention meint alle Maßnahmen, die getroffen werden können, um neue oder erste (Primärprävention) Krebserkrankungen zu vermeiden.

276 Vorsorge umfasst hier alle Maßnahmen zu Früherkennung und Prävention von Krebs.

277 BÄK, Dt. Ärztebl. 1998, A 1397; Grundmann, Das ist Krebs, 141, 143; Mau/Untch in: Untch/Sittek, Mammakarzinom, 28.

278 Deutsche Krebshilfe, Familiärer Brust- und Eierstockkrebs, 9.

279 Deutsche Krebshilfe, Familienangelegenheit, 2; Deutsche Krebshilfe, Familiärer Brust- und Eierstockkrebs, 9.

und dann angemessen behandelt werden. Zwar gibt es erste Hinweise, dass eine vorsorgliche Brustentfernung das Erkrankungsrisiko erheblich verringern kann.[280] Jedoch ist ein solch vorsorglicher operativer Eingriff ein sehr einschneidendes Ereignis für eine betroffene Person und wird aufgrund der ebenso bestehenden Möglichkeit eines Ausbleibens der Erkrankung in der medizinischen Praxis als Behandlungsmethode abgelehnt.[281]

Im Gegensatz dazu kann die Darmkrebserkrankung durch gezielte Vorsorgeuntersuchungen nicht nur in einem sehr frühen Stadium vor dem eigentlichen Ausbruch bereits entdeckt, sondern eine Krebsentstehung durch eine entsprechende Behandlung auch zu nahezu 100 Prozent verhindert werden.[282] Die beste Methode zur Erkennung von Darmkrebs ist hierbei die Darmspiegelung. Bereits bei der Durchführung einer Darmspiegelung können Darmpolypen entfernt werden, so dass an diesen Stellen kein Krebs mehr entstehen kann.[283] Darüber hinaus ist es bei einer zunehmenden Polypenbildung sogar möglich, noch vor einem Ausbruch der Krebserkrankung Teile des gefährdeten End- bzw. Dickdarms eines genetisch Betroffenen zu entfernen, was in der Regel keine wesentliche Beeinträchtigung dessen sozialen, beruflichen und sexuellen Lebens bedeutet.[284] Operationen werden heutzutage bereits laparoskopisch (minimalinvasive Operation), d.h. durch kleinste Bauchschnitte, durchgeführt.[285] Mithilfe dieser vorbeugenden Maßnahmen ist der erblich mitbedingte Darmkrebs bereits in seinem frühen Stadium verhinder- bzw. heilbar.[286] Unbehandelt dagegen führt er fast immer innerhalb etwa eines Jahres zum Tode.[287]

---

280 so: Deutsche Krebshilfe, Familiärer Brust- und Eierstockkrebs, 11; Mau/Untch in: Untch/Sittek, Diagnostik und Therapie des Mammakarzinoms, 29.

281 vgl. hierzu auch: Kuhl in: Untch/Sittek, Diagnostik und Therapie des Mammakarzinoms, 61.

282 Deutsche Krebshilfe, Familiärer Darmkrebs – FAP, 5; Stiftung LebensBlicke, Broschüre: Ein Augenblick für Ihr Leben; Deutsche Krebsgesellschaft e.V., Darmkrebs vermeiden, 24; Stiftung LebensBlicke, Faltblatt: Vermeiden statt Leiden; Falk Foundation, Darmkrebserkrankungen, 17.

283 vgl. Stiftung LebensBlicke, Faltblatt: Vermeiden statt Leiden; Deutsche Krebsgesellschaft e.V., Darmkrebs verhindern, 19; Falk Foundation, Darmkrebserkrankungen, 18, 20.

284 Falk Foundation, Darmkrebserkrankungen, 54 f.

285 Detaillierte Beschreibung der verschiedenen Operationsmethoden bei: Falk Foundation, Darmkrebserkrankungen, 35 ff.

286 so auch: Deutsche Krebshilfe, Familiärer Darmkrebs – FAP, 9 f; Deutsche Krebshilfe, Familiärer Darmkrebs – HNPCC, 8.

287 so: Stiftung LebensBlicke, Faltblatt: Vermeiden statt Leiden; Stiftung LebenBlicke, Stiftung und Förderverein LebensBlicke e.v., 3.

Da innerhalb einer Familie in der Regel dieselbe genetische Mutation für eine Erkrankung mitverantwortlich ist[288], kann bei Kenntnis einer familiären Vorbelastung auch bei Verwandten mithilfe einer direkten DNA-Analyse ein sicheres positives oder negatives Ergebnis bezüglich der familiären Veranlagung erlangt werden. Zwar kann eine solche Diagnose und die mit ihr einhergehende Erkenntnis, ein erhöhtes Risiko für den Ausbruch einer Krebserkrankung aufzuweisen, eine erhebliche Verunsicherung und eine „Krebsangst" des Patienten lange vor Ausbruch der Krankheit zur Folge haben. Jedoch sind bei einem positiven Ergebnis auch hier Vorsorgemaßnahmen und damit gegebenenfalls sogar die erfolgreiche Verhinderung eines Ausbruchs der Krebserkrankung möglich.[289] Prädiktive Tests haben demnach auch in Bezug auf erblich mitbedingte Krebserkrankungen für die Behandlung und Heilung und somit für die Überlebenschance betroffener Patienten eine hervorzuhebende Bedeutung.

III. Zusammenfassung

Insgesamt ist festzuhalten, dass die Chorea Huntington Erkrankung, die polyzystische Nierenerkrankung und die erblichen Formen der Brust- und Darmkrebserkrankung für unterschiedliche Arten von Erbkrankheiten stehen und so im Rahmen dieser Arbeit eine besondere Stellung erlangen.

Eine Übereinstimmung der Erkrankungen besteht darin, dass sie alle autosomal-dominant vererbt werden, so dass eine Übertragungswahrscheinlichkeit von 50 Prozent auf die jeweils nachfolgende Generation besteht. Zudem kommen alle Erkrankungen aufgrund ihrer dominanten Vererbung innerhalb einer Familie relativ häufig vor. Weiter ist den beispielhaft genannten Erkrankungen gemeinsam, dass sie erst im späteren Lebensverlauf eines genetisch Betroffenen auftreten und so als spätmanifeste Erbkrankheiten einzustufen sind. Aufgrund dieser gemeinsamen Merkmale eignen sich die genannten Erbkrankheiten als Gegenstand der hier durchzuführenden Untersuchung.

Allerdings unterscheiden sie sich auch in zentralen Punkten. Zwar sind die Chorea Huntington Erkrankung und die polyzystische Nierenerkrankung Erbkrankheiten mit beinahe vollständiger Penetranz, die somit bei nahezu allen Anlageträgern im Laufe des Lebens auftreten. Jedoch besteht ein wesentlicher Unterschied in den Möglichkeiten, effektive Präventionsmaßnahmen zu treffen. Während bei der Chorea Huntington Erkrankung keinerlei Therapie möglich ist und Präventionsmaßnahmen, die zu einer Leidensminderung schon vor einem

288 Schmidtke, Vererbung und Ererbtes, 189.

289 Winter in: Winter/Fenger/Schreiber, Genmedizin und Recht, Rn 850; Sieg/Seitz, Darmkrebsprävention, 53.

Ausbruch der Erkrankung beitragen könnten, nicht ersichtlich sind, stehen ADPKD-Erkrankten gezielte Vorsorgemaßnahmen bereits vor dem Auftreten klinischer Krankheitssymptome zur Verfügung.

Anders zu beurteilen ist dagegen schon die Penetranz bei den erblichen Brust- und Darmkrebserkrankungen. Zwar ist auch hier eine erhöhte Penetranz von etwa 25 bis 85 Prozent bzw. bis zu etwa 90 Prozent zu beobachten. Jedoch ist insbesondere bei der erblich mitbedingten Brustkrebserkrankung auch ein Ausbleiben der Krankheit durchaus möglich. Zudem haben bei diesen erblich bedingten Krankheitsformen auch externe Faktoren Einfluss auf den Ausbruch sowie auf die Progression der Erkrankung. Differenzen der beiden Krebserkrankungen haben sich hinsichtlich der zur Verfügung stehenden Präventionsmaßnahmen gezeigt. Bei der Brustkrebserkrankung sind vorbeugende Maßnahmen lediglich in Form eines engmaschig angelegten Früherkennungsprogramms zur Erkennung erster Anzeichen eines Ausbruchs der Erkrankung möglich. Bei der Darmkrebserkrankung dagegen können bereits ohne erhebliche Beeinträchtigungen Polypen vorbeugend aus dem Darm entfernt oder aber sogar gefährdete Teilstücke des Darms entnommen werden. Ein Ausbleiben der erblich mitbedingten Darmkrebserkrankung kann somit bereits präventiv erheblich positiv beeinflusst werden.

Zusammengefasst sind die folgenden Typen von Erbkrankheiten Gegenstand der Untersuchung:

1. die Chorea Huntington Erkrankung als eine monogene Erbkrankheit mit vollständiger Penetranz, bei der keine Möglichkeiten der effektiven Prävention besteht;
2. die Polyzystische Nierenerkrankung als eine monogene Krankheit mit ebenfalls vollständiger Penetranz, bei der jedoch ein vorbeugendes Tätigwerden den Krankheitsverlauf positiv beeinflussen kann;
3. die erblich mitbedingte Darmkrebserkrankung als eine komplexe Erbkrankheit, bei der ebenfalls bereits vor Ausbruch der Krankheit vorbeugende Maßnahmen zur Verfügung stehen;
4. und die erblich mitbedingte Brustkrebserkrankung als komplexe Erbkrankheit, bei der ein präventives Tätigwerden eingeschränkt möglich ist.

Aufgrund ihrer speziellen Eigenschaften sollen die aufgeführten Erbkrankheiten beispielhaft für jeweils einen der soeben beschriebenen Typen einer Erbkrankheit stehen und innerhalb des vierten Kapitels der Arbeit als Gegenstand der Untersuchung einer Verletzung der ärztlichen Schweigepflicht bei einer Weitergabe der genetischen Informationen an Familienangehörige durch den Arzt zugrunde gelegt werden. Herauszustellen ist im Besonderen, ob aufgrund der Unterschiede der einzelnen Krankheiten in Penetranz und Präventionsmöglichkeiten auch eine Strafbarkeit des Arztes bei der Weitergabe solcher Daten unterschiedlich zu bewerteten ist. Gerade in Fällen, in denen vorbeugende Maßnahmen greifbar sind, könnte eine Inkenntnissetzung eines möglicherweise auch betroffenen Angehörigen über sein genetisches Risiko für diesen von erheblichem gesundheitlichen Nutzen sein.

E. Rechtliche Bewertung der Gewinnung und Verwendung insbesondere prädiktiver genetischer Daten

Fraglich ist jedoch zunächst, in wieweit ein Umgang mit genetischen Informationen aufgrund ihres Drittbezuges mit dem Grundgesetz vereinbar ist. Wenn der Arzt nun einen Angehörigen über ein genetisches Risiko aufklären würde, so liegt die Vermutung nahe, dass sich dieser Angehörige einer genetischen Untersuchung unterziehen wird, um Gewissheit über seine genetische Konstitution zu erhalten. Da die Zulässigkeit sowohl der Gewinnung als auch der Verwertung insbesondere prädiktiver genetischer Daten kontrovers diskutiert wurde, soll im Folgenden kurz die bestehende rechtliche Situation bezüglich dieser Problematik veranschaulicht werden.

I. Verfassungsrechtliche Zulässigkeit der Analyseverfahren

Verfassungsrechtlich sind die dargestellten Analyseverfahren insoweit problematisch, als sie insbesondere die Grundrechte desjenigen, dessen Gene analysiert werden, berühren. So wird im besonderen Maße der Schutzbereich der Menschenwürde aus Art. 1 I GG und des Rechts auf informationelle Selbstbestimmung als Ausformung des allgemeinen Persönlichkeitsrechts nach Art. 2 I i.V.m. Art. 1 I GG[290] sowie das Recht auf Leben und körperliche Unversehrtheit aus Art. 2 II GG tangiert.[291]

---

290 BVerfGE 96, 171 (181); BVerfGE 100, 313 (358); BVerfGE 101, 106 (121); BVerfGE 65, 1 (41 ff); Jarass in: Jarass/Pieroth, GG, Art. 2, 44; Murswiek in: Sachs, GG, Art 2, 68, 72 ff.

291 Winter in: Winter/Fenger/Schreiber, Genmedizin und Recht, Rn 844; Hofmann, Rechtsfragen der Genomanalyse, 16 ff; Deutsch in: Ellermann/Opolka, Genomanalyse, 79; BÄK, Dt. Ärztebl. 2003, A 1302.

Mittlerweile anerkannt ist, dass die Durchführung zumindest postnataler Analysen des menschlichen Genoms jedenfalls bei Vorliegen einer Einwilligung des Patienten mit der Verfassung im Einklang steht.[292] Bei den hier zu untersuchenden Fallkonstellationen ist von einer Einwilligung desjenigen Patienten, bei dem eine genetische Veranlagung untersucht werden soll, in die Durchführung einer genetischen Analyse auszugehen, so dass eine solche Durchführung in jedem Fall verfassungskonform ist.

II. Gesetzliche Regelungen bezüglich der Gewinnung genetischer Daten

Größere Bedeutung für diese Untersuchung haben nationale einfachgesetzliche Regelungen, die den Umgang mit genetischen Daten zu regeln vermögen.

Bereits Anfang der 1970er Jahre beschäftigten sich Politik und Gesellschaft mit den Entwicklungen und Perspektiven der Gentechnologie in Bezug auf die medizinische Anwendung am Menschen.[293] Expertengremien wie die Benda-Kommission der Bundesregierung und die Enquête-Kommission „Chancen und Risiken der Gentechnologie" des Bundestages diskutierten darüber, ob auf dem betreffenden Gebiet rechtlicher Regelungsbedarf bestehe. Während die Benda-Kommission einen solchen Handlungsbedarf in Jahre 1985 noch verneinte[294], hielt die Enquête-Kommission bereits 1987 den Erlass von Regelungen für geboten.[295] Aus der Arbeit dieser beiden Kommissionen gingen das Embryonenschutzgesetz (ESchG)[296] sowie das Gentechnikgesetz (GenTG)[297] hervor, welche jedoch die Anforderungen an die Durchführung von Genomanalyse nicht regeln[298]. Auch die Bund-Länder-Arbeitsgruppe zur Genomanalyse hat sich mit dem rechtlichen Regelungsbedarf hinsichtlich genetischer Analyseverfahren beschäftigt und in ihrem Abschlussbericht aus dem Jahre 1990 Empfehlungen für

---

292 so auch: Hofmann, Rechtsfragen der Genomanalyse, 41, 48 ff; Deutsch in: Ellermann/Opolka, Genomanalyse, 79 f.

293 Catenhusen in: Winter/Fenger/Schreiber, Genmedizin und Recht, Rn 631.

294 Gemeinsame Arbeitsgruppe des Bundesministers für Forschung und Technologie und des Bundesministers der Justiz, In-vitro-Fertilisation, Genomanalyse und Gentherapie, 36 ff (42 f).

295 Enquête-Kommission „Chancen und Risiken der Gentechnologie", Bericht v. 1987, BT-Drs. 10/6775, 152 ff.

296 Gesetz zum Schutz von Embryonen (Embryonenschutzgesetz – ESchG), BGBl. 1990, Teil I, 2746 ff.

297 Gesetz zur Regelung von Fragen der Gentechnik (Gentechnikgesetz – GenTG), BGBl. 1990, Teil I, 1080 ff.

298 so auch Deutsch in: Ellermann/Opolka, Genomanalyse, 79.

gesetzliche Regelungen im Bereich medizinischer Diagnostik, Arbeits- und Versicherungsrecht und Strafverfahren ausgesprochen.[299] Hinsichtlich der im Rahmen dieser Arbeit relevanten Problematik der prädiktiven genetischen Untersuchungen stellte die Bundesärztekammer mit ihren „Richtlinien zur prädiktiven genetischen Diagnostik"[300] im Jahre 2003 und den „Richtlinien zur Diagnostik der genetischen Disposition für Krebserkrankungen"[301] im Jahre 1998 Leitlinien ärztlichen Handelns auf, welche sich auf die Durchführung genetischer Analysen und den Umgang mit prädiktiven genetischen Daten beziehen.

Diese vielfältigen Versuche, eine angemessene Regelung bezüglich des Umgangs mit genetischen Daten zu treffen, lässt bereits die Schwierigkeit erkennen, den sensiblen Bereich genetischer Daten in angemessener Weise gesetzlich zu regeln.

Nachdem sich weitere nationale Gremien wie beispielsweise die Enquête-Kommission „Recht und Ethik in der modernen Medizin" des 14. Deutschen Bundestages[302] und der Nationale Ethikrat[303] sowie auch internationale Organisationen wie die Organisation für wirtschaftliche Zusammenarbeit und Entwicklung (OECD)[304] und der Europarat[305] dieser Thematik angenommen und sich mit der Kollision genetischer Analysen und dem Recht auf informationelle Selbstbestimmung aus Art. 2 I i.V.m. Art. 1 I GG beschäftigt haben, hat auch die Bundesregierung die Notwendigkeit eines rechtlichen Einschreitens gesehen und von ihrem Gesetzesinitiativrecht Gebrauch gemacht.

---

299 Bericht der BLAG Genomanalyse, ZRP 1990, 328.

300 BÄK, Dt. Ärztebl. 2003, A 1297 ff.

301 BÄK, Dt. Ärztebl. 1998, A 1396 ff.

302 Enquête-Kommission „Recht und Ethik in der modernen Medizin", Schlussbericht v. 2002, BT-Drs 14/9020.

303 Nationaler Ethikrat, „Prädiktive Gesundheitsinformationen beim Abschluss von Versicherungen" Stellungnahme v. 2007; Nationaler Ethikrat, „Prädiktive Gesundheitsinformationen bei Einstellungsuntersuchungen", Stellungnahme v. 2005.

304 OECD, „OECD Guidelines for Quality Assurance in Molecular Genetic Testing" (O-ECD Leitlinien zur Qualitätssicherung in der molekulargenetischen Diagnostik) 2007, http://www.oecd.org/dataoecd/43/6/38839788.pdf.

305 Europarat, Übereinkommen zum Schutz der Menschenrechte und der Menschenwürde im Hinblick auf die Anwendung von Biologie und Medizin: Übereinkommen über Menschenrechte und Biomedizin, 1997, SEV-Nr. 164; Europarat, Zusatzprotokoll zur Konvention über Menschenrechte und Biomedizin betreffend der Gentests zu gesundheitlichen Zwecken, 2008, SEV-Nr. 203.

Am 24.04.2009 wurde ein „Gesetz über genetische Untersuchungen bei Menschen“ (sog. Gendiagnostikgesetz – GenDG)[306] beschlossen. Zweck dieses Gesetzes ist es nach § 1 GenDG „die Voraussetzungen für genetische Untersuchungen und im Rahmen genetischer Untersuchungen durchgeführte genetische Analysen sowie die Verwendung genetischer Proben und Daten zu bestimmen und eine Benachteiligung aufgrund genetischer Eigenschaften zu verhindern, um insbesondere die staatliche Verpflichtung zur Achtung und zum Schutz der Würde des Menschen und des Rechts auf informationelle Selbstbestimmung zu wahren“.[307] Zwar liegt dem Gesetz das Konzept der Vermeidung einer genetischen Diskriminierung zugrunde[308], jedoch wird auch das Problemfeld der prädiktiven Gendiagnostik thematisiert.

Mit den bereits im dritten Abschnitt dargestellten Begriffen der kurativen und prädiktiven Medizin korrespondieren die im GenDG verwendeten Begriffe der genetischen Untersuchungen zu medizinischen Zwecken, die einerseits diagnostisch und andererseits prädiktiv durchgeführt werden können.[309] Als Beispiele für Erbkrankheiten, die im Wege einer prädiktiven genetischen Untersuchung festgestellt werden können, werden auch in der Entwurfsbegründung der Bundesregierung zum GenDG die Chorea Huntington-Erkrankung und die vererblichen Formen des Brust- bzw. Darmkrebses genannt.[310]

Das im Gesetzgebungsverfahren beschlossene Regelungswerk vermag allerdings die hier thematisierte Problematik nicht zu lösen. Nach § 2 GenDG erstreckt sich der Anwendungsbereich des Gesetzes auf „genetische Untersuchungen und im Rahmen genetischer Untersuchungen durchgeführte genetische Analysen bei geborenen Menschen [...] und den Umgang mit dabei gewonnenen genetischen Proben und genetischen Daten bei genetischen Untersuchungen zu medizinischen Zwecken, zur Klärung der Abstammung sowie im Versicherungsbereich und im Arbeitsleben“. Die Regelungen hinsichtlich der Verwertung und Verwendung der gewonnenen Daten beziehen sich in erster Linie auf eine solche durch den Arbeitgeber (Regelungen der §§ 19 ff. GenDG), sowie durch Versicherungen bei dem Abschluss von Versicherungsverträgen (Regelung des § 18 GenDG).

Im Rahmen dieser Untersuchung geht es jedoch um eine Weitergabe genetischer Daten an Familienangehörige eines bereits betroffenen Patienten, welche

---

306 BGBl. 2009, Teil I, 2529 ff (Gesetzesentwurf der Bundesregierung zum GenDG, BT-Drs. 16/10532).

307 BGBl. 2009, Teil I, 2529.

308 so auch: Kiehntopf/Pagel, MedR 2008, 345; Damm, MedR 2008, 535 (536).

309 BGBl. 2009, Teil I, 2529 (2530).

310 Gesetzesentwurf der BReg zum GenDG, BT-Drs 16/10532, 40.

diesen Personen dann eine prädiktive genetische Untersuchung und eventuell eine erfolgreiche Vorsorge ermöglicht. Dieser Fall einer möglichen Weitergabe genetischer Informationen zu Präventionszwecken an Angehörige ist im GenDG nicht ausdrücklich aufgeführt. Eine auf Angehörige des betroffenen Patienten Bezug nehmende Regelung findet sich lediglich in § 10 GenDG, welcher Anforderungen an die genetische Beratung des betroffenen Patienten normiert. § 10 III S. 4 GenDG schreibt fest, dass die genetische Beratung des Patienten in den Fällen, in denen möglicherweise auch Verwandte eine entsprechende genetische Veranlagung für eine behandelbare Erbkrankheit aufweisen können, auch „eine Empfehlung“ an den Patienten umfasst, „diesen Verwandten eine genetische Beratung zu empfehlen“.[311] Wie jedoch eine Weitergabe genetischer Daten durch den behandelnden Arzt an Familienangehörige eines Patienten zu werten ist, führt das GenDG nicht explizit aus.

Mangels ausdrücklicher Regelung dieses Problemkreises muss in diesen Fällen die allgemeine Regelung über eine Mitteilung der Ergebnisse genetischer Untersuchungen des § 11 GenDG herangezogen werden. § 11 I GenDG sieht eine solche nur an den betroffenen Patienten selbst vor, eine Weitergabe der Informationen an andere soll nach § 11 III GenDG nur mit ausdrücklicher und schriftlicher Einwilligung der betroffenen Person erfolgen. Eine Differenzierung zwischen einer Weitergabe an Angehörige, die ja in einem speziellen Verhältnis zu dem genetisch belasteten Patienten stehen, und sonstige Dritten wird nicht getroffen.

Untersucht werden soll im Rahmen dieser Arbeit deshalb gerade, ob eine Einschränkung des Verbots einer Weitergabe, welche unweigerlich mit einer Verletzung der Schweigepflicht des Arztes nach § 203 StGB einhergehen würde, in Fällen der Verwandtschaft unter bestimmten Umständen geboten ist und deshalb gerechtfertigt sein kann. Mangels ausdrücklicher Regelung dieses Problemkreises stehen die Regelungen des beschlossenen Gendiagnostikgesetzes dem vorliegenden Problemkreis nicht entgegen. Vielmehr ist eine abschließende Regelung für den Bereich der Gendiagnostik vom Gesetzgeber nicht beabsichtigt worden. Die Zielsetzung des GenDG unterscheidet sich von der hier vorgenommenen strafrechtlichen Betrachtung, so dass neben dem GenDG Raum für die vorliegende Diskussion unter strafrechtlichen Gesichtspunkten verbleibt.

---

311 BGBl. 2009, Teil I, 2529 (2532).

3. Kapitel: Interesse der Familienangehörigen an familiären Genmutationen

Durch seine standesrechtlichen Pflichten ist der Arzt dazu angehalten, Leid und Krankheit von der Bevölkerung abzuhalten. Durch diesen Auftrag wird seine Motivation bestimmt, familiäre genetische Informationen Angehörigen eines Patienten gegenüber auch ohne Einverständnis des Patienten offen zu legen. Die Motivation des Arztes hängt entscheidend von den Interessen der Angehörigen an diesen Daten ab.

Grundsätzlich muss zunächst zwischen einem Eigeninteresse des Patienten und Drittinteressen Anderer an genetischen Daten unterschieden werden.[312] Eigeninteresse ist das Interesse, was der betroffene Patient selbst an seinen Daten hat. Drittinteressen sind die Interessen anderer an der Kenntnis der genetischen Veranlagung einer genetisch besonders gekennzeichneten Person. Insbesondere sind hier Drittinteressen der Familienangehörigen von Bedeutung[313], denn eine genetische Komponente kann aufgrund ihrer Vererblichkeit immer auch bei anderen Personen innerhalb einer Familie vorhanden sein. Das Drittinteresse eines Verwandten an einer bestehenden genetischen Disposition bei einem anderen Angehörigen wird im Moment der Kenntnis dieser fremden Disposition zu einem Eigeninteresse bezüglich des persönlichen genetischen Risikos. Mithilfe eines prädiktiven Tests kann diesem Eigeninteresse entsprochen werden.

Der Grad des Eigeninteresses eines Angehörigen, Kenntnis von einer fremden genetischen Disposition zu erlangen, richtet sich in erster Linie nach dem Risiko, eine solche Disposition auch selbst geerbt zu haben. Dieses Risiko bestimmt sich bei den hier thematisierten autosomal-dominanten Erbgängen nach den Mendelschen Vererbungsregeln[314], nach welchen in der Regel auch genetische Risikofaktoren von Generation zu Generation übertragen werden. Darüber hinaus sind die Wahrscheinlichkeit des Ausbruchs einer Erkrankung sowie deren mögliche Auswirkungen auf den weiteren Lebensverlauf eines Betroffenen von Bedeutung.

Das aus der Vererbung erwachsene Risiko wird anhand der Mendelschen Vererbungsregeln im Folgenden kurz erläutert und sodann das Interesse des An-

312 Damm in: Honnefelder ua, Das genetische Wissen, 205 f.

313 Damm in: Honnefelder ua, Das genetische Wissen, 206, 220.

314 Aubele, Genetik, 144.

gehörigen in Bezug auf die zu untersuchenden Erbkrankheiten im Einzelfall bestimmt.

A. Erbgänge nach Gregor Mendel

Die noch heute geltenden Regeln der Vererbung wurden im Jahre 1865 von dem Mönch Gregor Mendel durch Beobachtungen der Vererbung an Erbsen entdeckt.[315] Ausgangspunkt der Mendelschen Vererbungsregeln ist ein diploider Organismus, also ein solcher, der von jedem Elternteil je eine Erbanlage für jedes monogene Merkmal besitzt. Ein Organismus kann nun entweder von Mutter und Vater die gleiche Erbanlage[316] (dann homozygot bezüglich dieser Erbanlage) oder jeweils verschiedene Erbanlagen (dann heterozygot hinsichtlich der Erbanlage) erhalten.[317] Zu unterscheiden sind rezessive und dominante Merkmale. Rezessive Merkmale treten im Rahmen der Vererbung phänotypisch nur in Erscheinung, wenn die Erbanlagen beider Elternteile bezüglich eines Gens ein bestimmtes Merkmal aufweisen, für die Ausprägung eines dominanten Merkmals genügt bereits das Vorliegen des Merkmals bei einer Erbanlage, also ein heterogener Zustand der Erbanlagen.[318]

Monogene Erbkrankheiten folgen den Mendelschen Vererbungsregeln. Man unterscheidet auch hier rezessive und dominante Erbgänge.[319] Autosomal-dominante Erbkrankheiten treten schon bei heterozygoten Individuen in Erscheinung, autosomal-rezessive Erbkrankheiten dagegen manifestieren sich erst, wenn Mutationen in beiden Genkopien vorliegen.[320] Hiernach bestimmt sich die Wahrscheinlichkeit, eine genetische Disposition zu ererben bzw. an einer Erbkrankheit auch zu erkranken. Bei einem autosomal-rezessiven Gendefekt erkranken nur 25 Prozent der Nachkommen (homozygot), 50 Prozent sind Überträger (heterozygot) und 25 Prozent sind gesunde Genträger (homozygot).[321] Eine autosomal-dominante Erbkrankheit wird dagegen von einem erkrankten Elternteil auf die Hälfte der Kinder, Söhne und Töchter in gleichem Maße, über-

---

315 Schmidtke, Vererbung und Ererbtes, 69; zu den einzelnen Vererbungsregeln vgl. Aubele, Genetik, 142 ff.

316 auch als sog. "Allel" bezeichnet.

317 Schmidtke, Vererbung und Ererbtes, 17.

318 Aubele, Genetik, 145 f; Schmidtke, Vererbung und Ererbtes, 49; Wrba/Dolznig/Mannhalter, Genetik, 171 f; Propping, G+G Spezial 2007, 4.

319 Aubele, Genetik, 145 f; Schmidtke, Vererbung und Ererbtes, 169.

320 Schmidtke, Vererbung und Ererbtes, 169.

321 Wrba/Dolznig/Mannhalter, Genetik, 172; Aubele, Genetik, 146.

tragen, so dass geschlechtsunabhängig eine Wahrscheinlichkeit der Erkrankung von 50 Prozent besteht.[322]

B. Interesse einer Weitergabe genetischer Informationen im Einzelfall

Unter diesem Aspekt sind nun die hier beispielhaft angeführten Erbkrankheiten zu betrachten.

Die Chorea Huntington Erkrankung wird wie bereits dargelegt autosomal-dominant vererbt. Hinsichtlich dieser Erkrankung besteht demnach ein Risiko von 50 Prozent für einen Nachkommen, selbst ein solches Gen ererbt zu haben. Gleiches gilt für die ebenfalls autosomal-dominante polyzystische Nierenerkrankung. Auch hier weisen Kinder eines Anlageträgers mit einer Wahrscheinlichkeit von 50 Prozent selbst einen entsprechenden genetischen Defekt auf.[323] So kann ein Gentest in diesem Fall die Ungewissheit von 50 Prozent in eine Gewissheit von entweder einer Anlageträgerschaft von 100 Prozent oder aber 0 Prozent umwandeln.[324] Aufgrund der nahezu vollständigen Penetranz der Erkrankungen geht mit dieser 50 prozentigen Ererbungswahrscheinlichkeit auch ein etwa gleiches Risiko für einen Ausbruch der Erkrankung einher.

Auch die erblichen Brust- und Darmkrebserkrankungen werden, wie bereits oben ausgeführt, autosomal-dominant vererbt, weshalb bei einem Gendefekt eines Elternteils grundsätzlich ebenfalls eine Übertragungswahrscheinlichkeit auf die nachfolgende Generation von 50 Prozent besteht. Darüber hinaus können jedoch Umwelteinflüsse zusätzlichen Einfluss auf einen Krankheitsausbruch nehmen, d.h. einen solchen begünstigen oder ihm in gewissem Maße vorbeugen.[325] Ausbruch und Verlauf einer komplexen Erbkrankheit werden demnach nicht allein durch das genetische Risiko bedingt.

Insgesamt begründet daher das mit der dominanten Vererbung der Erkrankungen einhergehende erhöhte Risiko einer eigenen Betroffenheit sowie die mit diesem verbundene erhöhte Wahrscheinlichkeit auch eines Krankheitsausbruchs ein Interesse eines Angehörigen an der Kenntnis familiärer genetischer Informationen. Wie bereits im zweiten Teil der Ausarbeitung veranschaulicht wirken

---

322 Aubele, Genetik, 145; Wrba/Dolznig/Mannhalter, Genetik, 171.Graw, Genetik, 680; Griffiths ua, Genetic Analysis, 69.

323 Schütze ua in: Sass/Schröder, Patientenaufklärung, 191.

324 So auch: Henn/Meese, Humangenetik, 70; Henn, Perspectives in biology and medicine 1998, 282 (285); Henn in: Zang/Henn, Humangenetik im Saarland, 345.

325 Aubele, Genetik, 144; Grundmann, Das ist Krebs, 72.

sich alle hier dargestellten Erbkrankheiten wesentlich auf den weiteren Lebensverlauf eines Betroffenen aus, so dass auch unter diesem Gesichtspunkt ein erhöhtes Eigeninteresse eines Angehörigen an eben diesen Informationen anzunehmen ist.[326]

326 So: Epplen/Haupt in: Ganten/Ruckpaul, Monogene Erbkrankheiten 1, 523.

4. Kapitel: Vereinbarkeit der Weitergabe genetischer Daten an Familienangehörige mit der ärztlichen Schweigepflicht nach § 203 StGB

Unter Berücksichtigung der in den ersten drei Kapiteln dargestellten grundlegenden Gegebenheiten lässt sich die zu untersuchende Ausgangssituation folgendermaßen beschreiben:

Nachdem bei einer Person eine genetische Veranlagung für eine Erbkrankheit festgestellt wurde, verweigert diese aufgrund einer familiären Konfliktsituation oder anderer Umstände, die zu einem Verlust des innerfamiliären Vertrauens geführt haben, eine Weitergabe der Informationen an andere möglicherweise betroffene Familienangehörige. Regelmäßig jedoch besteht ein begründetes Interesse eines Angehörigen über ein familiäres genetisches Risiko informiert zu werden, denn aufgrund des Verwandtschaftsverhältnisses kann auch ein Angehöriger genetisch betroffen sein. Können darüber hinaus sogar vorbeugende Maßnahmen getroffen werden, ist eine derartige Kenntnis der Schlüssel zu einer positiven Einflussnahme auf den Gesundheitszustand und den weiteren Lebensverlauf einer betroffenen Person.

Daher stellt sich die Frage, in wieweit sich der Arzt, der grundsätzlich im Sinne des ärztlichen Heilauftrages zum Schutz und zur Erhaltung der Gesundheit eines jeden Einzelnen beitragen soll, durch eine Weitergabe genetischer Daten an andere Familienangehörige gegen den Willen des jeweils betroffenen Patienten strafrechtlich nach § 203 StGB zu verantworten hat und ob gegebenenfalls eine Weitergabe in bestimmten Fällen wegen überragender Drittinteressen gerechtfertigt sein kann.

Hierbei sind Unterscheidungen hinsichtlich der jeweils diagnostizierten Erbkrankheiten und deren Besonderheiten in Penetranz und Präventionsmöglichkeiten zu treffen. Zu untersuchen ist in diesem vierten Kapitel die Strafbarkeit des Arztes bei

1. einer monogenen Erkrankung mit vollständiger Penetranz und nicht bestehenden Präventionsmöglichkeiten (am Beispiel der Chorea Huntington Erkrankung),
2. einer monogenen Erbkrankheit mit vollständiger Penetranz, bei der jedoch Präventionsmaßnahmen ergriffen werden können (am Beispiel der Polyzystischen Nierenerkrankung),

3. einer komplexen, genetisch mitbedingten Erkrankung mit hoher Penetranz und Möglichkeiten der Prävention (am Beispiel des erblich mitbedingten Darmkrebses) und
4. einer komplexen, genetisch mitbedingten Erkrankung mit erhöhter Penetranz und ungewissen bzw. eingeschränkten Präventionsmöglichkeiten (am Beispiel der erblich mitbedingten Brustkrebserkrankung).

Fraglich ist darüber hinaus, ob Fälle, in denen auch der Angehörige ein Patient des Arztes ist, von solchen, in denen kein derartiges Behandlungsverhältnis besteht, unterschieden werden müssen.

Es wird in diesem Kapitel zunächst die Strafvorschrift des § 203 StGB und ihre Schutzrichtung vorgestellt (A.). Sodann wird geprüft, ob ein Arzt durch eine Weitergabe genetischer Informationen an einen Angehörigen gegen den Willen seines Patienten den Tatbestand des § 203 StGB erfüllt (B). Abschließend wird eine Rechtfertigung des ärztlichen Handelns (C.) unter Einbeziehung und kritischer Würdigung unterschiedlicher Ansätze zu dieser Problematik diskutiert.

A. Strafnorm des § 203 StGB

Mit der Formulierung der beruflichen Schweigepflicht des Arztes aus § 9 MBO korrespondiert der Wortlaut der Strafvorschrift des § 203 I Nr. 1 StGB, nach welcher sich strafbar macht, „wer unbefugt ein fremdes Geheimnis, namentlich ein zum persönlichen Lebensbereich gehörendes Geheimnis, offenbart, das ihm als Arzt, Zahnarzt, Tierarzt, Apotheker oder Angehöriger eines anderen Heilberufs, der für die Berufsausübung oder die Führung der Berufsbezeichnung eine staatlich geregelte Ausbildung erfordert, anvertraut oder sonst bekannt geworden ist“.

Die Regelung des § 203 StGB enthält zwei Grundtatbestände in Abs. 1 und Abs. 2 mit jeweils der gleichen Tathandlung, dem „Offenbaren“ des jeweiligen Tatobjekts, welche durch Abs. 5 qualifiziert werden.[327] Die beiden Grundtatbestände unterscheiden sich jedoch hinsichtlich des Kreises ihrer potentiellen Tatsubjekte.[328] § 203 StGB ist ein echtes Sonderdelikt[329] und bezieht sich demnach

327 Kargl in: Kindhäuser/Neumann/Paeffgen, StGB, § 203, Rn 5; Hoyer, SK-StGB, § 203, 4; Schmitz, JA 1996, 772.

328 Vgl. dazu ausführlich: Hoyer, SK-StGB, § 203, 4.

abschließend auf die in ihrem Tatbestand aufgezählten Tatsubjekte. Hierzu gehört in Abs. 1 Nr. 1 der Norm der Arzt als solcher, unabhängig davon, welcher Facharztrichtung er angehört.[330] Abs. 3 erweitert in seinem Satz 2 den Kreis der Tatsubjekte auf „berufsmäßige Gehilfen“ des Arztes und Abs. 4 stellt klar, dass die Schweigepflicht auch nach dem Tode des Geheimnisbetroffenen weiter fortbesteht. Zwar schließen sich die Abs. 1 und 2 nicht aus, denn ein Arzt kann beispielsweise als Amtsarzt ein Amtsträger i.S.d. Abs. 2 sein, jedoch würde die Verwirklichung beider Tatbestände lediglich einen einzigen Gesetzesverstoß darstellen.[331] Somit steht im Rahmen dieser Untersuchung insbesondere Abs. 1 der Strafnorm, der in seiner Nr. 1 den Arzt als solchen ausdrücklich nennt, im Vordergrund.

I. Geschütztes Rechtsgut

Unstimmigkeiten bestehen in Rechtsprechung und Literatur darüber, welches Rechtsgut § 203 StGB schützt. Im Wesentlichen wird ein Streit darüber geführt, ob durch die ärztliche Schweigepflicht des § 203 StGB nur das Individualinteresse des Einzelnen an der Wahrung seiner Privat- und Intimsphäre oder darüber hinaus auch das überindividuelle Interesse der Allgemeinheit an der Verschwiegenheit bestimmter Berufgruppen und an der Funktionsfähigkeit der Gesundheitspflege geschützt wird.[332] Von Bedeutung ist diese Streitfrage für die Auslegung und Anwendung des § 203 StGB, insbesondere für die Bestimmung der Rechtfertigungsmöglichkeiten im Falle eines tatbestandlichen Verstoßes gegen § 203 StGB.[333] Hierbei unterscheiden sich die Gemeinschaftsschutzlehre, die Individualschutzlehre und die modifizierte Individualschutzlehre voneinander.

---

329 BGHSt 4, 355 (359); Giring in: Ratzel/Luxenburger, Handbuch Medizinrecht, § 14, 130; Tag in: Dölling/Duttge/Rössner, StGB, § 203, 10; Cierniak, MünchKommStGB, § 203, 133; Schmitz, JA 1996, 772.

330 Braun in: Roxin/Schroth, Handbuch Medizinrecht, II, 278; Cierniak, MünchKommStGB, § 203, 31; Hoyer, SK-StGB, § 203, 40; Lackner/Kühl, StGB, § 203, 3.

331 Schünemann, LeipzKommStGB, § 203, 166; Hoyer, SK-StGB, § 203, 90; Cierniak, Münch KommStGB, § 203, 135; Lackner/Kühl, StGB, § 203, 29; Lenckner in: Schönke/Schröder, StGB, § 203, 43; Fischer, StGB, § 203, 52.

332 Kargl in: Kindhäuser/Neumann/Paeffgen, StGB, § 203, 2; Braun in: Roxin/Schroth, Handbuch Medizinstrafrecht, II, 276.

333 Schmitz, JA 1996, 772; Schünemann, ZStW 90 (1978), 11 (14); Eichelbrönner, Grenzen der Schweigepflicht, 56.

1. Gemeinschaftsschutzlehre

Teilweise wird in der Literatur vertreten, die Norm des § 203 StGB schütze primär das allgemeine Interesse der Bevölkerung an der Verschwiegenheit bestimmter Berufsgruppen als Voraussetzung dafür, dass diese ihre im Interesse der Allgemeinheit liegenden Aufgaben erfüllen können.[334]

Diesem liegt die Überlegung zugrunde, dass der Patient die für eine effektive Behandlung erforderlichen persönlichen Angaben einem Arzt gegenüber nur tätigen wird, wenn die Vertraulichkeit gesichert ist, so dass die Norm des § 203 StGB primär der Vertrauenssicherung und der Funktionsfähigkeit der ärztlichen Gesundheitspflege diene.[335] Die Regelung des § 203 StGB wird als eine Art Garantie für die Inanspruchnahme der aufgeführten Vertrauensgruppen gesehen, die der Sicherung deren Berufsausübung diene.[336] Als Argument für diese Ansicht wird die Beschränkung des Täterkreises des § 203 StGB angeführt. Diese spreche gerade gegen einen Individualschutz, denn ein solcher würde ja nicht ausschließlich gegenüber den genannten Berufsgruppen, sondern schlechthin gegenüber jedermann bestehen, so dass die Aufzählung der spezifischen Berufsgruppen innerhalb des § 203 StGB keinen Sinn ergebe.[337] Zu erklären sei die Aufzählung nur damit, dass es im Rahmen des § 203 StGB eben um die Sanktionierung eines Verstoßes gegen eine gerade den aufgeführten Berufsgruppen immanente „Berufspflicht" gehe, nicht dagegen vorrangig um den Schutz von Individualinteressen.[338] Als Schutzgüter führen Vertreter dieser Ansicht demnach die Volksgesundheit, das Interesse der Allgemeinheit an der Verschwiegenheit der genanten Berufsgruppen sowie an einer angemessen Berufsausübung an.

Konsequenz dieser Auffassung ist, dass bei der Beurteilung einer Strafbarkeit nach § 203 StGB im Falle einer Abwägung als Schutzgut des § 203 StGB im Wesentlichen das allgemeine Interesse an der Verschwiegenheit bestimmter Berufsgruppen zu berücksichtigen ist.

---

334 so: Lenckner in: Schönke/Schröder, StGB, § 203, 3 m.w.N.; OLG Köln NStZ 1983, 412 (413); Ayasse, VersR 87, 536 (538 f); Arloth, MedR 1986, 295 (296); Schlund, JR 1977, 265 (269).

335 Eser, ZStW 97 (1985), 1 (41); Lenckner in: Schönke/Schröder, StGB, § 203, 14; Kaufmann, NJW 1958, 272.

336 So in: Dittrich, Drittgeheimnisse, 48 f; Arloth, MedR 1986, 295 (296).

337 Lenckner in: Schönke/Schröder, StGB, § 203, 3; OLG Köln NStZ 1983, 412 (413).

338 OLG Köln NStZ 1983, 412 (413).

2. Individualschutzlehre

Hingegen gehen andere davon aus, § 203 StGB diene ausschließlich dem Schutz von Individualrechtsgütern.[339] Als Schutzgüter werden hier das allgemeine Persönlichkeitsrecht bzw. das aus diesem erwachsene Interesse des Einzelnen an der Geheimhaltung seiner privaten Daten durch den Arzt genannt sowie darüber hinaus das private Verfügungsrecht des Geheimnisbetroffenen über sein Geheimnis.

Begründet wird dies mit der systematischen Stellung des § 203 StGB im 15. Abschnitt („Verletzung des persönlichen Lebens- und Geheimbereichs") und eben nicht im 30. Gesetzesabschnitt (Straftaten im Amt) sowie der Strafantragsbefugnis, die nach § 205 StGB ausschließlich dem individuell Verletzten im Sinne des § 77 I StGB eingeräumt werde.[340] Das von Vertretern der Gemeinschaftsschutzlehre angeführte Argument, die Berufsaufzählung in § 203 StGB ergebe lediglich unter Kollektivschutzgesichtspunkten einen Sinn, könne dadurch entkräftet werden, dass gerade die genannten Berufsfelder in besonderem Maße mit persönlichen Daten anderer Personen in Berührung kommen, so dass gerade in Bezug auf diese das Vertrauensverhältnis hervorgehoben zu schützen sei.[341] Den durch § 203 StGB mittelbar angesprochenen allgemeinen Vertrauensschutz in die Verschwiegenheit bestimmter Berufsgruppen verstehen Vertreter dieser Ansicht als lediglich generalpräventives Interesse, welches jeder Strafnorm zugrunde liege und auch im Rahmen des § 203 StGB nicht als sekundär geschütztes Interesse anzusehen sei.

Folge dieser Ansicht ist, findet im Rahmen einer Abwägung hinsichtlich einer Verletzung der Norm des § 203 StGB als Schutzgut lediglich das Individualinteresse, nicht aber das Kollektivinteresse Berücksichtigung.

---

339 So: KG Berlin, JR 2001, 480 f; Heghmanns/Niehaus, NStZ 2008, 57 (60 f); Rogall, NStZ 1983, 1 (4); Ostendorf, JR 1981, 444 (446); Schünemann, LK-StGB, § 203, 14 f m.w.N.; Hoyer, SK-StGB, § 203, 1 ff; Schünemann, ZStW 90 (1978), 11 (55 ff.); Dittrich, Drittgeheimnisse, 56; Schmitz, JA 1996, 772 (772 f); Bast, Schweigepflicht im Strafvollzug, 61 ff; Bohnert, NStZ 2004, 301 (305); OLG Hamburg, NStZ 1998, 358; Bruns/Andreas/Debong, ArztR 1999, 33.

340 BGHZ 115, 123 (125); Michalowski, ZStW 109 (1997), 519 (520); Schünemann, LK-StGB, § 203, 15; Hoyer, SK-StGB, § 203, 3; Bast, Schweigepflicht im Strafvollzug, 59; einschränkend dazu aber: Schmitz, JA 1996, 772; Rogall, NStZ 1983, 1 (4); Ostendorf, JR 1981, 444 (446).

341 Hoyer, SK-StGB, § 203, 3; Schünemann, LK-StGB, § 203, 15, Schünemann, ZStW 90 (1978), 11 (54 f); Schmitz, JA 1996, 772.

3. Modifizierte Individualschutzlehre

Darüber hinaus wird in der Literatur ebenso eine vermittelnde Ansicht vertreten. Hiernach soll § 203 StGB zwar vorrangig dem Individualrechtsgüterschutz dienen, jedoch daneben auch kollektive Rechtsgüter, nämlich das allgemeine Vertrauen in die Verschwiegenheit besondere Berufsgruppen und in die allgemeine Gesundheitspflege, schützen.[342]

Der primäre Individualschutz wird durch den Grundrechtsbezug der Norm des § 203 StGB, welche sich ja gerade aus den individualschützenden Grundrechten (hier aus Art. 2 I i.V.m. Art. 1 I GG) entwickelt hat, hergeleitet.[343] Aus diesem Grund wird ein primärer Kollektivschutz abgelehnt. Gegen einen ausschließlichen Individualschutz jedoch wird angeführt, dass die tatbestandliche Einschränkung auf bestimmte Berufsgruppen und ihre Angehörigen nicht plausibel sei, denn nach einen ausschließlich grundrechtlichen Verständnis seien private Daten nicht nur gegenüber der genannten Berufsgruppen, sondern schlechthin, also auch gegenüber Privatpersonen zu schützen.[344] Vielmehr enthalte der tatbestandliche Täterkreis gerade die Berufsgruppen, an deren Funktionieren auch die Allgemeinheit ein besonderes Interesse habe und denen auch die Allgemeinheit ein besonderes Vertrauen entgegenbringe.[345] Zudem spreche für einen Schutz auch des allgemeinen Interesses an der Verschwiegenheit, dass der Geheimnisschutz neben einer individuellen auch eine soziale Komponente enthalte und Stigmatisierung und soziale Ausgrenzung verhindere.[346] Insgesamt räumen Vertretern dieser modifizierenden Individualschutzlehre dem Tatbestand des § 203 StGB keinen „allein-richtigen“ Gesetzeszweck ein, vielmehr sei der Schutzzweck der Norm des § 203 StGB aufgrund des in seinen Grenzbereichen wandelbaren Geheimnisbegriffs an dem aktuellen Rechtsverständnis zu orientie-

---

342 so: BVerfGE 32, 373 (380); BGHZ 115, 123 (125); BGHZ 122, 115 (117); BGHZ, NJW 1968, 2288 (2290) Cierniak, MünchKommStGB, § 203, 2 ff; Tag in: Dölling/Duttge/Rössner, StGB, § 203, 4 ff; Lackner/Kühl, StGB, § 203, 1; Braun in: Roxin/Schroth, Handbuch Medizinstrafrecht, II, 276; Kindhäuser, Strafrecht BT I, § 31, 1; Kreuzer, NJW 1975, 2232 (2233); Michalowski, ZStW 109 (1997), 519 (520 ff); Deutsch/Spickhoff, Medizinrecht, 483; Grömig, NJW 1970, 1209 (1210); Eichelbrönner, Grenzen der Schweigepflicht, 61 f; Russek, Ärztliches Berufsgeheimnis, 39.

343 Michalowski, ZStW 109 (1997), 519 (520); Cierniak, MünchKommStGB, § 203, 3; Eichelbrönner, Grenzen der Schweigepflicht, 62.

344 Cierniak, MünchKommStGB, § 203, 4.

345 Kreuzer, NJW 1975, 2232 (2233).

346 Tag in: Dölling/Duttge/Rössner, StGB, § 203, 6.

ren.[347] Zwar dürfe die Interpretation der Strafnorm nicht gänzlich vom „Zeitgeist“ abhängen, jedoch sollten aktuelle Entwicklungen in der gesellschaftlichen Rechtsauffassung auch nicht unberücksichtigt bleiben.[348]

Nach diesem Verständnis des Rechtsgutsbegriffs ist im Rahmen einer Abwägung primär der Schutz von Individualinteressen zu berücksichtigen; sekundär spielt auch der Schutz von Kollektivinteressen eine Rolle.

4. Stellungnahme

a) Hinsichtlich des Individualschutzes

Aufgrund des grundrechtlichen Kerns der Norm des § 203 StGB ist ein primär individualschützender Charakter der Strafnorm anzunehmen. Diese primäre Schutzwürdigkeit individueller Interessen lässt sich zudem aus der Notwendigkeit, bestimmte persönliche Informationen für eine effektive Behandlung preiszugeben, herleiten. Auch in diesem Fall muss der jedem Einzelnen gewährleistete grundrechtliche Schutz des Art. 2 I i.V.m. Art. 1 I GG beachtet werden.[349] Zudem streitet die Tatsache, dass eine Zustimmung des Geheimnisbetroffenen eindeutig den Tatbestand oder die Rechtswidrigkeit entfallen lässt, für ein vordergründig zu schützendes Individualinteresse.[350] Ganz entscheidend für einen vorrangigen Individualrechtsgüterschutz spricht darüber hinaus der gesetzgeberische Wille, der der Schaffung der Regelung des § 203 StGB zugrunde liegt. So geht bereits aus dem Gesetzesentwurf zu § 203 StGB hervor, dass „die Unverletzlichkeit des persönlichen Lebens- und Geheimbereichs ein selbstständiges Rechtsgut von solchen Rang ist, dass sein Strafschutz in einem besonderen Abschnitt des StGB gerechtfertigt ist“[351]. Die Gemeinschaftsschutzlehre dagegen wird der systematischen Stellung des § 203 StGB im 15. Abschnitt nicht gerecht, widerspricht dessen Entstehungsgeschichte und grundrechtlichem Hintergrund und ist aus diesen Gründen abzulehnen.

---

347 Cierniak, MünchKommStGB, § 203, 2; Eichelbrönner, Grenzen der Schweigepflicht, 62.

348 Cierniak, MünchKommStGB, § 203, 3.

349 Michalowski, ZStW 109 (1997), 519 (521).

350 So auch: Bast, Schweigepflicht im Strafvollzug, 59; tatbestandsausschließendes Einverständnis nach Lenckner in: Schönke/Schröder, § 203, 22; rechtfertigende Einwilligung nach Hoyer, SK-StGB, § 203, 67; Lackner/Kühl, StGB, Vor § 201, 2; Fischer, StGB, § 203, 31.

351 RegE des EGStGB, BT-Drs 7/550, 235; so auch schon StGB-E von 1962, BT-Drs. 4/650, 326.

b) Hinsichtlich des Kollektivschutzes

Bei der Frage, ob durch die Norm des § 203 StGB wenigsten sekundär auch allgemeine Interessen geschützt werden, ist zu berücksichtigen, dass § 203 StGB ausschließlich Berufsfelder aufführt, in denen eine Preisgabe privater Daten unumgänglich ist. Eben diese Tatsache spricht dafür, dass auch das Vertrauen der Allgemeinheit in die Verschwiegenheit gerade dieser in den Privatbereich einblickenden Personen in einer Weise gefördert werden soll, die über ein lediglich generalpräventives Verständnis hinausgeht. Bereits das BVerfG hat in einer Entscheidung vom 08.03.1972 eben auch die besondere Vertrauensbeziehung zwischen Arzt und Patient betont, die zur Aufrechterhaltung einer funktionierenden Gesundheitsfürsorge unerlässlich ist.[352] Durch die nach § 203 StGB geförderte Bereitschaft, sich ärztlich behandeln zu lassen, wird außerdem eine Verschleppung von Krankheiten vermieden, deren Kosten (z.B. im Falle einer Erwerbs- oder Berufsunfähigkeit) letztlich von der Allgemeinheit zu tragen wären.[353] Zudem muss berücksichtigt werden, dass bei einer Beeinträchtigung der Funktionsfähigkeit des Gesundheitswesens dadurch, dass der einzelne Patient Angst vor einer Offenbarung seiner Daten durch den Arzt hat, das verfassungsrechtlich garantierte Sozialstaatsprinzip tangiert wird, welches einen funktionstüchtigen Gesundheitsbereich für jedermann gewährleisten soll.[354] Aufgrund dessen scheint es somit angemessen, vor dem Hintergrund der speziell in § 203 StGB aufgeführten Berufsgruppen ein über das lediglich generalpräventive Interesse hinausgehendes allgemeines Interesse als untergeordnet schutzwürdig anzusehen.

Folglich sind im Rahmen dieser Untersuchung bei der Beurteilung eines Verstoßes gegen § 203 StGB primär das Individualinteresse des Patienten an der Geheimhaltung seiner privaten Informationen und mittelbar das allgemeine Interesse an der Wahrung der Verschwiegenheit zum Schutze der Gewährleistung einer funktionstüchtigen Gesundheitsfürsorge zu berücksichtigen.

II. Sinn und Zweck der Vorschrift in Bezug auf den Arzt

Weiter stellt sich die Frage, warum gerade der Arzt vom Wortlaut des § 203 StGB ausdrücklich erfasst wird. Hier ist wiederum die schon oben angeführte Vertrauensbeziehung zwischen Arzt und Patient von Relevanz. Der Grund der Strafandrohung des § 203 StGB ist darin zu sehen, dass die Wahrung privater

352 BVerfGE 32, 373 (380); so auch: BGHZ, NJW 1968, 2288 (2290).
353 So auch argumentiert bei Grömig, NJW 1970, 1209 (1210).
354 So auch: Eichelbrönner, Grenzen der Schweigepflicht, 57 f.

Geheimnisse auch innerhalb besonderer Vertrauensbeziehungen gewährleistet werden soll.[355]

Der Arztberuf charakterisiert sich dadurch, dass der Arzt persönliche Informationen über den Patienten und dessen Lebensumstände erhält.[356] Eine erfolgreiche Behandlung des Patienten setzt gerade voraus, dass der Arzt einen Einblick in das ganz persönliche Leben des Patienten erhält und ein besonders enges Verhältnis zwischen Arzt und Patient aufgebaut wird.[357] Jedoch können diese Umstände der besonderen Vertrautheit und der besonderen Offenbarung des Patienten gegenüber dem Arzt auch dazu führen, dass ein Patient aus Angst vor einer Preisgabe seiner persönlichen Daten einen Arzt erst gar nicht aufsucht und so eine notwendige medizinische Versorgung unterbleibt. Gerade aber in Situationen, in denen ein Betroffener auf fremde Hilfe zur Erhaltung bzw. Wiederherstellung seiner Gesundheit angewiesen ist, muss gewährleistet sein, dass bei einer entsprechenden Offenheit des Patienten auch dessen Interessen an einer Geheimhaltung seiner Daten gewahrt sind.[358] Russek charakterisiert das Vertrauensverhältnis zwischen Arzt und Patient sogar als eine „conditio sine qua non" für die Ausübung des Arztberufes.[359] Der Arzt nimmt so aufgrund seines Berufes eine „Sonderstellung" ein und muss gerade aufgrund des engen Vertrauensverhältnisses gegenüber seinen Patienten besondere Pflichten, wie eben auch die ärztliche Schweigepflicht, einhalten.[360]

Dadurch, dass der Beruf des Arztes also seinem Wesen nach als Grundvoraussetzung für eine effektive Ausführung eine besondere Offenbarung des Patienten verlangt und der Arzt so aus seinem Beruf heraus zwangsläufig in besonderer Weise mit persönlichen Daten über andere Personen in Berührung kommt, ist eine strafrechtliche Absicherung des Schutzes von Patienteninteressen an der vertraulichen Behandlung ihrer persönlichen Daten geboten. Aus diesem Grund umfasst die Aufzählung des § 203 StGB auch den Beruf des Arztes.

---

355 Schünemann, LK-StGB, § 203, 3.

356 Russek, Ärztliches Berufsgeheimnis, 33; Hoyer, SK-StGB, § 203, 3.

357 so auch: Schmitz, JA 1996, 772; Grömig, NJW 1970, 1209 (1210); Schünemann, ZStW 90 (1978), 11 (54) spricht von einem „faktische Zwang" eigene Geheimnisse den genannten Personen anzuvertrauen.

358 Michalowski, ZStW 109 (1997), 519 (521); Schünemann, LK-StGB, § 203, 3; Russek, Ärztliches Berufsgeheimnis, 33.

359 Russek, Ärztliches Berufsgeheimnis, 34.

360 So auch: Seiler, Strafrechtl. Schutz der Geheimsphäre, 37.

B. Tatbestandsverwirklichung des § 203 StGB

Zu untersuchen ist, ob der Arzt durch eine Weitergabe genetischer Daten an Angehörige eines Patienten den Tatbestand des § 203 StGB erfüllt, mithin ein fremdes Geheimnis, das er in seiner beruflichen Eigenschaft erlangt hat, offenbart.

I. Tatsubjekt i.S.d. § 203 I Nr. 1: Arzt

Tatsubjekt des echten Sonderdeliktes sind ausschließlich diejenigen Personen, die der Wortlaut der Norm ausdrücklich als Täter vorsieht. § 203 I Nr. 1 StGB nennt den Arzt als solchen, d.h. unabhängig von einer speziellen Facharztrichtung, und erfasst so die Ausübung von Heilberufen, die eine staatlich geregelte Ausbildung voraussetzen.[361] Dabei muss die die Sonderpflicht begründende berufliche Eigenschaft des Täters im Zeitpunkt des Anvertrauens oder des sonstigen Bekanntwerdens vorliegen, der Zeitpunkt des Offenbarens ist unerheblich.[362] Nicht als Bestandteil des Heilberufs i.S.d. § 203 I Nr. 1 StGB anzusehen ist die Erstellung von DNA-Gutachten zur Feststellung der Vaterschaft.[363] Die hier relevante Durchführung genetischer Analysen zu Behandlungs- und Heilungszwecken dagegen fällt unter den Begriff der Ausübung eines Heilberufes.

Berücksichtigt werden muss jedoch die Tatsache, dass die Durchführung genetischer Untersuchungen sowohl von ärztlichen als auch von nichtärztlichen Stellen angeboten wird.[364] Nichtärztliche Stellen sind keine tauglichen Täter i.S.d. § 203 I Nr. 1 StGB. Wird ein genetischer Test dagegen von einem Facharzt für Humangenetik durchgeführt, so unterliegt dieser der Schweigepflicht, auch gegenüber anderen Ärzten. Allein der Patient entscheidet darüber, ob die Ergebnisse einer genetischen Analyse auch anderen Ärzten, wie beispielsweise dem Hausarzt als Allgemeinmediziner, mitgeteilt werden.[365] Im Falle einer Mitteilung unterliegen dann alle eingeweihten Ärzte der Schweigepflicht gegenüber Dritten.

---

361 Hoyer, SK-StGB, § 203, 40; Cierniak, MK-StGB, § 203, 28, 31; Kargl in: Kindhäuser/Neumann/Paeffgen, StGB, § 203, 28; Schünemann, LK-StGB, § 203, 58, 61; BÄK, Dt. Ärztebl. 2008, A1026; Braun in: Roxin/Schroth, Handbuch Medizinstrafrecht, II, 278.

362 Schünemann, LK-StGB, § 203, 60; Cierniak, MK-StGB, § 203, 30; Hoyer, SK-StGB, § 203, 38; Kargl in: Kindhäuser/Neumann/Paeffgen, StGB, § 203, 28.

363 Kargl in: Kindhäuser/Neumann/Paeffgen, StGB, § 203, 30.

364 BÄK, Dt. Ärztebl. 2003, A 1298.

365 Heller-Jung, G+G Spezial 2007, 8 (9).

Anzumerken bleibt, dass das GenDG einen Arztvorbehalt für genetische Untersuchungen enthält. Gem. § 7 I GenDG darf eine diagnostische genetische Untersuchung nur von einem Arzt oder einer Ärztin und eine prädiktive genetische Untersuchung nur von einem Facharzt oder einer Fachärztin für Humangenetik oder anderen Ärzten bzw. Ärztinnen, die sich beim Erwerb einer Facharzt-, Schwerpunkt- oder Zusatzbezeichnung für genetische Untersuchungen im Rahmen ihres Fachgebietes qualifiziert haben, durchgeführt werden.[366] Diese Regelung des GenDG schließt somit die Durchführung genetischer Untersuchungen durch nicht-ärztliche Stellen aus. Hinsichtlich prädiktiver genetischer Untersuchungen besteht hiernach zudem ein Facharztvorbehalt, so dass in erster Linie der Facharzt für Humangenetik und gegebenenfalls nach einer entsprechenden Unterrichtung auch der Hausarzt als taugliche Täter i.S.d. § 203 StGB betroffen sind.

II. Tatobjekt nach § 203 I: Genetische Daten

Darüber hinaus müssten genetische Daten ein taugliches Tatobjekt i.S.d. § 203 I StGB sein. Der Schutz des § 203 I StGB bezieht sich auf das unbefugte Offenbaren fremder Geheimnisse, die dem Arzt oder seinen Gehilfen in beruflicher Eigenschaft anvertraut bzw. bekannt geworden sind. Die durch den Arzt mitzuteilenden genetischen Daten eines Patienten müssten also zunächst für diesen ein fremdes Geheimnis sein.

1. Fremdes Geheimnis

Der Begriff des Geheimnisses bzw. die Grenzen seines sachlichen Gehalts sind in manchen Punkten umstritten. Streitig ist insbesondere, ob bereits auf Tatbestandsebene ein voluntatives Element in Form eines Geheimhaltungswillens erforderlich ist.[367] Allgemein wird von einem dreigliedrigen Geheimnisbegriff ausgegangen, nach welchem Geheimnisse diejenigen wahren Tatsachen sind, die nur einem begrenzten Personenkreis bekannt oder zugänglich sind, die derjenige, dessen Sphäre sie entstammen, nicht aus diesem Kreis hinauslassen will und an deren Geheimhaltung der Betroffene ein von seinem Standpunkt aus berechtigtes schutzwürdiges Interesse hat.[368] Dabei ist der Geheimnisbegriff aufgrund

366 BGBl. 2009, Teil I, 2529 (2531).

367 so: Hoyer, SK-StGB, § 203, 11; Lackner/Kühl, StGB, Vor § 201, 2.

368 RGSt 13, 60 (61 f); RGSt 74, 110 (111); BGHZ 40, 288 (292); OLG Hamm, NJW 2001, 1957 (1958); Schünemann, LK-StGB, § 203, 19; Cierniak, MK-StGB, § 203, 11; Fischer, StGB, § 203, 3 ff; Lenckner in: Schönke/Schröder, § 203, 5; Kargl in: Kindhäu-

der besonderen Bedeutung der Schweigepflicht im ärztlichen Beruf weit auszulegen.[369] Umfasst werden in Bezug auf die ärztliche Tätigkeit neben der Art der Erkrankung, Anamnese, Diagnose, Therapiemaßnahmen, Prognose, psychischen Auffälligkeiten, körperlichen Besonderheiten, Patientenakten, Röntgenaufnahmen, Untersuchungsmaterialien und -ergebnissen, auch sämtliche Angaben über persönliche, familiäre, berufliche, wirtschaftliche oder finanzielle Umstände.[370] Dadurch, dass genetische Informationen die Persönlichkeit eines Menschen tangieren, sind sie in ganz besonderem Maße schützenswert und unterfallen ebenfalls dem Schutz des § 203 StGB.[371]

Fremd ist jedes Geheimnis, das aus Sicht des Schweigepflichtigen eine andere Person betrifft.[372] Unerheblich ist dabei, ob sich die Information auf den Patienten selbst oder einen Dritten bezieht.[373] Genetische Daten eines Patienten sind für den schweigepflichtigen Arzt immer fremd. Zudem sollen in dieser Untersuchung gerade Situationen diskutiert und bewertet werden, in denen der betroffene Patient eine Weitergabe der Daten an Angehörige untersagt, so dass auch ein entsprechender Geheimhaltungswille vorliegt. Folglich sind genetische Informationen Dritter aus Sicht des Arztes fremde Geheimnisse i.S.d. § 203 I StGB.

Bestehende Unstimmigkeiten darüber, ob der Begriff des Geheimnisses bereits auf Tatbestandsebene einen Geheimhaltungswillen erfordert, haben lediglich Auswirkungen darauf, ob ein Einverständnis des Geheimnisbetroffenen schon den Tatbestand (so nach dem dreigliedrigen Geheimnisbegriff), oder erst die Rechtswidrigkeit entfallen lässt.[374] In den zu untersuchenden Konstellationen

---

ser/Neumann/Paeffgen, StGB, § 203, 6; Ulsenheimer, Arztstrafrecht, § 8 I, 362; Tag in: Dölling/Duttge/Rössner, StGB, § 203, 34; Ostendorf, JR 1981, 444; Schmitz, JA 1996, 772 (774 f).

369 Ulsenheimer, Arztstrafrecht, § 8 I, 362; Heghmanns, Strafrecht für alle Semester: BT, 25, 826.

370 Schlund, JR 1977, 265; Ulsenheimer, Arztstrafrecht, § 8 I, 362.

371 Brückl, Rechtsfragen zur Verwendung von genetischen Informationen, 185; Deutsch in: Ellermann/Opolka, Genomanalyse, 80; Schmidtke, Vererbung und Ererbtes, 113; Tinnefeld, ZRP 2000, 10 (11); Wellbrock, CR 1989, 204 (206); Tinnefeld, DuD 1993, 261 (262).

372 Kargl in: Kindhäuser/Neumann/Paeffgen, StGB, § 203, 9; Lenckner in: Schönke/Schröder, StGB, § 203, 8; Cierniak, MK-StGB, § 203, 25; Schünemann, LK-StGB, § 203, 30; Hoyer, SK-StGB, § 203, 14; Ulsenheimer, Arztstrafrecht, § 8 I, 364; Heghmanns, Strafrecht für alle Semester: BT, 25, 827; Tag in: Dölling/Duttge/Rössner, StGB, § 203, 36; Schmitz, JA 1996, 772 (775).

373 Lenckner in: Schönke/Schröder, StGB, § 203, 8.

374 Hoyer, SK-StGB, § 203, 5.

ist jedoch gerade kein Einverständnis des betroffenen Patienten in die Weitergabe genetischer Informationen an Familienangehörige gegeben. Somit liegt weder ein tatbestandsausschließendes Einverständnis noch ein Ausschluss der Rechtswidrigkeit durch eine rechtfertigende Einwilligung vor. Der Streit über das Erfordernis eines Geheimhaltungswillens wirkt sich folglich nicht aus.

2. Anvertraut oder sonst bekannt geworden

Eine Erlangung in beruflicher Eigenschaft ist gegeben, wenn der Arzt gerade bei der Ausübung von Tätigkeiten, die typischerweise zum Berufsfeld des Arztes gehören, Kenntnis von dem Geheimnis gewinnt. Vorausgesetzt wird das Bestehen eines inneren Zusammenhangs der Geheimniserlangung mit dem ärztlichen Beruf.[375] Anvertraut ist dem Täter ein Geheimnis, wenn es ihm mitgeteilt wurde, entweder unter der ausdrücklichen Auflage des Geheimhaltens oder aber in einer Weise, aus der sich aufgrund einer besonderen Vertrauensbeziehung die Erwartung des Geheimhaltens ergibt.[376] Dabei kann die erforderliche Mitteilung schriftlich, mündlich oder auf andere Art, wie z.B. durch Vorzeigen oder Vorlage eines Gegenstandes,[377] vollzogen werden. Dagegen ist dem Arzt ein Geheimnis i.S.d. § 203 I StGB in sonstiger Weise bekannt geworden, wenn er hiervon nicht durch die Mitteilung eines Anderen, sondern durch eigene Tätigkeit Kenntnis erlangt hat.[378] Umstritten ist, ob auch hier eine besondere Vertrauensbeziehung vorliegen muss.[379] Die Übergänge zwischen einem Anvertrauen und einem Bekanntwerden in sonstiger Weise sind allerdings fließend und eine genaue begriffliche Abgrenzung dieser beiden rechtlich gleichwertigen Varianten der Kenntniserlangung ist entbehrlich, solange das Geheimnis den Schweigepflichtigen jedenfalls im Rahmen seiner beruflichen Tätigkeit erreicht.[380]

---

375 Schünemann, LK-StGB, § 203, 35; Cierniak, MK-StGB, § 203, 40; Lenckner in: Schönke/Schröder, StGB, § 203, 13; Tag in: Dölling/Duttge/Rössner, StGB, § 203, 41; Heghmanns, Strafrecht für alle Semester: BT, 25, 829; Braun in: Roxin/Schroth, Handbuch Medizinstrafrecht, II, 287.

376 OLG Köln NStZ 1983, 412; Cierniak, MK-StGB, § 203, 45; Kargl in: Kindhäuser/Neumann/Paeffgen, StGB, § 203, 12; Lenckner in: Schönke/Schröder, StGB, § 203, 13; Tag in: Dölling/Duttge/Rössner, StGB, § 203, 39; Schmitz, JA 1996, 772 (775).

377 Lenckner in: Schönke/Schröder, StGB, § 203, 13.

378 Hoyer, SK-StGB, § 203, 25; Fischer, StGB, § 203, 9; Lenckner in: Schönke/Schröder, StGB, § 203, 15; Schmitz, JA 1996, 772 (776).

379 siehe zum Meinungsstand: Kargl in: Kindhäuser/Neumann/Paeffgen, StGB, § 203, 16; Lenckner in: Schönke/Schröder, StGB, § 203, 15.

380 so auch: Lackner/Kühl, StGB, § 203, 16; Schünemann, LK-StGB, § 203, 34; Heghmanns, Strafrecht für alle Semester: BT, 25, 829.

Um einen genetischen Test durchführen zu können, wird dem Patienten zunächst eine Blutprobe entnommen. Zwar kann bereits die Bereitstellung einer Blutprobe durch den Patienten eine Vorlage eines Gegenstandes sein, was auf ein tatbestandliches Anvertrauen hindeuten würde. Jedoch enthält die Vorlage einer Blutprobe allein noch keine Informationen über die Gene des Patienten. Vielmehr ist darüber hinaus die Durchführung einer genetischen Untersuchung erforderlich. Aus diesem Grund ist eine Kenntniserlangung des Arztes von den genetischen Dispositionen des Patienten in sonstiger Weise anzunehmen. Das bestehende Arzt-Patienten-Verhältnis stellt in jedem Fall ein besonderes Vertrauensverhältnis dar, so dass es auf den Streit, ob ein solches auch bei einem Bekanntwerden des Geheimnisses in sonstiger Weise erforderlich ist, nicht ankommt. Darüber hinaus ist die Analyse von Blutproben eine typische ärztliche Tätigkeit, so dass jedenfalls eine Kenntniserlangung des Arztes von dem Geheimnis in einen nach § 203 I StGB geforderten funktionalen Zusammenhang vorliegt.

Somit handelt es sich bei den genetischen Informationen, die der Arzt über seinen Patienten mittels einer DNA-Untersuchung erhält um für den Arzt fremde Geheimnisse, die ihm in seiner beruflichen Eigenschaft bekannt geworden sind.

3. Schutzwürdigkeit von Drittgeheimnissen nach § 203 StGB

Zu beachten ist, dass genetische Informationen als familiäre Daten nicht nur den Patienten selbst betreffen, sondern auch Rückschlüsse auf das genetische Risiko von dessen Verwandten zulassen. Informationen, die zumindest auch eine dritte Person betreffen, werden als sog. Drittgeheimnisse bezeichnet.[381] Der Unterschied zum Eigengeheimnis besteht grundsätzlich darin, dass Mitteilender und Geheimnisbetroffener personenverschieden sind. Unterschieden werden im Einzelnen solche Drittgeheimnisse, die ausschließlich oder überwiegend eine dritte Person betreffen (sog. isolierte Drittgeheimnisse) und solche, die unmittelbar mit dem Geheimnis des Mitteilenden verknüpft sind, d.h. sowohl den Mitteilenden als auch eine dritte Person betreffen (sog. verknüpfte Drittgeheimnisse).[382] Dadurch, dass genetische Daten sowohl den Patienten als auch den Angehörigen betreffen, sind sie als verknüpfte Drittgeheimnisse zu qualifizieren.

Fraglich ist jedoch, ob und in wieweit solche sog. verknüpften Drittgeheimnisse unter den Schutz des § 203 I StGB fallen bzw. ob an eine Weitergabe sol-

---

381 Cierniak, MK-StGB, § 203, 76; Schünemann, LK-StGB, § 203, 39; Hoyer, SK-StGB, § 203, 26; Kargl in: Kindhäuser/Neumann/Paeffgen, StGB, § 203, 17; Schlund, JR 1977, 265 (266); Hackel, NJW 1969, 2257.

382 Schünemann, LK-StGB, § 203, 39; Dittrich, Drittgeheimnisse, 59.

cher Geheimnisse andere Anforderungen zu stellen sind. Hierzu werden unterschiedliche Ansichten vertreten.[383]

a) Uneingeschränkter Schutz von Drittgeheimnissen

Teilweise wird Drittgeheimnissen umfassender Schutz durch die Norm des § 203 StGB zugebilligt.[384] Als Argument hierfür wird der Wortlaut des § 203 StGB angeführt, welcher keinerlei Differenzierung bezüglich der Schutzwürdigkeit von Geheimnissen enthalte. Zudem wird auf den Schutzzweck der Norm verwiesen, welche in erster Linie auf einen uneingeschränkten Schutz von Individualrechtsgütern abzielt.

Nach dieser Ansicht stehen genetische Informationen als Drittgeheimnisse unter dem Schutz des § 203 StGB.

b) Eingeschränkter Schutz von Drittgeheimnissen

Andere Stimmen sprechen von einem nur eingeschränkten Schutz von Drittgeheimnissen im Rahmen des § 203 StGB.[385] Begründet wird dies im Wesentlichen damit, dass der Gesetzestext einen umfassenden Schutz auch von Drittgeheimnissen nicht explizit vorsehe. Es sei daher eine Sonderbeziehung bzw. ein Verschwiegenheitsrahmen zwischen Schweigepflichtigem und Mitteilendem oder zwischen Schweigepflichtigem und Betroffenen oder aber eine gewisse Betroffenheit des Rechtskreises des Mitteilenden zu fordern. Insgesamt bemisst sich nach allen Vertretern dieses Ansatzes der Schutz von Drittgeheimnisse danach, in wieweit ein Zusammenhang zu einem Eigengeheimnis des Mitteilenden besteht.[386] Bei einem unmittelbaren oder zumindest mittelbaren Zusammenhang zwischen dem Drittgeheimnis und einem eigenen Geheimnis des Mitteilenden jedenfalls bestehe ein Bedürfnis, auch dem Drittgeheimnis Schutz i.S.d. § 203 StGB zukommen zu lassen.[387]

---

383 ausführlich zum Meinungsstand siehe: Dittrich, Drittgeheimnisse, 60 ff; Eichelbrönner, Grenzen der Schweigepflicht, 74 ff.

384 so: Cierniak, MK-StGB, § 203, 76; Schlund, JR 1977, 265 (266); Bender, MedR 2002, 626 (628).

385 so: Hoyer, SK-StGB, § 203, 23; Schmitz, JA 1996, 772 (776); Hackel, NJW 1969, 2257 (2258); Ostendorf, JR 1981, 444 (448); Schünemann, LK-StGB, § 203, 39; Rogall, NStZ 1983, 413 (414).

386 so auch: Ostendorf, JR 1981, 444 (448); Dittrich, Drittgeheimnisse, 71.

387 So auch: Dittrich, Drittgeheimnisse, 71 ff; vgl. Ostendorf, JR 1981, 444 (448); Hackel, NJW 1969, 2257 (2258).

Wie bereits festgestellt enthalten genetische Informationen immer ein Eigengeheimnis des Patienten, so dass sie als verknüpfte Drittgeheimnisse auch nach dieser einschränkenden Betrachtung Schutz i.S.d. § 203 StGB erfahren.

III. Tathandlung nach Abs. 1: Offenbaren

Durch die Datenweitergabe an Familienangehörige eines Patienten müsste der Arzt diese Drittgeheimnisse auch i.S.d. § 203 I StGB offenbaren.

Ein Offenbaren liegt vor, wenn Tatsachen aus der Sphäre der Wissenden oder der zum Wissen Berufenen herausgegeben werden und einem Dritten so Wissen vermittelt wird, welches diesem noch verborgen oder noch nicht als gesichert bekannt war.[388] Zusätzlich ist erforderlich, dass die Mitteilung eines persönlichen Geheimnisses inhaltlich so konkret ist, dass sie den eindeutigen Schluss auf eine bestimmte Person zulässt.[389]

Bei der Weitergabe genetischer Daten an Angehörige teilt der Arzt diesen Informationen über die genetische Beschaffenheit des Patienten und so auch über das eigene genetische Risiko hinsichtlich einer Erkrankung mit. Diese Informationen sind grundsätzlich nur dem Arzt und dem untersuchten Patienten bekannt. Durch eine Mitteilung an einen Angehörigen gelangen sie aus der Sphäre der Wissenden heraus an eine dritte Person, die bislang noch keine Kenntnis hiervon hatte. Die Mitteilung nimmt hierbei eindeutig Bezug auf den sich schon in Behandlung befindenden Patienten, so dass ein Offenbaren gem. § 203 I StGB vorliegt. Dem steht auch nicht entgegen, dass die Offenbarung gegenüber den eigenen Familienmitgliedern des Patienten erfolgt, denn grundsätzlich sind auch Familienangehörige eines Patienten Dritte im Sinne des § 203 I StGB, so dass ein tatbestandliches Offenbaren auch ihnen gegenüber möglich ist.[390]

---

388 Schünemann, LK-StGB, § 203 , 41; Cierniak, MK-StGB, § 203, 48; Hoyer, SK-StGB, § 230, 31; Lackner/Kühl, StGB, § 203, 17; Fischer, StGB, § 203, 30; Kargl in: Kindhäuser/Neumann/Paeffgen, StGB, § 203, 19; Tag in: Dölling/Duttge/Rössner, StGB, § 203, 44; Heghmanns, Strafrecht für alle Semester: BT, 25, 833; Braun in: Roxin/Schroth, Handbuch Medizinstrafrecht, II, 290; BayOLG JR 1996, 476 f.

389 Cierniak, MK-StGB, § 203, 48; Hoyer, SK-StGB, § 203, 31; Kargl in: Kindhäuser/Neumann/Paeffgen, StGB, § 203, 19; Lenckner in: Schönke/Schröder, StGB, § 203, 19; Schmitz, JA 1996, 772 (777).

390 Hoyer, SK-StGB, § 203, 32; Ries ua, Arztrecht, 126; Lenckner in: Schönke/Schröder, StGB, § 203, 19; Schlund, JR 1977, 265 (266).

IV. Subjektiver Tatbestand: Vorsatz

Weitere tatbestandliche Voraussetzung des § 203 I StGB ist ein vorsätzliches Handeln des Arztes. Dieses ist gegeben, wenn der Arzt in Kenntnis aller Umstände des objektiven Tatbestandes und mit zumindest billigender Inkaufnahme einer Verwirklichung der Tat, d.h. mit dolus eventualis, handelt.[391] Eine Weitergabe durch den Arzt erfolgt hier insbesondere, um einem Angehörigen ein präventives Einschreiten zu ermöglichen. Der Arzt ist sich bewusst, dass er Geheimnisse des Patienten, die ihm innerhalb seiner ärztlichen Tätigkeit bekannt geworden sind, einem Dritten gegenüber offenbart. Er handelt somit in Kenntnis aller Umstände des objektiven Tatbestandes, d.h. vorsätzlich i.S.d. § 203 StGB.

Eine Weitergabe genetischer Daten eines Patienten an dessen Angehörige durch den Arzt erfüllt demnach den Tatbestand des § 203 I Nr. 1 StGB.

C. Wegfall der Strafbarkeit des Arztes aufgrund gerechtfertigten Handelns

Trotz der Erfüllung des Straftatbestandes des § 203 StGB kann jedoch eine Strafbarkeit des Arztes entfallen, wenn dessen Verhalten in der konkreten Situation gerechtfertigt ist. Während auf Tatbestandsebene der deliktstypische Handlungs- und Erfolgsunwert eines Verhaltens festgeschrieben wird, kann auf der Ebene der Rechtswidrigkeit eine Korrektur des grundsätzlich strafwürdigen Verhaltens erfolgen, wenn dies die konkrete Tatsituation erfordert.[392] Der Unwert eines tatbestandlichen Verhaltens kann auf Rechtswidrigkeitsebene entfallen und so zur Straffreiheit des Täters führen, wenn ein Rechtfertigungsgrund zu dessen Gunsten einschlägig ist.

Die Norm des § 203 StGB weist allerdings schon in ihrem Wortlaut darauf hin, dass eine Weitergabe von Informationen durch den Täter nicht schlechthin strafbar ist, sondern sanktioniert nur ein sog. „unbefugtes Offenbaren". Uneinigkeit besteht darüber, ob eine Befugnis zur Weitergabe bereits den Tatbestand oder erst die Rechtswidrigkeit eines tatbestandlichen Verhaltens entfallen lässt.[393] Die hierüber geführte Diskussion korrespondiert mit den Meinungsver-

---

391 Braun in: Roxin/Schroth, Handbuch Medizinstrafrecht, 291; Fischer, StGB, § 15, 4 ff; Cramer/Sternberg-Lieben in: Schönke/Schröder, StGB, § 15, 72 ff; Duttge in: Dölling/Duttge/Rössner, StGB, § 15, 5 ff, 19 ff; Lackner/Kühl, StGB, § 15, 3 ff.

392 Wessels/Beulke, Strafrecht – Allgemeiner Teil, § 5 I, 115.

393 Für einen Ausschluss auch des Tatbestandes: OLG Köln, NJW 1962, 686 (687 f); Braun in: Roxin/Schroth, Handbuch Medizinstrafrecht, II, 292; Lenckner in: Schön-

schiedenheiten hinsichtlich des durch § 203 StGB geschützten Rechtsguts. Bei der Annahme eines ausschließlichen Individualschutzes der Norm würde schon ein Rechtsgütereingriff und so bereits das typisierte Unrecht des Tatbestandes entfallen, während bei einer Annahme einer auch kollektivschützenden Komponente ein typisiertes Unrecht auf Tatbestandsebene anzunehmen wäre, welches dann jedoch aufgrund konkreter Umstände auf Rechtswidrigkeitsebene entfallen würde.[394] Da bereits im Rahmen der Diskussion über das geschützte Rechtsgut ein mittelbarer Gemeinschaftsschutz der Norm angenommen wurde, wird das Merkmal „unbefugt" hier konsequent als Kennzeichen der Rechtswidrigkeit verstanden.

Als Motivation des Arztes, genetische Informationen an Angehörige eines Patienten weiterzugeben, wird im Rahmen dieser Ausarbeitung in erster Linie der Schutz der Gesundheit jener Angehörigen gesehen. Des Weiteren entspricht ein solches ärztliches Handeln dem Interesse eines Angehörigen, dass Wissen über die eigene Person diesem nicht vorenthalten wird. Insbesondere dem Gesundheitsschutz kommt als Bestandteil des ärztlichen Heilauftrags, welcher jedem ärztlichen Handeln zugrunde liegen soll, eine besondere Bedeutung zu. Es fragt sich demnach, ob der Unwertgehalt, den eine Weitergabe genetischer Informationen durch den Arzt begründet und der grundsätzlich ein strafwürdiges Verhalten nach § 203 I Nr. 1 StGB darstellt, aufgrund besonderer Umstände, wie der hier angeführten, in der konkreten Tatsituation entfallen kann.

Sowohl nationale als auch internationale Gesetzesvorhaben haben bereits versucht, eine Lösung dieser Konfliktsituation für den Arzt zu finden. Auch Fachorganisationen wie die Bundesärztekammer, der Berufsverband deutscher Humangenetiker und die Deutsche Gesellschaft für Humangenetik haben zu der hier diskutierten Problematik Stellung genommen. Darüber hinaus werden kontroverse Diskussionen über die Befugnisse und Pflichten eines Arztes hinsichtlich der Weitergabe genetischer Daten in der Literatur geführt.

Diese unterschiedlichen Lösungsansätze der verschiedenen Gremien und Initiativen werden im Folgenden vorgestellt (I). Hieran anschließend wird eine eigene rechtliche Einordnung des ärztlichen Handelns hinsichtlich aller in Betracht kommenden Rechtfertigungsgründe, insbesondere des § 34 StGB, vollzogen (II). Unter Berücksichtigung der durch die Rechtsprechung bereits entschiedenen und mit der hier diskutierten Problematik vergleichbaren Fälle wird ein

---

ke/Schröder, StGB, § 203, 21; dagegen für einen Ausschluss auf Rechtfertigungsebene: OLG Köln, NJW 2000, 3656 (3657); Lackner/Kühl, StGB, Vor § 201, 2; Kargl in: Kindhäuser/Neumann/Paeffgen, StGB, § 203, 50; Heghmanns, Strafrecht für alle Semester: BT, 25, 833; Rogall, NStZ 83, 1 (6); Arloth, MedR 1986, 295 (297).

394 so auch: Kargl in: Kindhäuser/Neumann/Paeffgen, StGB, § 203, 50.

abschließendes Ergebnis hinsichtlich der strafrechtlichen Verantwortung bei einer Weitergabe genetischer Informationen durch den Arzt an Angehörige eines betroffenen Patienten erlangt.

I. Lösungsansätze

Trotz zahlreicher Diskussionen über die Befugnis des Arztes zur Weitergabe genetischer Informationen an Angehörige eines Patienten in Gesetzesvorhaben, Fachgesellschaften und Literatur, konnte bislang keine hinreichend konkrete Regelung bezüglich dieser speziellen Problematik gesetzlich verankert werden. Im Folgenden werden unterschiedliche Ansätze zur Lösung dieses Konflikts, wie sie in Gesetzesvorhaben (1.), von Fachorganisationen (2.), in der Literatur (3.), in anderen europäischen Ländern (4.) sowie in der Rechtsprechung (5.) unternommen wurden, dargestellt.

1. Das GenDG

Das vom Bundestag am 24.04.2009 beschlossene „Gesetz über genetische Untersuchungen bei Menschen (Gendiagnostikgesetz – GenDG)“[395] enthält erstmals eine gesetzliche Regelung hinsichtlich des Umgangs und der Verwendung genetischer Daten. Ziel des Gesetzes ist gem. § 1 GenDG unter anderem, die Voraussetzungen für eine Verwendung genetischer Proben zu bestimmen.

Nach § 11 I GenDG darf das „Ergebnis einer genetischen Untersuchung [...] nur der betroffenen Person mitgeteilt werden“. Bezug auf eine Weitergabe an Dritte wird in § 10 III S. 4 GenDG genommen, wonach in Fällen, in denen anzunehmen ist, „dass genetisch Verwandte der betroffenen Person Träger der zu untersuchenden genetischen Eigenschaften mit Bedeutung für eine vermeidbare oder behandelbare Erkrankung oder gesundheitliche Störung sind, die genetische Beratung auch die Empfehlung [umfasst], diesen Verwandten eine genetische Beratung zu empfehlen“. Aus der Begründung des dem GenDG zugrunde liegenden Gesetzesentwurfes der Bundesregierung geht hervor, dass eine solche Empfehlung auszusprechen ist, um Angehörigen die Möglichkeit zu eröffnen, „Therapie- und Vorbeugemaßnahmen“ zu ergreifen. Zudem entspreche die Formulierung dieser Regelung aufgrund ihres lediglich empfehlenden Charakters dem Recht auf informationelle Selbstbestimmung sowohl des genetisch betroffenen Patienten als auch dessen genetisch betroffenen Verwandten.[396] Eine Befugnis, genetische Informationen auch an Angehörige eines Patienten weiter-

---

395 BGBl. 2009, Teil I, 2529 ff.

396 Gesetzesentwurf der Bundesregierung zum GenDG, BT-Drs. 16/10532, 56.

zugeben, sieht das GenDG nicht vor. Eine Verbreitung der Daten an Dritte ist nach § 11 III GenDG „nur mit ausdrücklicher und schriftlicher Einwilligung" des Betroffenen zulässig.

a) Dem GenDG vorhergehende Entwürfe

Dem Gendiagnostikgesetz voran gingen verschiedene Entwürfe für ein solches Gesetz wie der Gesetzesentwurf der damaligen Fraktion Bündnis 90/Die Grünen zu einem „Gesetz über genetische Untersuchungen bei Menschen (Gendiagnostikgesetz – GenDG)" (aa), der „Diskussionsentwurf für ein Gesetz über genetische Untersuchungen bei Menschen (Gendiagnostikgesetz)" des Bundesgesundheitsministeriums (bb) sowie der durch die 62. Konferenz der Datenschutzbeauftragten des Bundes und der Länder ausgearbeitete „Regelungsentwurf für ein Gesetz zur Sicherung der Selbstbestimmung bei genetischen Untersuchungen" (cc).

aa) Gesetzesentwurf der Fraktion Bündnis 90/Die Grünen von 2006

Die Bestimmungen des Gesetzesentwurfes der Bundestagsfraktion Bündnis 90/Die Grünen zu einem „Gesetz über genetische Untersuchungen bei Menschen (Gendiagnostikgesetz – GenDG)"[397] decken sich inhaltlich mit denen des beschlossenen GenDG. § 10 III S. 4 GenDG entspricht § 12 III S. 5 des Entwurfes der Fraktion und die Regelung des § 11 III GenDG findet sich in § 13 III des Fraktionsentwurfes wieder. In der Entwurfbegründung wird ebenfalls auf die durch eine Aufklärung entstehenden „Therapie- und Vorbeugemaßnahmen", sowie die Wahrung der Selbstbestimmungsrechte des Patienten und des Angehörigen verwiesen. Ein „direktes Zugehen der ärztlichen Person auf [einen] Verwandten" ohne Zustimmung des Patienten wird ausdrücklich als nicht zulässig erachtet.[398] Eine Offenbarungsbefugnis des Arztes gegenüber den Verwandten eines Patienten wird demnach auch durch den Entwurf der Fraktion Bündnis 90/Die Grünen abgelehnt.

bb) Entwurf des Bundesgesundheitsministeriums von 2004

Der am 15.10.2004 vom Bundesgesundheitsministerium verfasste Diskussionsentwurf für ein „Gesetz über genetische Untersuchungen bei Menschen (Gendia-

---

397 BT-Drs. 16/3233.
398 BT-Drs. 16/3233, 34.

gnostikgesetz – GenDG)“[399] weist eine ähnlich formulierte Regelung bezüglich der Datenoffenbarung gegenüber Angehörigen auf. Schon in diesem Entwurf wird in Fällen, in denen bei einem Patienten eine Erbkrankheit vorliegt, die behandelbar oder vermeidbar ist und auch dessen Verwandte betreffen kann, der Ausspruch einer „Empfehlung“ des Arztes an den Patienten, „diesen Verwandten eine genetische Beratung zu empfehlen“ im Rahmen der genetischen Beratung als notwendig erachtet.[400] Eine Befugnis des Arztes, Verwandte selbstständig aufzuklären ist ebenfalls nicht vorgesehen.

cc) Regelungsentwurf der Datenschutzbeauftragten von 2001

Diesen Entwürfen voran ging der bereits im Oktober 2001 auf der 62. Konferenz der Datenschutzbeauftragten des Bundes und der Länder vom Arbeitskreis „Genomanalyse“ aufgestellte „Regelungsentwurf zu einem Gesetz zur Sicherung der Selbstbestimmung bei genetischen Untersuchungen“.[401] Schon dieses Regelungswerk hat nach Ziff. 1 unter anderem die „Nutzung genetischer Daten“ zum Gegenstand. Gem. Ziff. 17 Abs. I soll eine Mitteilung des Ergebnisses einer genetischen Untersuchung grundsätzlich nur an die betroffene Person selbst oder ihren gesetzlichen Vertreter erfolgen. Eine Offenbarung an „Verwandte oder Partner der betroffenen Person“ durch den Arzt ist jedoch nach Ziff. 17 Abs. III auch „gegen den Willen der betroffenen Person oder ihres gesetzlichen Vertreters“ dann zulässig, „wenn und soweit dies zur Wahrung erheblich überwiegender Interessen dieser Personen erforderlich ist“. Der Arbeitskreis „Genomanalyse“ der Datenschutzbeauftragten-Konferenz räumt demnach dem Arzt mit dieser Regelung in bestimmten Situationen explizit ein Offenbarungsrecht ein.

b) Weitere Meinungen politischer Gremien in Deutschland

Darüber hinaus nahmen auch politische Gremien wie die Enquête-Kommission „Recht und Ethik der modernen Medizin“ (aa) sowie die Bund-Länder-Arbeitsgruppe „Genomanalyse“ (bb) im Vorfeld des GenDG Stellung zu der hier diskutierten Problematik.

---

399 vgl. hierzu: Hasskarl/Ostertag, MedR 2005, 640 ff; Wagenmann, GID (Nr. 168) 2005, 10 f; Henn, Ethik in der Medizin 2005, 34 ff; Wiesing/Schmitz, Zeitschrift für medizinische Ethik 2005, 192 ff.

400 vgl. Wagenmann, GID (Nr. 168) 2005, 10 f.

401 so: https://www.datenschutzzentrum.de/material/themen/gendatei/gente_ge.htm (Stand: 09/2011).

aa) Enquête-Kommission „Recht und Ethik der modernen Medizin“ in 2002

Die Enquête-Kommission „Recht und Ethik der modernen Medizin“ wurde durch den Beschluss des Bundestages am 24. März 2000 mit der Aufgabe eingesetzt, „Empfehlungen für die ethische Bewertung, für Möglichkeiten des gesellschaftlichen Umgangs sowie für gesetzgeberisches und administratives Handeln in Bezug auf medizinische Zukunftsfragen zu erarbeiten“.[402] Die Ergebnisse ihrer Überlegungen fasste die Enquête-Kommission, bestehend aus Mitgliedern des Bundestages und externen Sachverständigen, in einem Abschlussbericht vom 14.05.2002 zusammen.[403] Auch die Kommission spricht davon, im Rahmen einer genetischen Beratung des Patienten eine „Empfehlung“ an den Patienten dahingehend auszusprechen, eventuell betroffene Verwandte auf ihr bestehendes genetisches Risiko und die Möglichkeit der Durchführung eines Tests hinzuweisen, falls Präventions- bzw. Therapiemaßnahmen für die entsprechende Erbkrankheit bestehen.[404] Ein Offenbarungsrecht jedoch gesteht auch sie dem Arzt nicht zu.

bb) Bund-Länder-Arbeitsgruppe „Genomanalyse“ im Jahre 1990

Bereits im Jahre 1990 hat die Bund-Länder-Arbeitsgruppe „Genomanalyse“ in ihrem Abschlussbericht Stellung zur Weitergabe genetischer Daten an Angehörige durch den Arzt genommen.[405] Die Arbeitsgruppe lehnt eine aktive Beratung durch den Arzt „in dem Sinne, dass er von sich aus außerhalb des Arzt-Patienten-Verhältnisses an Personen herantritt, um [...] ihnen Kenntnisse zu vermitteln, die er aus der Beratung von Verwandten erlangt hat“ grundsätzlich ab. In Ausnahmefällen jedoch billigt sie dem Arzt eine Befugnis zur Weitergabe genetischer Daten an Angehörige zu. Eine solche Ausnahmesituation sei allerdings erst dann gegeben, wenn der Arzt „in der konkreten Situation hinreichenden Grund [zu der Annahme hat], dass Dritte, die mit dem Patienten verwandt sind, großes Interesse daran haben, darüber informiert zu werden, dass sie möglicherweise eine behandelbare schwere Stoffwechselstörung haben“.[406] Erforderlich ist jedoch eine vorherige gewissenhafte Prüfung durch den Arzt dahinge-

---

402 zur Einsetzung der Enquête-Kommission: BT-Drs. 14/3011; Zwischenberichte: BT-Drs. 14/5157 und 14/7546.

403 Schlussbericht BT-Drs. 14/9020.

404 BT-Drs. 14/9020, 168.

405 Bund-Länder-Arbeitsgruppe „Genomanalyse“ in: Eberbach/Lange/Ronellenfitsch, Recht der Gentechnik und Biomedizin, Band 4, Teil II, F.

406 Bund-Länder-Arbeitsgruppe „Genomanalyse“ in: Eberbach/Lange/Ronellenfitsch, Recht der Gentechnik und Biomedizin, Band 4, Teil II, F, 33.

hend, ob der Verwandte sein genetisches Risiko kennen oder nicht kennen möchte. Als Motivation für eine Weitergabe genetischer Daten an Angehörige führt die Arbeitsgruppe Gesundheitsinteressen bei behandelbaren Krankheiten sowie Gründe der zukünftigen Lebensplanung an. Insgesamt gesteht sie demnach dem Arzt in Ausnahmefällen ein Offenbarungsrecht gegenüber Verwandten des Patienten zu.

c) Neuere Stellungnahmen zu dem beschlossenen GenDG

Die Diskussion über das Bestehen eines Offenbarungsrechts des Arztes gegenüber Verwandten eines betroffenen Patienten war jedoch nicht ausschließlich vor der Fassung eines Gendiagnostikgesetzes von Bedeutung, sondern wurde auch nach der Verabschiedung des Gesetzes weitergeführt. So wird die Problematik in verschiedenen Stellungnahmen, die dem GenDG nachfolgen, erneut aufgegriffen.

aa) Gen-ethisches Netzwerk

Das Gen-ethische Netzwerk (GeN)[407] beispielsweise sieht in der Regelung des § 10 III S. 4 GenDG einen Verstoß gegen den Grundsatz der Non-Direktivität[408] der genetischen Beratung sowie eine Verletzung des Rechts auf Nichtwissen eines Angehörigen. Kritisiert werden die Unschärfe und die Wandelbarkeit der Begriffe „vermeidbare" und „behandelbare" Krankheiten, bei deren Vorliegen die Regelung eine entsprechende Empfehlung des Arztes an den Patienten, auch Angehörigen eine genetische Beratung zu empfehlen, vorsieht. Die durch § 10 III S. 4 GenDG angesprochenen Fälle seien so in der Realität nicht zu finden und die Formulierung in der Praxis schlecht handhabbar.[409] So kommt das Gen-ethische Netzwerk zu dem Schluss, dass bereits die vorhandene Regelung, die bei behandelbaren Krankheiten eine Empfehlung des Arztes an den Patienten vorsieht, seinen Verwandten ebenfalls eine genetische Beratung zu empfehlen, zu weit gefasst sei und gestrichen oder eingeschränkt werden müsse.

407 Das gen-ethische Netzwerk ist eine Organisation, welche seit1986 Informationen und Kontakte zu Gen-, Bio- und Reproduktionstechnologien vermittelt. Es nimmt Stellung zu aktuellen politischen Prozessen, führt Veranstaltungen durch und unterstützt andere Initiativen; vgl. http://www.gen-ethisches-Netzwerk.de.

408 Non-Direktivität bedeutet Entscheidungsoffenheit, d.h. der Betroffene soll durch die Beratung nicht in eine bestimmte Richtung, insbesondere nicht zu einer genetischen Untersuchung hin, gelenkt werden.

409 GeN, Stellungnahme zum GenDG, 5.

bb) Als Einzelsachverständiger: Gunnar Duttge

Auch der Einzelsachverständige Gunnar Duttge sieht die Regelung des § 10 III S. 4 GenDG in einer kritischen Stellungnahme zur Zielsetzung des GenDG „als Mittel zur Erreichung [ihres] Zwecks als wenig effektiv" an. Dieser Zweck nämlich bestehe darin, dem „Fürsorgegedanken zugunsten jener, die selbst nicht den Weg zur genetischen Beratung gefunden haben", gerecht zu werden.[410] Regelmäßig wird der untersuchte Patient „eher ein Interesse an Geheimhaltung" haben dürfen und daher von einer nach § 10 III S. 4 GenDG durch den Arzt anzuregenden Empfehlung an seine Verwandten absehen. Aus diesem Grunde bezeichnet Duttge die Regelung des § 10 III S. 4 GenDG als lediglich „halbherzige Fürsorge", welche ein „hohes Risiko des Leerlaufs" in sich birgt.[411] Weiter sieht auch Duttge die Gefahr einer Verletzung des Rechts auf Nichtwissen in § 10 III S. 4 GenDG und betont bereits in seiner Kurzstellungnahme zum Gesetzesentwurf der Fraktion Bündnis 90/Die Grünen den „Kompromisscharakter" einer solchen Regelung.[412] Zwar würde durch die vage Formulierung der Vorschrift eine Verletzung des Rechts auf Nichtwissen der Angehörigen milder ausfallen, jedoch nicht gänzlich vermieden. Aus diesem Grunde hält Duttge die Regelung in den Fällen, in denen „auf Seiten der Angehörigen allein das Recht auf Nichtwissen in Frage stünde", verfehlt. Zwar spricht Duttge auch die Möglichkeit an, dass durch eine entsprechende Mitteilung an den Angehörigen dessen Therapiemöglichkeiten steigen können, jedoch würde auch eine Betroffenheit von Gesundheitsinteressen des Angehörigen „wegen der häufig (noch) fehlenden Therapieoptionen wenig an dem grundsätzlichen Einwand der [ansonsten bestehenden] zu starken Betonung der Angehörigenseite ändern".[413] Insgesamt spricht sich Duttge für eine frühzeitige Beteiligung eventuell betroffener Angehöriger noch vor der Durchführung der genetischen Untersuchung bei dem Patienten selbst aus. Ein Offenbarungsrecht des Arztes gegenüber den Angehörigen sieht auch er nicht vor.

2. Lösungsansätze von Fachorganisationen

Neben dem gesetzlichen Vorhaben des GenDG, den Entwürfen und politischen Stellungnahmen vor und nach dessen Umsetzung haben auch Fachorganisatio-

---

410 Duttge, Stellungnahme zum GenDG (BT-Drs. 16/10532), 7.

411 Duttge, Stellungnahme zum GenDG (BT-Drs. 16/10532), 7.

412 vgl. hierzu bezogen auf die dem § 10 III S. 4 GenDG identische Regelung des § 12 III S. 5 des GenDG-Entwurfes des Fraktion Bündnis 90/Die Grünen: Duttge, Kurzstellungnahme zum Entwurf eines GenDG (BT-Drs. 16/3233), 3.

413 Duttge, Kurzstellungnahme zum Entwurf eines GenDG (BT-Drs. 16/3233), 3 f.

nen Diskussionen über die hier relevante Problematik geführt und berufsrechtliche Regelungen diesbezüglich aufgestellt. So nahmen sich sowohl die Bundesärztekammer in der Musterberufsordnung für Ärzte (MBO) (a) und in professionellen Richtlinien (b) als auch der Berufsverband Medizinische Genetik in seinen Leitlinien (c), die Deutsche Gesellschaft für Humangenetik in einem „Positionspapier" (d) sowie die Weltgesundheitsorganisation (WHO) (e) dieser Thematik an.

Weder der MBO noch den Richtlinien der Bundesärztekammer kommt jedoch, wie anfangs aufgezeigt, eine gesetzliche Verbindlichkeit zu. Es besteht lediglich eine Rechtsverbindlichkeit der Regelungen im Rahmen der Selbstverwaltungsautonomie der Ärzteschaft.[414] Dennoch haben diese Richtlinien bis zum Erlass eines rechtsverbindlichen Gendiagnostikgesetzes eine erhebliche Bedeutung für die ärztliche Praxis entfaltet, da sie die Grundlinien der Gendiagnostik im Bereich des ärztlichen Handelns bestimmen und als Auslegungshilfen herangezogen werden können.[415]

a) MBO

In § 9 I MBO ist die ärztliche Schweigepflicht normiert, welche grundsätzlich gegenüber jedermann besteht. Eine Durchbrechung der Schweigepflicht ist nach § 9 II MBO zulässig, „soweit die Offenbarung zum Schutze eines höherwertigen Rechtsguts erforderlich ist". Die durch den Deutschen Ärztetag beschlossene und durch Beschluss der Deutschen Ärztekammer Rechtswirkung innerhalb der Kammer entfaltende MBO sieht demnach ausdrücklich ein Offenbarungsrecht des Arztes zum Schutze überwiegender Interessen Dritter vor.

b) Richtlinien der Bundesärztekammer (BÄK) von 1998 und 2003

Eine solche Offenbarungsbefugnis findet sich auch in den „Richtlinien zur Diagnostik der genetischen Disposition für Krebserkrankungen" von 1998 und in den „Richtlinien zur prädiktiven genetischen Diagnostik" aus dem Jahre 2003 der Bundesärztekammer wieder.[416] Nach beiden Konzepten „soll sich der Arzt [grundsätzlich] nicht selber an Verwandte seines Patienten wenden, es sei denn, dass der Patient seine Angehörigen nicht informiert und die Verwandten vom gleichen Arzt mitbehandelt werden". Diese dem Arzt eingeräumte Offenba-

---

414 so auch: Regenbogen, Ärztliche Aufklärung und Beratung in der prädiktiven genetischen Diagnostik, 265; http://www.bundesaerztekammer.de/page.asp?his=1.100 (Stand: 09/2011).

415 vgl. Hasskarl/Ostertag, MedR 2005, 640 (644).

416 BÄK, Dt. Ärztebl. 1998, A 1396 ff; BÄK, Dt. Ärztebl. 2003, A 1297 ff.

rungsbefugnis richte sich nach dem Ergebnins einer Abwägung der dem Angehörigen gegenüber bestehenden „Fürsorgepflicht mit der [ärztlichen] Schweigepflicht".[417] Bevor der Arzt jedoch von seinem Offenbarungsrecht Gebrauch mache, müsse er den Patienten auf die bestehenden Gefahren für Dritte hinweisen und auf eine Zustimmung des Patienten zu einer Weitergabe hinwirken. „Nur wenn sich der Patient uneinsichtig zeigt, darf – nicht muss – der Arzt im Falle einer konkreten Gefahrenlage die vertraulichen Informationen an Dritte weitergeben."[418] Insgesamt räumt die Bundesärztekammer in ihren Richtlinien daher dem Arzt gegenüber Verwandten, die sich in Behandlung des gleichen Arztes befinden wie der betroffene Patient selbst, ein Offenbarungsrecht ein.

c) Leitlinien des Berufsverbands Deutscher Humangenetiker (Berufsverband Medizinische Genetik) von 1996

Der Berufsverband Deutscher Humangenetiker (BVDH)[419] nahm bereits 1996 noch als Berufsverband Medizinische Genetik in seinen „Leitlinien zur Genetischen Beratung"[420] Stellung zu der hier diskutierten Problematik. Er spricht von einer „personenzentrierten Beratung" durch den Arzt, welche eine „Kontaktaufnahme durch den Berater mit nicht unmittelbar ratsuchenden Familienangehörigen" untersage bzw. eine solche Kontaktaufnahme in das Ermessen des Rat suchenden Patienten stelle. Diese Grundsätze finden sich auch in der überarbeite-

---

417 so BÄK, Dt. Ärztebl. 1998, A 1396 (A 1398) und inhaltlich entsprechend BÄK, Dt. Ärztebl. 2003, A 1297 (A 1303).

418 BÄK, Dt. Ärztebl. 2003, A 1297 (A 1303).

419 Der BVDH ist 2004 aus der Verschmelzung des damaligen BVDH und des Berufsverbandes Medizinische Genetik (BVmedgen) hervorgegangen und hat die Aufgabe, die Zusammenarbeit der Humangenetiker zu fördern, die Grundlagen für eine angemessene humangenetische Versorgung der Bevölkerung zu sichern und seine Mitglieder in beruflichen Fragen zu beraten. Er unterstützt die Fort- und Weiterbildung sowie die Qualitätssicherungsmaßnahmen der Humangenetiker und vertritt die beruflichen Interessen der Humangenetiker in Übereinstimmung mit der ärztlichen Berufsordnung sowohl durch aktive Öffentlichkeitsarbeit als auch gegenüber ärztlichen und nichtärztlichen Einrichtungen staatlicher Institutionen. Der BVDH setzt sich aktiv für die Zusammenarbeit mit anderen Berufsverbänden auf nationaler und internationaler Ebene ein und tauscht Informationen über humangenetisch und gesundheitspolitisch relevante Themen im Rahmen des eigenen Fachgebietes und mit anderen Berufsgruppen aus. In enger Zusammenarbeit mit der Gesellschaft für Humangenetik (GfH) setzt der BVDH Standards für humangenetische Leistungen in allen Fachgebieten in Form von Leitlinien, Stellungsnahmen und Empfehlungen fest; vgl. http://www.bvdh.de/public.php?id=1.

420 Berufsverband Medizinische Genetik, medgen (8) 1996, Heft 3, Sonderbeilage, 1 f.

ten Form dieser Leitlinien aus dem Jahre 2007 wieder.[421] Nach den Richtlinien des Berufsverbandes Medizinische Genetik bzw. des Berufsverbandes Deutscher Humangenetiker hat der Arzt demnach kein Recht, genetische Daten eines Patienten an dessen Familienangehörigen weiterzugeben.

d) Positionspapier der Deutschen Gesellschaft für Humangenetik von 1996 bzw. 2007

In dem von der Deutschen Gesellschaft für Humangenetik (GfH)[422] 1996 aufgestellten und am 5.6.2007 aktualisierten Positionspapier skizziert auch diese die mögliche Konfliktsituation des Arztes, der einerseits seine ärztliche Schweigepflicht wahren möchte und andererseits dem „ärztlichen Grundsatz, Leiden und Schaden für Dritte zu verhindern" zu genügen versucht.[423] Nach Ansicht der GfH verlange eine Lösung der dargestellten Konfliktsituation immer eine Abwägung zwischen den Interessen möglichst aller Beteiligten. Für den Fall, dass es sich bei einer Erbkrankheit um eine nicht heil- oder behandelbare Krankheit handelt, räumt die GfH dem Recht des Patienten auf informationelle Selbstbestimmung Vorrang gegenüber dem Recht auf Wissen eines möglicherweise betroffenen Angehörigen ein.[424] Nicht jedoch äußert sich die GfH dazu, wie die Situation bei präventiv behandelbaren Erbkrankheiten zu beurteilen sei. Es wird dem Arzt kein ausdrückliches Offenbarungsrecht bei überwiegenden Interessen eines Angehörigen eingeräumt, jedoch ein solches auch nicht strikt abgelehnt. Indem von einer zu treffenden Einzelfallentscheidung gesprochen wird, besteht zumindest die Möglichkeit für einen Arzt aufgrund bestimmter Umstände genetische Informationen eines Patienten auch an dessen Angehörige weiterzugeben.

---

421 BVDH/GfH, medgen 2007, 452 (453).

422 Die GfH ist eine 1987 gegründete Organisation, zu deren zentralen Aufgaben die Förderung der Humangenetik auf allen Gebieten der Forschung, Lehre und Praxis zählt. Dies erfolgt insbesondere durch wissenschaftliche Tagungen zur Veröffentlichung neuer Ergebnisse und durch Arbeitsgemeinschaften, die sich mit der Forschung und der praktischen Bedeutung bestimmter Teilgebiete befassen. Dies soll der Zusammenführung verschiedener Forschungs- und Arbeitsgebiete der Humangenetik dienen; vgl. http://www.gfhev.de/de/gfh/index.htm.

423 GfH, Positionspapier von 2007, vgl. http://www.gfhev.de/de/leitlinien/gfh.htm?Submit2=Liste+anzeigen#position; GfH, medgen 2007, Sonderdruck, 5 ff, vgl. http:/www.medgenetik.de/sonderdruck/2007_gfh_positionspapier.pdf; Inhaltliche Änderungen, die über eine Aktualisierung des ursprünglich im Jahre 1996 aufgestellten Positionspapiers hinausgehen, sind in der Neufassung nicht zu verzeichnen, vgl. GfH, medgen 2007, 378.

424 GfH, Positionspapier, medgen 2007, 5 (9).

Die offene Formulierung der GfH schließt demnach ein Recht des Arztes zur Offenbarung in konkreten Einzelfall zumindest nicht generell aus.

e) World Health Organization (WHO) im Jahre 1997

Deutlicher Stellung zu der vorliegenden Problematik nimmt dagegen auf internationaler Ebene die Weltgesundheitsorganisation (WHO)[425] in ihren 1997 verfassten „Proposed International Guidelines on Ethical Issues in Medical Genetics and Genetic Services".[426] In Fällen, in denen effektive präventive Maßnahmen verfügbar sind, billigt sie dem Arzt bzw. dem genetischen Berater ein Recht zu, direkt auf einen Angehörigen zuzugehen und diesem sein persönliches genetisches Risiko zu offenbaren.[427] Voraussetzung hierfür sei jedoch, dass der Arzt zunächst versuche, auf ein Einverständnis der untersuchten Person in eine Weitergabe hinzuwirken. Im Falle einer Offenbarung gegen den Willen des Betroffenen dürfe der Arzt lediglich diejenigen Informationen weitergeben, die den Angehörigen selbst betreffen, nicht dagegen seien Angaben über die Identität oder den genetischen Status der untersuchten Person zu machen.

Insgesamt wird so dem Arzt auf internationaler Ebene eine Offenbarungsbefugnis in den hier relevanten Konfliktsituationen zugestanden.

3. Meinungen in der Literatur

Darüber hinaus ist auch in der Literatur streitig, ob dem Arzt ein Offenbarungsrecht gegenüber Verwandten eines genetisch betroffenen Patienten zusteht (a) oder nicht (b).

a) Befürworter eines Offenbarungsrechts

Vielfach wird angenommen, der Arzt sei zu einer Weitergabe der genetischen Informationen auch gegen den Willen des betroffenen Patienten berechtigt, wenn die Angehörigeninteressen diejenigen des Patienten überwiegen. Dies ent-

---

425 Die Weltgesundheitsorganisation (World Health Organization – WHO) ist eine Sonderorganisation der Vereinten Nationen mit Sitz in Genf. Sie wurde 1948 gegründet, umfasst 193 Mitgliedsstaaten und übernimmt die Koordination der Vereinten Nationen für das internationale öffenltiche Gesundheitswesen.

426 WHO, Proposed International Guidelines on Ethical Issues in Medical Genetics and Genetic Services, document: WHO/HGN/GL/ETH/98.1, http://whqlibdoc.who.int/hq/1998/WHO_HGN_ GL_ETH_98.1.pdf (Stand: 09/2011).

427 „[...] in cases where effective and affordable treatment or preventive measures are available, the councellor may ethically make direct contact with relatives [...]", WHO, Proposed International Guidelines in Ethical Issues in Medival Genetics and Genetic Services, 9.

spricht dem in § 34 StGB enthaltenen Rechtfertigungsgedanken. Wie jedoch ein solches Überwiegen festzustellen sei und welche Kriterien hierfür erfüllt sein müssen, wird ganz unterschiedlich beurteilt. So machen einige Vertreter eine Offenbarungsbefugnis davon abhängig, ob eine genetische Erkrankung therapierbar bzw. präventiv behandelbar ist (aa). Andere räumen darüber hinaus dem Arzt eine solche Befugnis auch in Bezug auf nicht behandelbare Krankheiten ein (bb). Teilweise werden auch gänzlich andere Kriterien zur Bestimmung einer Rechtfertigung ärztlichen Handelns herangezogen (cc).

aa) Vertreter eines Offenbarungsrechts bei behandelbaren Krankheiten

„Bestehen wirksame therapeutische Möglichkeiten oder können präventive Maßnahmen, z.B. eine Änderung der Lebensgewohnheiten oder die Vornahme medizinischer Eingriffe den Krankheitsausbruch (in voller Intensität) verhindern bzw. hinauszögern, kann das Wissen um die eigene genetische Disposition einen großen individuellen Nutzen aufweisen. [...] Das Interesse der Testperson an der Wahrung der ärztlichen Schweigepflicht [tritt daher] hinter dem Recht des Drittbetroffenen auf Leben bzw. körperliche Unversehrtheit gem. Art. 2 II GG zurück.", so *Corinth* zu der hier diskutierten Problematik.[428] Sind dagegen keine präventiven oder therapeutischen Handlungsmöglichkeiten für die entsprechende Erbkrankheit greifbar, so komme „dem Recht auf Nichtwissen besonderes Gewicht zu, aufgrund dessen dem Arzt in derartigen Fällen kein Offenbarungsrecht gegenüber Drittbetroffenen zuzugestehen ist".[429] Ein Offenbarungsrecht sei weiter in Fällen, in denen präventive Maßnahmen „keinen absoluten Schutz vor der Erkrankung" bieten, sondern nur Anlass „zu häufigeren Vorsorgeuntersuchungen" geben, zu versagen.[430] Mit der Einschränkung, dass vorbeugende Maßnahmen eine absolute Verhinderung der Erkrankung bedeuten müssen, spricht sich *Corinth* demnach bei präventiv behandelbaren Erkrankungen für ein Überwiegen der Gesundheitsinteressen eines Angehörigen i.S.d. § 34 StGB aus.

Dieser Ansicht schließt sich *Henn* im Ergebnis an. Er begründet dies mit einem Überwiegen der „Fürsorgepflicht [des Arztes] gegenüber der Risikoperson" im Verhältnis zur „Schweigepflicht".[431] Im Unterschied zu *Corinth* besteht ein Offenbarungsrecht seiner Ansicht nach jedoch bereits, wenn Präventionsmaß-

---

428 Corinth, Ärztliche Schweigepflicht und kollidierende Gesundheitsinteressen Dritter, 176 f.

429 Corinth, Ärztliche Schweigepflicht u. kollidierende Gesundheitsinteressen Dritter, 179.

430 Corinth, Ärztliche Schweigepflicht und kollidierende Gesundheitsinteressen Dritter, 177 f.

431 Henn, Zeitschrift für medizinische Ethik 2002, 343 (348).

nahmen („Optionen") möglich sind.[432] Eine absolute Verhinderung der Erkrankung durch Prävention wird dagegen nicht gefordert. Jedoch sei ein solches „aktives Vorgehen des Arztes [ausschließlich] als ultima ratio gerechtfertigt", wenn zuvor alle anderen Möglichkeiten, wie sowohl die Einwirkung auf den genetisch Betroffenen zur eigenen Übermittlung als auch die Einschaltung weiterer Betroffener als alternative „Vermittler", ausgeschöpft wurden.[433] Erst dann sei ein Handeln des Arztes nach § 34 StGB gerechtfertigt.

Auch *Kielstein/Peters* halten eine Aufklärung von Familienmitgliedern von genetisch betroffenen Patienten für „ethisch und klinisch wünschenswert, ja geboten und unerlässlich", wenn „der Ausbruch oder der Schweregrad" einer zukünftig auftretenden Erbkrankheit positiv beeinflusst und „Lebensqualität erhalten und Lebensplanung realisiert" werden können.[434] Bezug nehmend auf die polyzystische Nierenerkrankung führen sie aus, dass die Aufklärung von Merkmalsträgern über Möglichkeiten der Prävention eine „arztrechtliche und arztethische Pflicht" sei, die gleichsam gegenüber allen Familienangehörigen bestehe. Jedoch solle eine Einbeziehung von Angehörigen zunächst mit dem betroffenen Patienten besprochen werden.[435] Ohne zwar die einzelnen kollidierenden Interessen näher zu konkretisieren, befürworten *Kielstein/Peters* insgesamt eine Offenbarungsbefugnis zur Wahrung von Gesundheitsinteressen.

Eine von *Fröhlich/Wang/Peters* vorgestellte Umfrage zur Arzt- und Patientenethik betont ebenfalls, dass das Angehörigeninteresse das Patienteninteresse überwiege, wenn die Erkrankung von besonderer Schwere sei bzw. „Möglichkeiten der Vorbeugung und Vermeidung" bestehen.[436] Um allerdings das Vertrauen des Patienten in den Arzt „nicht leichtfertig aufs Spiel" zu setzen, soll „die Aufklärung prädiktiver Verwandter und potenzieller Träger [...] in der Regel an die Zustimmung des erkrankten Patienten gebunden bleiben und nur bei etwaiger mangelnder Einsichtsfähigkeit einerseits oder drohender Lebensgefahr oder erheblicher Einschränkungen der Gesundheit der Verwandten andererseits auch gegen dessen Willen, aber immer mit dessen Kenntnis möglich sein".[437]

---

432 Henn in: Zang/Henn, Humangenetik im Saarland, 343 (348); Henn, Zeitschrift für medizinische Ethik 2002, 343 (346).

433 Henn, Zeitschrift für medizinische Ethik 2002, 343 (348); Henn in: Zang/Henn, Humangenetik im Saarland, 341 (449).

434 Kielstein/Peters in: Sass/Schröder, Patientenaufklärung, 179.

435 Kielstein/Peters in: Sass/Schröder, Patientenaufklärung, 190.

436 Fröhlich/Wang/Peters in: Sass/Schröder, Patientenaufklärung bei genetischem Risiko, 107.

437 Fröhlich/Wang/Peters in: Sass/Schröder, Patientenaufklärung bei genetischem Risiko, 107.

Nicht nur von einem Offenbarungsrecht, sondern von einer darüber hinausgehenden Offenbarungspflicht in Bezug auf heilbare Krankheiten spricht *Gretter*. Sie begründet dies mit dem Recht eines Angehörigen auf Kenntnis seiner genetischen Konstitution sowie mit einem sog. „Recht auf Heilung", d.h. auf Erhalt von Leben und Gesundheit, welches sich aus „Art. 2 II 1 i.V.m. Art. 1 I 2 GG" ergebe. Einschränkungen des gleichzeitig betroffenen Rechts auf Nichtwissen seien schon „wegen seiner komplexen sozialen Wirklichkeit" und zur Gewährleistung der genannten höherwertigen Rechtsgüter hinzunehmen.[438] „Wenn es als medizinisch gesichert gilt, dass die [...] ermittelten Träger mit hoher Wahrscheinlichkeit das Risiko der Krankheit tragen, und erfolgreich vorbeugende Maßnahmen ergriffen werden können, um den Krankheitsausbruch zu vermeiden, dürfte das Recht auf Wissen umso schützenswerter sein."[439] Jedoch soll als zusätzliche Anforderung ein gewisses „Schonungsgebot" zur Berücksichtigung des Rechts auf Nichtwissen eingehalten werden, welches gebiete, Angehörige zunächst allgemein zu informieren und ihnen ein Wahlrecht zu lassen, ob sie „über ihre genetische Veranlagung Kenntnisse erwerben möchten" oder nicht. Die Grundsätze der Verhältnismäßigkeit blieben auf diese Weise gewahrt.[440]

bb) Vertreter eines Offenbarungsrechts auch bei unheilbaren Krankheiten

Über ein Offenbarungsrecht in Fällen, in denen „eine genetische Veranlagung [eines Verwandten] für eine schwere, aber behandelbare Krankheit wahrscheinlich ist" hinaus, nimmt *Hofmann* ein solches Recht auch bei nicht behandelbaren Erbkrankheiten an. Zur Begründung verweist er insgesamt auf die Rechte des Angehörigen aus Art. 2 I i.V.m. Art. 1 I GG (allgemeines Persönlichkeitsrecht), Art. 1 I GG (Recht auf Menschenwürde) sowie aus Art. 2 II GG (Recht auf Leben und Gesundheit). In Bezug auf behandelbare Krankheiten, hält er es für unvertretbar, einen genetisch Betroffenen „in Kenntnis seiner genetischen Situation seinem Schicksal zu überlassen, obwohl vorbeugende Maßnahmen existieren, die den Erkrankungseintritt verhindern können".[441] Bei nicht behandelbaren Erkrankungen dagegen rechtfertige der „verständliche Wunsch eines Angehörigen, z.B. aus Verantwortung gegenüber seinen Kindern oder für seine eigene Lebensplanung" eine Weitergabe der genetischen Informationen durch den Arzt.[442] Um bei solch einer Weitergabe der Daten das Recht des Angehörigen auf

438 Gretter, ZRP 1994, 24 (25 f, 28).
439 Gretter, ZRP 1994, 24 (27).
440 Gretter, ZRP 1994, 24 (27).
441 Hofmann, Rechtsfragen der Genomanalyse, 149.
442 Hofmann, Rechtsfragen der Genomanalyse, 149.

Nichtwissen zu wahren, müsse der Arzt den Angehörigen jedoch zunächst über die Relevanz der genetischen Informationen aufklären und hierbei „Andeutungen über ihren Inhalt vermeiden", so dass dem Angehörigen noch das Recht verbleibe, „wählen zu können, ob er die weiteren Informationen, wonach er möglicherweise zu den Trägern einer genetischen Krankheit gehört, erhalten will". Während bei heilbaren Krankheiten von einem überwiegenden Verlangen eines Betroffenen auszugehen ist, sein genetisches Risiko zu erfahren, solle der Arzt bei nicht behandelbaren Erkrankungen dagegen „davon absehen zum Verwandten Kontakt aufzunehmen, da er ihm gesundheitlich dadurch nicht nützen, [sondern] die Informationen sich vielmehr durch die psychische Belastung gesundheitsschädlich auswirken können". Eine Kontaktaufnahme sei demnach nur geboten, „wenn der Arzt sich sicher ist, dass der Dritte auch von diesem Befund unbedingt Kenntnis erlangen möchte". Jedoch sei nach *Hofmann* auch bei einer diesbezüglichen Fehleinschätzung des Arztes eine Rechtfertigung möglich, da auch in einem solchen Fall „das Interesse des Dritten an den Informationen wesentlich höher zu bewerten [sei] als das Geheimhaltungsinteresse des Patienten".[443] Somit spricht sich *Hofmann* sowohl in Bezug auf heilbare als auch auf unheilbare Krankheiten sehr großzügig für eine Offenbarungsbefugnis des Arztes i.S.d. § 34 StGB aus.

Auch *Cramer* spricht neben einem Überwiegen der Angehörigeninteressen im Falle behandelbarer Krankheiten von einer Rechtfertigung auch in Bezug auf nicht behandelbare Krankheiten.[444] Voraussetzung einer solchen sei jedoch eine vorherige Einwirkung des Arztes auf den betroffenen Patienten, um diesen zunächst selbst zu einer Offenbarung der Informationen zu bewegen. Erst wenn der Patient uneinsichtig bleibe und trotz massiven ärztlichen Zuredens eine Offenbarung verweigere, sei kein milderes Mittel zur Gefahrabwendung als die Offenbarung durch den Arzt selbst ersichtlich.[445] Um dem Recht auf Nichtwissen des Angehörigen gerecht zu werden, solle der Arzt vor einer Mitteilung der genetischen Informationen zu ermitteln versuchen, „in wieweit eine Information der Angehörigen deren (mutmaßlichen) Willen entsprechen würde, ihre genetische Konstitution zu kennen".[446] Für eine Rechtfertigung bei behandelbaren Erkrankungen fordert *Cramer*, dass Therapiemethoden für die entsprechende Krankheit tatsächlich eröffnet sind und „zu erwarten ist, dass der Angehörige [diese] auch nutzen werde".

---

443 Hofmann, Rechtsfragen der Genomanalyse, 151.

444 Cramer, Genom- und Genanalyse, 250.

445 Cramer, Genom- und Genanalyse, 250.

446 Cramer, Genom- und Genanalyse, 257.

Etwas verhaltener drückt sich *Regenbogen* nur dahingehend aus, dass in der Praxis der klinischen Genetik Tendenzen zu verzeichnen sind, eine Rechtfertigung des Arztes in Fällen anzunehmen, in denen die „Wahrnehmung vitaler Präventionsinteressen von der Kenntnis einer krankheitsrelevanten genetischen Information eines Verwandten abhängt und die unmittelbare Testperson nicht bereit ist, möglicherweise drittbetroffene Verwandte [...] zu informieren". Jedoch betont sie, dass „in jedem Fall" eine Abwägung des „gesundheitlichen Interesses potentieller Drittbetroffener" mit dem „Geheimhaltungsinteresse des Betroffenen [...] unter Berücksichtigung der besonderen Umstände jedes Einzelfalls nach den Vorgaben des § 34 StGB" durchgeführt werden müsse.[447] Allerdings weist *Regenbogen* darauf hin, dass „häufig nicht das Gesundheitsinteresse des Dritten im Vordergrund [stehen wird], sondern der Schutz ihres allgemeinen Persönlichkeitsrechts". Ob auch in einem solchen Fall die Interessen des Angehörigen das Verschwiegenheitsinteresse des betroffenen Patienten überwiegen könne, sei ebenfalls im Rahmen einer unfassenden Abwägung i.S.d. des § 34 StGB festzustellen.[448] So erkennt *Regenbogen* neben der Möglichkeit einer Rechtfertigung bei therapierbaren eine solche grundsätzlich auch bei unheilbaren Krankheiten an.

Lediglich bezüglich unheilbarer Krankheiten äußert sich am Beispiel der Chorea Huntington Erkrankung *Reiter-Theil* zu der Problematik und befürwortet eine Offenbarungsbefugnis des Arztes. Bei einer Verweigerung der Informationsweitergabe durch den Patienten solle jedoch zunächst „ein nochmaliges Ansetzen im Gespräch mit dem Klienten [Patienten] [erfolgen], um ihn einsichtig werden zu lassen, dass eine offene Besprechung der ethischen Fragen, speziell der Verantwortung gegenüber den Interessen der Angehörigen, notwendig ist." Bei dennoch bestehender Uneinsichtigkeit des Patienten soll dann ein „Ethik-Konsil mit einem erfahrenen Kollegen" stattfinden.[449] Erst wenn auch dies keine Einsicht des Patienten bringe, sei der Arzt berechtigt, genetische Daten auch ohne dessen Einwilligung an Verwandte weiterzugeben. Allerdings müsse der Betroffene über diesen Schritt stets informiert werden, um ihm die Möglichkeit zu geben, „unter Umständen doch noch eine Kooperation [zu erwägen], um sein Gesicht zu wahren".[450]

---

447 Regenbogen, Ärztliche Aufklärung und Beratung in der prädiktiven genetischen Diagnostik, 265 f.

448 Regenbogen, Ärztliche Aufklärung und Beratung in der prädiktiven genetischen Diagnostik, 266.

449 Reiter-Theil, Concilium 1998, 138 (147).

450 Reiter-Theil, Concilium 1998, 138 (147).

cc) Vertreter anderer Abwägungskriterien

Eine andere Herangehensweise bevorzugen dagegen *Spann/Liebhardt/Penning*. Sie differenzieren bei einer Weitergabe medizinischer Informationen danach, ob sich diese lediglich auf den Betroffenen als „einen einzigen Geheimnisherren" oder – wie auch im Falle der genetischen Informationen – auf „mehrere Personen in einem ähnlichen Maße" beziehen. Während bei der Betroffenheit lediglich einer einzigen Person keine Ausnahme von der „Handhabung der Schweigepflicht" gemacht wird, sollen im Falle mehrerer Geheimnisträger „andere Regeln gelten". Die geschützte Information sei als „eine Art gemeinsames Rechtsgut" der Geheimnisträger zu betrachten, welches bei einer „entsprechenden Interessenlage" ein Offenbarungsrecht des Arztes nach § 34 StGB rechtfertige.[451] Trotz dieser abweichenden Herangehensweise an die Problematik, führen *Spann/Liebhardt/Penning* als Begründung für eine Offenbarung ebenfalls die Tatsache an, dass es genetische Krankheiten gebe, die „lediglich durch frühzeitige Intervention sinnvoll behandelbar" seien. In vielen Fällen könne durch ein präventives Einschreiten „so – und nur so – der Ausbruch einer Krankheit oder deren objektiv unnötige Verschlechterung verhindert werden".[452] Das Verbot aktiver Beratung stehe der Annahme einer solchen ärztlichen Offenbarungsbefugnis nicht im Wege, da dieses nicht zu Lasten derer gehen dürfe, „die die Information und die damit verbundenen Möglichkeiten dankbar entgegennehmen würden".[453]

Einen weiteren Ansatz verfolgt *Damm,* indem er eine Rechtfertigung des Arztes von einer „Differenzierung je nach einschlägiger Disposition" abhängig macht.[454] An der Zubilligung eines Offenbarungsrechts in der Art, wie es die Bundesärztekammer in ihren Richtlinien vorsieht, kritisiert *Damm,* dass „dieses Konzept auf zahlreiche Probleme verweist, die es selber nicht bereits zu lösen vermag". Insbesondere kritisiert er die Unschärfen des Begriffes „mitbehandeln", den die BÄK verwendet. Zweifelhaft seien außerdem die dem Arzt zugebilligte „generelle Abwägungshoheit und Abwägungsverantwortung zwischen Fürsorgepflicht und Schweigepflicht ohne jegliche Kriterienvorgabe", die dem Arzt in den Richtlinien eingeräumt werden. Dieser Abwägungsspielraum des Arztes bedürfe einer Einschränkung „auf harte Notstandskonstellationen".[455] Wie solche Beschränkungen aussehen sollen, konkretisiert *Damm* jedoch nicht

451 Spann/Liebhardt/Penning in: Kamps/Laufs, Festschrift für Narr, 33.
452 Spann/Liebhardt/Penning in: Kamps/Laufs, Festschrift für Narr, 32.
453 Spann/Liebhardt/Penning in: Kamps/Laufs, Festschrift für Narr, 32.
454 Damm, MedR 1999, 437 (445).
455 Damm, MedR 1999, 437 (445).

näher. Insgesamt kommt auch er zu dem Ergebnis, dass in Einzelfällen, die es näher festzulegen gilt, dem Arzt ausnahmsweise ein Mitteilungsrecht zustehen kann.

b) Gegner eines Offenbarungsrechts

Andererseits wird ein derartiges Offenbarungsrecht des Arztes jedoch aufgrund verschiedener Aspekte abgelehnt.

Stumper beispielsweise erachtet eine Weitergabe der durch eine genetische Analyse gewonnenen Daten, „wenn nicht der Betroffene selbst, sondern ein anderer, nämlich der Arzt diese vorzunehmen gedenkt“, ausschließlich bei Vorliegen einer „wirksamen Einwilligung des Betroffenen“ für zulässig.[456] Er zieht die Grenzen der Übermittlung von Daten sogar noch enger und fordert darüber hinaus, „dass sowohl der Arzt als auch der Ratsuchende [Patient] die Analyse-Ergebnisse nur insoweit aktiv weitergeben dürfe, als der Analyseveranlasser und [auch] der Angehörige eingewilligt haben“.[457] Als Begründung für die Notwendigkeit einer Einwilligung des Patienten führt er dessen informationelles Selbstbestimmungsrecht an. Die Erforderlichkeit der Einwilligung auch des Angehörigen resultiere aus der Wahrung des Rechts auf Nichtwissen. Jedoch sei das Erfordernis einer Einwilligung des Angehörigen „durch soziale Realitäten modifiziert“, denn ein Angehöriger könne auch durch sonstige Wahrnehmungen in seinem alltäglichen Leben, wie z.B. durch das Verhalten anderer Verwandter, Rückschlüsse auf sein genetisches Risiko erlangen. So sei das „Recht auf Nichtwissen daher zumindest durch die sozialen Ausprägungen der Lebens- oder Schicksalsgemeinschaft blutsverwandter Angehöriger beschränkt“.[458] Eine Offenbarungsbefugnis des Arztes aufgrund eines wesentlichen Überwiegens von Interessen i.S.d. § 34 StGB lehnt *Stumper* strikt ab.

Diese Ansicht teilt *Schroeder-Kurth.* Zur Begründung eines umfassenden Weitergabeverbots verweist er auf das „informationelle Selbstbestimmungsrecht“ des jeweiligen Patienten, welches gewährleiste, dass es „allein Entscheidung von Patient oder Ratsuchendem [sei], seiner Familie von der genetischen Natur seiner Erkrankung Mitteilung zu machen“.[459] Bei der genetischen Diagnostik gehe es „um den Patienten oder Ratsuchenden, nicht um seine Angehörigen, selbst wenn diese große Ängste vor einer genetischen Diagnose entwi-

---

456 Stumper, Informationelle Selbstbestimmung und DNA-Analysen, 220 f.

457 Stumper, Informationelle Selbstbestimmung und DNA-Analysen, 231.

458 Stumper, Informationelle Selbstbestimmung und DNA-Analysen, 231.

459 Schroeder-Kurth, Zeitschrift für medizinische Ethik 2002, 329 (339).

ckeln oder sich vor einer familiären genetischen Belastung fürchten".[460] Nach Ansicht *Schroeder-Kurths* darf eine Mitteilung genetischer Informationen daher nur durch den Patienten selbst vorgenommen werden.

Van den Daele führt gegen „die Aufdrängung von Informationen über genetische Risiken" das jedem Einzelnen zukommende „absolute Recht, nicht zu wissen" an, welches es ermöglichen müsse, „jede Form von Zwangsinformationen" abzuwehren. Das Selbstbestimmungsrecht eines genetisch möglicherweise betroffenen Angehörigen dürfe nur in soweit eingeschränkt werden, wie „die Eigenständigkeit der Person gewahrt" bleibe.[461] „Wenn der Einzelne die Kontrolle darüber [verliere], welche Daten über seine genetische Konstitution ausgewertet, gesammelt und ihm eröffnet werden können", liege nach *van den Deale* eine unzulässige Einschränkung dieses Rechts vor.[462]

Darüber hinaus betont *Buchborn*, dass der Verantwortung des Arztes in der prädiktiven Medizin, anders als in der kurativen Medizin, neben einer umfassenden Aufklärung „nach aktuellem Stand der medizinischen Wissenschaft" nur „die korrekte Indikationsstellung und Methodik der [genetischen] Untersuchung" unterliege. Über den „Umgang mit den genetischen Risiken" entscheide der Patient allein.[463] Zwar spricht sich *Buchborn* nicht ausdrücklich gegen ein Recht des Arztes zur Offenbarung genetischer Daten an Familienangehörige aus, jedoch betonen seine Ausführungen zur prädiktiven genetischen Diagnostik deutlich die Interessen des Rat suchenden Patienten im Verhältnis zu den eingeschränkten Befugnissen eines Arztes. Dem Arzt dürfe in Bezug auf das weitere Vorgehen nach der Diagnosestellung keinerlei Verantwortung zukommen. Über alle weiteren Schritte und deren Folgen soll der Patient eigenverantwortlich entscheiden. Dies lässt auf eine ablehnende Haltung *Buchborns* hinsichtlich eines Offenbarungsrechts des Arztes gegen den ausdrücklichen Willen seines Patienten schließen.

c) Zusammenfassung

Wie schon im Rahmen gesetzlicher Vorhaben sowie innerhalb der Lösungsansätze von Fachorganisationen, wird auch in der Literatur ein Offenbarungsrecht des Arztes gegen den Willen eines betroffenen Patienten uneinheitlich gesehen. Mehrheitlich wird dem Arzt ein solches bei überwiegenden Interessen eines möglicherweise betroffenen Angehörigen zugestanden.

---

460 Schroeder-Kurth, Zeitschrift für medizinische Ethik 2002, 329 (339).

461 van den Daele, KritV1999, 257 (261).

462 van den Daele, KritV 1999, 257 (261).

463 Buchborn, MedR 1996, 441 (443).

Als Begründung hierfür werden bei therapierbaren Erkrankungen die Gesundheitsinteressen eines Angehörigen sowie bei unheilbaren Krankheiten dessen Recht auf Kenntnis seiner genetischen Konstitution als Ausformung des allgemeinen Persönlichkeitsrechts hervorgebracht. Viele Vertreter unterscheiden daher zwischen einem Offenbarungsrecht bei heil- bzw. behandelbaren und nicht behandelbaren Erkrankungen. Eine Weitergabe genetischer Informationen, die bei behandelbaren Krankheiten zu einer Gesundheitserhaltung bzw. einer positiven Beeinflussung des Krankheitsverlaufs führt, wird vielfach für zulässig erachtet. Teilweise wird dem Arzt darüber hinaus sogar im Falle der Unheilbarkeit ein Offenbarungsrecht zugebilligt. Die meisten Befürworter eines Offenbarungsrechts fordern, dass der Arzt vor einer aktiven Kontaktaufnahme mit einem Angehörigen mit allen ihm zur Verfügung stehenden Mitteln auf den Patienten einwirken soll, um so eine Inkenntnissetzung durch diesen oder eine Einwilligung in ein ärztliches Tätigwerden zu erreichen. Zur Wahrung des Rechts auf Nichtwissen auf Seiten des Angehörigen müsse der Arzt zudem vor einer Aufklärung in Erfahrung zu bringen versuchen, ob der Angehörige Kenntnis von seinem genetischen Risiko haben möchte oder nicht. Dabei dürfe er jedoch noch keine inhaltlichen Informationen übermitteln. Kann der Arzt diese Anforderungen wahren, so soll nach mehrheitlicher Literaturmeinung bei einem entsprechenden Überwiegen der Angehörigeninteressen eine Informationsweitergabe durch den Arzt nach § 34 StGB gerechtfertigt sein.

Einige Stimmen stehen einem Offenbarungsrecht des Arztes jedoch ablehnend gegenüber. Als Hauptkritikpunkt wird die mit der Mitteilung der Daten einhergehende Verletzung des informationellen Selbstbestimmungsrechts des betroffenen Patienten angeführt. Daneben wird der hohe Stellenwert des Rechts auf Nichtwissen auf Seiten des möglicherweise genetisch betroffenen Angehörigen betont, welches durch eine Offenbarung beeinträchtigt werde.[464]

Zusammenfassend bleibt demnach festzustellen, dass in der Literatur ein Recht des Arztes zur Offenbarung genetischer Informationen an einen eventuell betroffenen Angehörigen eines Patienten aufgrund überwiegender Interessen i.S.d. § 34 StGB tendenziell Zustimmung findet. Vereinzelt wird sogar von einer hierüber hinausgehenden Pflicht des Arztes zur Weitergabe genetischer Daten gesprochen.

---

464 Stumper, Informationelle Selbstbestimmung und DNA-Analysen, 231; Schroeder-Kurth, Zeitschrift für medizinischen Ethik 2002, 329 (339); van den Daele, KritV 1999, 260 f; Buchborn, MedR 1996, 441 (443).

4. Vergleich zu anderen europäischen Ansätzen

Nicht nur in Deutschland, sondern natürlich auch in anderen Ländern kann sich eine derartige Konfliktsituation für den Arzt ergeben. Aufgrund der Vergleichbarkeit ihrer Gesellschaftsstrukturen und gesellschaftlichen Entwicklung ist insbesondere von Interesse, wie die Problematik in anderen europäischen Ländern bzw. auf gesamteuropäischer Ebene behandelt wird.

a) Gesetzliche Regelungen in Österreich und in der Schweiz

Sowohl beispielsweise in Österreich als auch in der Schweiz existieren seit einigen Jahren gesetzliche Regelungen zur Gendiagnostik.

In Österreich sieht das im Jahre 1994 in Kraft getretene Österreichische „Gentechnikgesetz (GTG)" in § 70 vor, dass „der die genetische Analyse veranlassende Arzt der untersuchten Person zu empfehlen hat, ihren möglicherweise betroffenen Verwandten zu einer humangenetischen Untersuchung und Beratung zu raten, wenn zur Beurteilung des Ergebnisses einer genetischen Analyse die Einbeziehung von Verwandten der untersuchten Person erforderlich ist, oder wenn anzunehmen ist, dass eine ernste Gefahr einer Erkrankung von Verwandten der untersuchten Person besteht".[465]

Das erst im Jahre 2007 in Kraft stehende „Bundesgesetz über genetische Untersuchungen beim Menschen (GUMG)" der Schweiz erfasst die Problematik in Art. 19 GUMG.[466] Art. 19 I GUMG sieht eine Mitteilung des Ergebnisses einer genetische Untersuchung zunächst nur an den Betroffenen selbst bzw. seinen gesetzlichen Vertreter vor. Eine Mitteilung an Verwandte, Ehegattin oder Ehegatten, Partnerin oder Partner ist nach Art. 19 II GUMG nur mit Zustimmung der betroffenen Person zulässig. Wird eine solche Zustimmung verweigert, so kann der Arzt allerdings nach Art. 19 III GUMG i.V.m. „Art. 321 Ziffer 2 des Strafgesetzbuches die Entbindung vom Berufsgeheimnis beantragen, sofern dies zur Wahrung überwiegender Interessen der Verwandten, der Ehegattin oder des Ehegatten, der Partnerin oder des Partners notwendig ist".

Während die österreichische Regelung ein Offenbarungsrecht des Arztes ohne Zustimmung des betroffenen Patienten also nicht vorsieht und sich in ihrer sehr vagen Formulierung auf den Ausspruch einer Empfehlung des Arztes an den Patienten beschränkt, anderen möglicherweise betroffenen Angehörigen zu

---

465 vgl. § 70 des Österreichischen „Gentechnikgesetzes", BGBl. Nr. 510/1994 zuletzt geändert durch BGBl. I Nr. 127/2005.

466 vgl. Art. 19 des „Bundesgesetzes über genetische Untersuchungen beim Menschen" der Schweiz, SR 810.12 (Fundstelle: AS 2007 635).

einer Untersuchung bzw. Beratung zu raten, ist eine Durchbrechung der Schweigepflicht nach der gesetzlichen Regelung der Schweiz ausdrücklich möglich. Eine solche richtet sich nach den Interessen der Betroffenen und soll im konkreten Fall dann erfolgen, wenn die Interessen einer betroffenen dritten Person die Patienteninteressen wesentlich überwiegen. Indem die österreichische Regelung explizit von einer Empfehlung durch den Arzt bei einen eventuellen Vorliegen der Erbkrankheit auch bei Verwandten spricht, rückt sie so das Gesundheitsinteresse Dritter in dem Mittelpunkt. Das Gesetz der Schweiz dagegen lässt im Rahmen einer Abwägung Drittinteressen ganz allgemein eine Bedeutung zukommen. Die Tatsache, dass auch Ehegatten und Partner von der Regelung erfasst werden, welche nicht mit dem betroffenen Patienten verwandt sind, stellt klar, dass sich Drittinteressen im Rahmen dieser Regelung nicht auf gesundheitliche Interessen beschränken, sondern auch Interessen hinsichtlich der weiteren Lebensgestaltung umfassen.

Insgesamt sieht die unscharf gefasste österreichische Regelung ein Offenbarungsrecht nicht ausdrücklich vor und kommt so der Regelung des deutschen GenDG sehr nahe. Die Regelung der Schweiz dagegen räumt dem Arzt zwar ein Offenbarungsrecht ein, lässt jedoch auf Abwägungsebene eine nicht weiter konkretisierte Fülle unterschiedlicher Interessen Berücksichtigung finden.

b) Biomedizin-Konvention des Europarats[467]

Staatenübergreifend hat sich auch die Biomedizin-Konvention[468] des Europarats mit der vorliegenden Fragestellung befasst.

Unter der Überschrift „Privat life and right to information“ befasst sich die Konvention im dritten Kapitel mit der Privatsphäre und dem Recht auf Auskunft

---

467 Offizielle Bezeichnung der Konvention: „Übereinkommen zum Schutz der Menschenrechte und der Menschenwürde im Hinblick auf die Anwendung von Biologie und Medizin: Übereinkommen über Menschenrechte und Biomedizin“ (SEV-Nr. 164) / „Convention fort he protection of Human Rights and dignity of the human being with regard to the application of biology and medicine: Convention on Human Rights and Biomedicine“ (ETS No. 164).

468 Die Biomedizin- oder auch sog. Bioethik-Konvention des Europarats ist ein völkerrechtlicher Vertrag über die Bedeutung von Menschenrechten in der Biomedizin. Sie wurde am 4. April 1997 in Oviedo unterzeichnet und trat am 1. Dezember 1999 in Kraft. Von den insgesamt 47 Mitgliedsstaaten des Europarats haben bislang 34 Staaten den Vertrag unterzeichnet. Eine Ratifizierung ist in 22 Staaten erfolgt. Deutschland hat die Konvention bislang weder unterzeichnet, noch ratifiziert. (Stand 09/2011); aktueller Stand: http://conventions.coe.int/Treaty/Commun/ChercheSig.asp?NT=164&CM=1&DF=1/7/ 2009&CL=GER.

eines Einzelnen. In Art. 10, 1 sieht sie zunächst vor, dass jeder Einzelne ein Recht auf Wahrung seiner Privatsphäre in Bezug auf Daten hat, die die Gesundheit betreffen.[469] Der zweite Absatz des Art. 10 normiert das Recht auf Kenntnis eines jeden hinsichtlich seiner eigenen genetischen Informationen sowie das spiegelbildlich existierende Recht auf Nichtwissen.[470] Art. 10, 3 versucht dann Fälle zu regeln, in denen es zu einem Konflikt zwischen kollidierenden Interessen unterschiedlicher Beteiligter kommen kann.[471] So skizziert der erläuternde Text zu dieser Regelung verschiedene Situationen, in denen das Recht auf Wissen bzw. das Recht auf Nichtwissen mit einem Verschweigen bzw. einer Weitergabe der Informationen durch den Arzt aber auch mit kollidierenden Interessen Dritter im Konflikt stehen können.[472] Zusammenfassend schließen die Ausführungen zu dieser Regelung damit, dass sich jedenfalls das Recht eines Betroffenen auf Nichtwissen und das Recht auf Kenntnis dritter Personen entgegenstehen können und diese Interessen durch innerstaatliche Regelungen der Mitgliedsstaaten in einen angemessenen Ausgleich zu bringen sind.[473] Auch auf europäischer Ebene werden also das Recht auf Wissen und insbesondere das Recht auf Nichtwissen nicht absolut gewährleistet, sondern es sind Einschränkungen dieser Rechte vorgesehen. Im Falle eines Interessenwiderstreits soll ein innerstaatlich geregelter Ausgleich im Wege einer Interessenabwägung erfolgen.

Eine Durchbrechung der Schweigepflicht wird somit auch durch die Biomedizin-Konvention des Europarats für zulässig befunden, wenn diese zum Schutze überwiegender Interessen erfolgt.

5. Lösungsansätze in der Rechtsprechung

Eine Entscheidung der Rechtsprechung zu der hier diskutierten Problematik ist bislang nicht ergangen. Jedoch war eine Abwägung der auch hier in Rede stehenden kollidierenden Güter und Interessen bereits Gegenstand anderer Urteile, in denen über die Rechtfertigung einer Datenweitergabe durch den Arzt entschieden wurde. So nahm die Rechtsprechung Stellung zu einer Rechtfertigung

---

469 Article 10, 1: „Everyone has the right to respect für privat life in relation to information about his or her health.“

470 Article 10, 2: „Everyone is entitled to know any information collected about his or her health. However, the wishes of individuals not to be so informed shall be observed.”

471 Article 10, 3: „In exceptional cases, restrictions may be placed by law on the exercise of the rights contained in paragraph 2 in the interests of the patient.”

472 vgl. Explanatory Report, Chapter III, Article 10, paragraph 70 (ETS No. 164).

473 „In any case, the right not to know of the person concerned may be opposed to the interest to be informed of another person and the interests of these two persons should be balanced by internal law.”

des Arztes bei Weitergabe der Daten über eine HIV-Infektion an einen Lebenspartner eines betroffenen Patienten sowie zu einer Datenoffenbarung in Fällen anderer Infektionskrankheiten.

Diese Urteile beziehen sich allerdings ausschließlich auf die Abwägung, d.h. insbesondere auf die abstrakte Gewichtung der kollidierenden Rechtsgüter in vergleichbaren Fällen. Nicht dagegen sprechen sie die Problemlage im speziellen Bereich der Genetik an. Aus diesem Grunde sollen die Ansätze der Rechtsprechung erst im Rahmen der Abwägung näher ausgeführt werden.

6. Ergebnis der Regelungsansätze

Als Fazit der Darstellung dieser unterschiedlichen Lösungsansätze bleibt festzuhalten, dass zahlreiche verschiedenartige Ansätze zur Lösung des Konflikts verfolgt werden und eine einheitliche Regelung der Konfliktsituation bislang nicht gefunden wurde. Teils wird eine Vorrangregelung zugunsten eines Rechtsträgers (Patient oder Angehörigen) befürwortet, teils eine Abwägung aller widerstreitenden Interessen nach unterschiedlichen Kriterien gefordert. Wieder andere bevorzugen eine Lösung bestehend aus einer Kombination dieser beiden Modelle.[474]

Während die Regelung des GenDG das diskutierte Problem durch ihre vage Formulierung eher zu umgehen, denn zu lösen versucht, sind die von Fachorganisationen aufgestellten Regelungen und auch die Ansätze in der Literatur insgesamt präziser. Ob dem Arzt in den hier diskutierten Situationen ein Offenbarungsrecht zuzubilligen sei, wird jedoch durchweg uneinheitlich gesehen. Mehrheitlich wird sowohl von medizinischen Organisationen als auch in der Literatur eine Offenbarungsbefugnis des Arztes zumindest bei behandelbaren Erkrankungen befürwortet. Als Hauptargumente werden Gesundheitsinteressen Drittbetroffener sowie Interessen an der Kenntnis der eigenen genetischen Konstitution angeführt. Gegner eines Offenbarungsrechts begründen ihren Standpunkt hauptsächlich mit der Wahrung des informationellen Selbstbestimmungsrechts des Patienten und der Gefahr einer Verletzung des sog. „Rechts auf Nichtwissen“ auf Angehörigenseite. Einige Stimmen knüpfen an eine Offenbarungsbefugnis verschiedene zusätzliche Anforderungen, wie die vorherige Einwirkung auf den Patienten oder eine vorherige Interessenerforschung der Angehörigen. Vereinzelt wird sogar von einer über ein Offenbarungsrecht des Arztes hinausgehende

474 Dies ist insbesondere dann der Fall, wenn zwischen therapierbaren und nicht therapierbaren Krankheiten unterschieden wird und für erste eine Interessenabwägung gefordert wird, während für letztere eine Vorrangsregelung zugunsten eines Rechtsträgers angestrebt wird.

Offenbarungspflicht des Arztes gesprochen. Die Rechtsprechung hat bislang keine Entscheidung hinsichtlich dieser Problematik im Bereich der Gendiagnostik getroffen.

Eine Heranziehung von Rechtsvorschriften in anderen europäischen Ländern verdeutlicht, dass die untersuchte Problematik länderübergreifende Bedeutung hat, jedoch auch in Österreich und in der Schweiz nur eine sehr unbestimmte Regelung gefunden werden konnte.

II. Eigene Prüfung einer Rechtfertigung ärztlichen Handelns

Im Rahmen der Entwicklung eines eigenen Lösungsansatzes soll eine Rechtfertigung ärztlichen Handelns anhand des § 34 StGB erörtert werden. Dabei werden zunächst alle in Betracht kommenden und gegenüber § 34 StGB spezielleren Rechtfertigungsgründe kurz angesprochen (1. bis 5.). Der Schwerpunkt liegt auf einer ausführlichen Prüfung einer Rechtfertigung ärztlichen Handelns nach § 34 StGB (5.).

1. Einwilligung

Der Unrechtsgehalt einer Weitergabe genetischer Daten könnte durch eine ausdrückliche oder konkludente Einwilligung oder bei Vorliegen der Voraussetzungen einer mutmaßlichen oder hypothetischen Einwilligung entfallen. Umstritten ist, ob eine Einwilligung nur die Rechtswidrigkeit des normierten Unrechts entfallen lässt oder bereits als Einverständnis auf Tatbestandsebene einem Verhalten seinen typisierten Unrechtscharakter versagen kann.[475] In den zu untersuchenden Situationen untersagt jedoch der Patient eine Weitergabe seiner genetischen Informationen an Angehörige dem Arzt ausdrücklich, so dass ein Ausschluss der Strafbarkeit durch den Patienten selbst jedenfalls nicht vorliegt.

Aufgrund der Besonderheit genetischer Daten als Drittgeheimnisse ist aber über den betroffenen Patienten hinaus noch eine andere Person von dem Geheimnis betroffen. So fragt sich, ob ggf. ein Angehöriger auch ohne die Mitwirkung des Patienten einen Ausschluss der Strafbarkeit des Arztes herbeizuführen vermag. Dies wäre der Fall, wenn eine ebenfalls von dem Geheimnis betroffene

---

475 Für ein tatbestandsausschließendes Einverständnis bzw. eine Doppelfunktion: BGHSt 4, 355 (356); OLG Köln, NJW 1962, 686 (687 f); Tag in: Dölling/Duttge/Rössner, StGB, § 203, 45 ff; Lenckner in: Schönke/Schröder, StGB, § 203, 21; Cierniak, MK-StGB, § 203, 54; dagegen befürworten eine Berücksichtigung auf Rechtfertigungsebene: Kargl in: Kindhäuser/Neumann/ Paeffgen, StGB, § 203, 50; Fischer, StGB, § 203, 31 ff; Lackner/Kühl, StGB, § 203, 18; Hoyer, SK-StGB, § 203, 67; Schünemann, LK-StGB, § 203, 93; OLG Bremen, MedR 1984, 112; Rogall, NStZ 1983, 1 (6).

dritte Person allein einwilligungsbefugt wäre. Bezüglich der Einwilligungsbefugnis bei der Offenbarung von Drittgeheimnissen werden unterschiedliche Ansichten vertreten.[476] Notwendige Voraussetzung für eine Einwilligung Drittbetroffenen ist jedoch dessen Kenntnis davon, dass überhaupt ein Bedürfnis für die Erteilung eines Einverständnisses bzw. einer Einwilligung besteht. Da ein Angehöriger in den zu untersuchenden Situationen noch keine Kenntnis von einem familiären genetischen Risiko hat, ist bereits diese Voraussetzung nicht erfüllt. Unabhängig von den bestehenden Unstimmigkeiten in Rechtsprechung und Literatur liegt daher ein Ausschluss der Strafbarkeit des Arztes weder durch ein Verhalten des betroffenen Patienten, noch durch ein Verhalten des ebenfalls betroffenen Verwandten vor.

2. Gesetzliche Offenbarungspflichten, §§ 138, 139 StGB

Die Rechtswidrigkeit einer Offenbarung von Geheimnissen entfällt darüber hinaus, wenn der Schweigepflichtige aufgrund besonderer Gesetze zur Offenbarung verpflichtet ist.[477] Besondere gesetzliche Offenbarungspflichten stellen insbesondere §§ 138, 139 StGB dar.[478] Diese erfassen Fälle, in denen eine Offenbarung von Geheimnissen zur Verhinderung von Straftaten erfolgen soll. Bei der Offenbarung genetischer Daten an Angehörige geht es jedoch nicht um die Verhütung von Straftaten, so dass eine Rechtfertigung nach §§ 138, 139 StGB ausscheidet. Weitere Offenbarungspflichten und -befugnisse sind in Spezialgesetzen zu finden.[479] Spezialgesetzliche Regelungen, die eine Offenbarung genetischer Daten zur Wahrung von Gesundheitsinteressen anderer dienen, sind jedoch ebenfalls nicht ersichtlich. Somit ist die Verwirklichung des Tatbestandes durch den Arzt auch nicht aufgrund bestehender Offenbarungspflichten gerechtfertigt.

---

476 Übersicht zum aktuellen Meinungsstand bei: Dittrich, Drittgeheimnisse, 84 ff; Eichelbrönner, Grenzen der Schweigepflicht, 101 ff sowie Lenckner in: Schönke/Schröder, StGB, § 203, 23; Hoyer, SK-StGB, § 203, 68 ff; Kargl in: Kindhäuser/Neumann/Paeffgen, StGB, § 203, 55.

477 Fischer, StGB, § 203, 37; Tag in: Dölling/Duttge/Rössner, StGB, § 203, 48.

478 Cierniak, MK-StGB, § 203, 88; Schünemann, LK-StGB, § 203, 120; Fischer, StGB, § 203, 38; Kargl in: Kindhäuser/Neumann/Paeffgen, StGB, § 203, 71; Lenckner in: Schönke/Schröder, StGB, § 203, 29; Tag in: Dölling/Duttge/Rössner, StGB, § 203, 48.

479 vgl. Lackner/Kühl, StGB, § 203, 22; Fischer, StGB, § 203, 38; Cierniak, MK-StGB, § 203, 89 f; Hoyer, SK-StGB, § 203, 86 ff; Schünemann, LK-StGB, § 203, 120 ff; Lenckner in: Schönke/Schröder, StGB, § 203, 29; Braun in: Roxin/Schroth, Handbuch Medizinstrafrecht, II, 301 ff.

3. Grundsätze der Wahrnehmung berechtigter Interessen

Eine Offenbarung könnte jedoch nach den Grundsätzen über die Wahrnehmung berechtigter Interessen gerechtfertigt sein, wenn diese auch im Rahmen des § 203 StGB Anwendung finden.[480]

a) Anwendung der Grundsätze oder analoge Anwendung des § 193 StGB

Teilweise wird eine direkte oder analoge Anwendung des § 193 StGB wegen der Nähe der Indiskretionsdelikte zu den Ehrdelikten auch im Rahmen einer Prüfung des § 203 StGB angenommen.[481] Begründet wird dies mit der Notwendigkeit, höherrangigen Interessen gegenüber der Schweigepflicht über den eingeschränkten Rahmen des § 34 StGB hinaus Vorrang zu gewähren, wenn dies in einer konkreten Situation angemessen erscheint. Das Erfordernis eines „wesentlichen Überwiegens" des zu schützenden Rechtsguts im Rahmen des § 34 StGB wird als zu weitgehende Einschränkung strafloser Offenbarungsmöglichkeiten erachtet.[482] Folge dieser Auffassung wäre eine Umgehung der strengeren Voraussetzungen des § 34 StGB. Es müsste weder eine „gegenwärtige Gefahr" für andere zu schützende Rechtsgüter vorliegen, noch müssten diese das Verschwiegenheitsinteresse „wesentlich überwiegen".[483] Die Anforderungen an eine Rechtfertigung würden folglich erheblich herabgesetzt werden.

b) Keine Anwendung der Grundsätze des § 193 StGB

Dagegen wird andererseits eine Anwendung des § 193 StGB im Rahmen von § 203 StGB aufgrund seiner Sonderstellung im Bereich der Ehrdelikte abgelehnt.[484] Vertreter dieser Ansicht sehen keinen Raum für eine direkte oder analoge Anwendung des § 193 StGB im Rahmen des § 203 StGB, denn dessen Re-

---

480 So auch: Küpper, Strafrecht BT I, § 5, 40.

481 BGHSt 1, 366 (368); BGHZ 78, 274 (285); BGH NJW 1968, 2288 (2290); OLG Karlsruhe, NJW 1984, 676; OLG Köln, NJW 2000, 3656 (3657); Manowski, JZ 1994, 48 (49); Rogall, NStZ 1983, 1 (6); Eser, Wahrnehmung berechtigter Interessen, 13 f.

482 OLG Köln, NJW 2000, 3656 (3657); Rogall, NStZ 1983, 1 (6).

483 So auch: Bender, MedR 2002, 626, (629).

484 RGSt 50, 55 (56); OLG Stuttgart, NStZ 1987, 121 (122); Hoyer, SK-StGB, § 203, 89; Kargl in: Kindhäuser/Neumann/Paeffgen, StGB, § 203, 70; Lenckner in: Schönke/Schröder, StGB, § 203, 30; Cierniak, MK-StGB, § 203, 84; Schünemann, LK-StGB, § 203, 131; Hirsch, LK-StGB, Vor. § 32, 179; Braun in: Roxin/Schroth, Handbuch Medizinstrafrecht, II, 300; Schünemann, ZStW 90 (1978), 11 (61 f); Bohnert, NStZ 2004, 301 (305); Bender, MedR 2002, 626 (629); Schmitz, JA 1996, 949 (953); Rüpke, NJW 2002, 2835 (2836).

gelungsbereich beschränke sich aufgrund seiner Stellung innerhalb der Ehrdelikte auch auf diese. Der Geheimnisschutz dagegen sei durch § 34 StGB geschützt.[485] Eine Rechtfertigung ärztlichen Offenbarens wäre nach dieser Ansicht nur bei einem „wesentlichen Überwiegen" des zu schützendes Interesses i.S.d. § 34 StGB möglich.

c) Stellungnahme

Zwar würde eine Anwendung der Grundsätze zur Wahrnehmung berechtigter Interesse i.S.d. § 193 StGB auch im Rahmen des § 203 StGB den Raum strafloser Offenbarungsmöglichkeiten erweitern, jedoch sind weder dogmatische Anhaltspunkte noch ein kriminologisches Bedürfnis ersichtlich, welche eine Heranziehung der Grundsätze begründen.[486] Vielmehr bestünde bei einer Umgehung der Anforderungen des § 34 StGB im Falle etwa gleichwertiger Rechtsgüter die Gefahr der Beliebigkeit auf Abwägungsebene.[487] Darüber hinaus ist zu berücksichtigen, dass der Geheimnisschutz aus dem Recht auf informationelle Selbstbestimmung und somit aus dem Kernbereich des Allgemeinen Persönlichkeitsrechts nach Art. 2 I i.V.m. Art. 1 I GG herrührt. Ein Eingriff in diesen darf nur mit gesetzlicher Ermächtigung, nicht jedoch unter Anwendung von Grundsätzen anderer Regelungen, vorgenommen werden. Aufgrund seiner verfassungsrechtlich hochrangigen Stellung erscheint eine Relativierung der Eingriffsmöglichkeiten in den Geheimnisschutz daher verfehlt. Eine Anwendung der Grundsätze über die Wahrnehmung berechtigter Interessen im Rahmen des § 203 StGB ist abzulehnen.

4. Rechtfertigende Pflichtenkollision

Darüber hinaus könnte eine Rechtfertigung des ärztlichen Offenbarens aufgrund einer rechtfertigenden Pflichtenkollision in Erwägung gezogen werden. Zwar kommt dieser selbstständige Rechtfertigungsgrund vordergründig bei Unterlassungsdelikte in Betracht, wenn einem Täter mehrere Handlungspflichten obliegen, er aber nur eine dieser zu erfüllen vermag. Jedoch kann er auch im Rahmen eines Begehungsdelikts greifen, wenn der Täter mehreren Unterlassungspflichten nachzukommen hat, die seinen Handlungsspielraum völlig erschöpfen.[488] Im

485 So: Kargl in: Kindhäuser/Neumann/Paeffgen, StGB, § 203, 70; Hoyer, LK-StGB, § 203, 131; Schünemann, ZStW 90 (1978), 11 (61).

486 so auch: Cierniak, MK-StGB, § 203, 84.

487 so: Schmitz, JA 1996, 949 (953).

488 Lenckner in: Schönke/Schröder, StGB, § 203, 71/72; Hirsch, LK-StGB, Vor § 32, 71 ff; Fischer, StGB, § 203, 11, 11 c.

Gegensatz zu einer Rechtfertigung nach § 34 StGB ist ein „wesentliches Überwiegen“ der Pflicht, zu deren Erfüllung sich der Täter entschließt, auch hier nicht erforderlich.[489] Zudem setzt die rechtfertigende Pflichtenkollision keine gegenwärtige Gefahr für ein Rechtsgut voraus, wie sie nach § 34 StGB gefordert wird.[490] Die Anforderungen, an denen sich das ärztliche Handeln messen lassen muss, sind mithin wesentlich geringer als im Rahmen des § 34 StGB.

Der Arzt unterliegt in den zu untersuchenden Fällen einerseits der ärztlichen Schweigepflicht und ist andererseits gemäß seinem Heilauftrag dem Gesundheitsschutz eines jeden verpflichtet. Diesen kollidierenden Pflichten käme er allerdings einerseits durch ein Unterlassen der Weitergabe genetischer Daten und andererseits durch eine aktive Offenbarung der entsprechenden Informationen nach. Es kollidieren demnach eine Unterlassenpflicht und eine Handlungspflicht des Arztes, auf welche der Rechtfertigungsgrund der Pflichtenkollision keine Anwendung findet. Eine Konfliktlösung hat hier vielmehr zwingend über § 34 StGB zu erfolgen.[491]

5. Rechtfertigender Notstand, § 34 StGB

Da keiner der diskutierten Rechtfertigungsgründe auf die Weitergabe genetischer Informationen durch den Arzt Anwendung findet, ist das ärztliche Handeln an den Voraussetzungen des § 34 StGB zu messen. Eine Rechtfertigung nach § 34 StGB ist gegeben, wenn eine Offenbarung genetischer Daten an Familienangehörige eines Patienten durch den Arzt eine gegenwärtige Gefahr für ein höherwertiges Rechtsgut wie Leben, Gesundheit und Freiheit abwendet. Dabei kann § 34 StGB, insbesondere in Fällen schwerer übertragbarer Krankheiten, auch eine Mitteilung durch den Arzt zum Schutze von Individualinteressen Dritter umfassen.[492]

a) Notstandsfähiges Rechtsgut

Eine Offenbarung genetischer Daten dient dem Schutze der Gesundheit und des Lebens eines möglicherweise genetisch betroffenen Verwandten eines Patienten.

---

489 Paeffgen in: Kindhäuser/Neumann/Paeffgen, StGB, Vor §§ 32 bis 35, 170; Fischer, StGB, § 203, 11.

490 Hirsch, LK-StGB, Vor § 32, 75.

491 Lackner/Kühl, StGB, § 203, 15; Lenckner in: Schönke/Schröder, StGB, § 203, 71/72; Fischer, StGB, § 203, 11d; Hirsch, LK-StGB, Vor § 32 76.

492 Kargl in: Kindhäuser/Neumann/Paeffgen, StGB, § 203, 64; Hoyer, SK-StGB, § 203, 81, Fischer, StGB § 203, 47; Lenckner in: Schönke/Schröder, StGB, § 203, 31; Schünemann, LK-StGB, § 203, 139; Cierniak, MK-StGB, § 203, 87.

Somit sind die bereits im Wortlaut des § 34 StGB ausdrücklich genannten notstandsfähigen Rechtsgüter „Leib“ und „Leben“ einer anderen Person betroffen.[493]

b) Gefahr

Zudem müsste eine Nicht-Unterrichtung von Angehörigen über die familiäre genetische Erkrankung durch den Arzt eine für eine Notstandslage erforderliche Gefahr für dieses geschützte sog. „Erhaltungsgut“[494] darstellen.

Eine Gefahr liegt vor, wenn ein Zustand besteht, in dem aufgrund tatsächlicher Umstände eine über das allgemeine Lebensrisiko hinausgehende Wahrscheinlichkeit eines Schadenseintritts gegeben ist.[495] Kontrovers diskutiert wird, ob für die Beurteilung des Vorliegens einer Gefahrenlage der Zeitpunkt der Vornahme der Notstandshandlung (ex-ante-Betrachtung)[496] oder der Zeitpunkt der Urteilsfindung (sog. ex-post-Betrachtung)[497] maßgeblich ist. Im Rahmen dieser Würdigung finden die im dritten Teil aufgeführten Wahrscheinlichkeiten der Weitergabe von Genmutationen in Verwandtschaftsbeziehungen Berücksichtigung. Gegenstand der Arbeit sind ausschließlich dominant vererbte Genmutationen, welche mit einer Wahrscheinlichkeit von 50 Prozent auf die Nachkommen einer genetisch betroffenen Person übertragen werden, d.h. grundsätzlich mit einer Wahrscheinlichkeit von 50 Prozent ein schädigendes Ereignis herbeiführen. Diese Wahrscheinlichkeit besteht für einen Verwandten des Patienten sowohl ex-ante in der konkreten Situation der Offenbarung durch den Arzt, als auch ex-post zum Zeitpunkt einer Urteilsfindung, jedenfalls in den hier relevanten Fällen, in denen es noch nicht zu einem Ausbruch der Krankheit gekommen ist. Der über die maßgebliche Beurteilungsperspektive geführte Streit wirkt sich demnach im Rahmen dieser Untersuchung nicht aus. Eine Gefahr im Sinne des § 34 StGB liegt jedenfalls aufgrund der spezifischen Übertragungswahrscheinlichkeit von 50 Prozent und der mit dieser einhergehenden erhöhten Wahrscheinlichkeit des Eintritts eines schädigenden Ereignisses vor.

---

493 vgl. Günther, SK-StGB, § 34, 23; Hirsch, LK-StGB, § 34, 22.

494 Lenckner in: Schönke/Schröder, StGB, § 34, 8; Erb, MK-StGB, § 34, 58.

495 BGHSt 18, 271 (272); BGHSt 26, 176 (179); BGHSt 48, 255 (259);Fischer, StGB, § 34, 3; Lackner/Kühl, StGB, § 34, 2; Lenckner in: Schönke/Schröder, StGB, § 34, 12; Neumann in: Kindhäuser/Neumann/Paeffgen, § 34, 39 ff; Günther, SK-StGB, § 34, 18; Hirsch, LK-StGB, § 34, 26; Erb, MK-StGB, § 34, 58; Duttge in: Dölling/Duttge/Rössner, StGB, § 34, 7.

496 so: Lackner/Kühl, StGB, § 34, 2; Fischer, StGB, § 203, 3; Duttge in: Dölling/Duttge/Rössner, StGB, § 34, 8; Hirsch, LK-StGB, § 34, 29.

497 so: Lenckner in: Schönke/Schröder, StGB, § 34, 13; Fischer, StGB, § 34, 3.

Mangels konkreter Vorgabe durch das Gesetz ist der Gefahrbegriff jedoch darüber hinaus hinsichtlich des zu fordernden Wahrscheinlichkeitsgrades eines Schadenseintritts streitig. So hat insbesondere die Rechtssprechung vereinzelt verlangt, dass die Wahrscheinlichkeit des Eintritts eines Schadens höher sein muss, als die Wahrscheinlichkeit des Ausbleibens eines solchen.[498] Einer derart engen Auslegung des Gefahrbegriffs kann unabhängig von der Wahrscheinlichkeit des Ausbruchs einer Erbkrankheit im konkreten Fall schon eine Übertragungswahrscheinlichkeit von 50 Prozent nicht genügen. Nach dieser Auslegung würde demnach eine Gefahr im Sinne des § 34 StGB abzulehnen sein. Von einer derart engen Auslegung hat die Rechtsprechung jedoch in neueren Entscheidungen wieder Abstand genommen und erachtet im Einklang mit der Rechtsprechung des Reichsgerichts das Naheliegen eines Schadenseintritts, welches eine begründete Besorgnis bezüglich eines schädigenden Ereignisses erwecken kann, als ausreichend.[499] Mit dieser Auslegung decken sich die überwiegenden Stimmen in der Literatur, die eine über das allgemeine Lebensrisiko hinausgehende Wahrscheinlichkeit eines Schadenseintritts fordern.[500] Aufgrund der Tatsache, dass in der Mehrzahl aller Verwandtschaftsbeziehungen gerade keine Erbkrankheiten vorliegen, übersteigen eine Ererbungswahrscheinlichkeit von 50 Prozent und eine mit dieser zusammenhängende erhöhte Ausbruchswahrscheinlichkeit einer Erbkrankheit das allgemeine Lebensrisiko. Ebenfalls führt jener Umstand zu einem von der Rechtsprechung geforderten Zustand der ernsthaften Besorgniserregung, so dass in Folge dessen nach dieser Ansicht eine Gefahr im Sinne des § 34 StGB vorliegt. Vereinzelt wird daneben eine sehr extensive Auslegung des Wahrscheinlichkeitsbegriffs betrieben. Eine Gefahr nach § 34 StGB soll bereits in Fällen bejaht werden, in denen der Eintritt eines Schadens nicht ganz unwahrscheinlich ist.[501] Auch dieser Auslegung des Gefahrbegriffs würden die zu untersuchenden Fälle jedenfalls genügen.

Gegen eine enge Auslegung und das Erfordernis einer überwiegenden Wahrscheinlichkeit eines Schadenseintritts spricht die praktische Anwendung des § 34 StGB. Für einen Täter als strafrechtlichen Laien ist es in der konkreten Tatsituation nicht möglich, eine exakte Würdigung der Rechtsgüter vorzunehmen und den Wahrscheinlichkeitsgrad eines Schadenseintritts bzw. dessen Ü-

---

498 so: RGSt 6, 396 (397); RGSt 66, 222 (225); BGHSt 8, 28 (31).

499 so: RGSt 10, 173 (176 f); RGSt 30, 178 (179); RGSt 61, 362 (363 f); BGHSt 18, 271 (272); BGHSt 26, 176 (181).

500 so: Lackner/Kühl, StGB, § 34, 2; Lenckner in: Schönke/Schröder, StGB, § 34, 12, 15; Neumann in: Kindhäuser/Neumann/Paeffgen, § 34, 39 ff; Günther, SK-StGB, § 34, 18; Hirsch, LK-StGB, § 34, 26; Dimitratos, Das Begriffsmerkmal der Gefahr, 112 ff.

501 so: RGSt 62, 55 (57); Roxin, Strafrecht AT I, § 16 A, 14; Jakobs, Strafrecht AT 13, 12.

berwiegen genau zu bestimmen. Dem Täter in solchen Situationen aufgrund nicht eindeutig bestimmbarer Kriterien ein Notstandsrecht zu versagen, scheint nicht gerechtfertigt. Die letztgenannte weite Auslegung des Gefahrbegriffs dagegen würde den Anwendungsbereich des § 34 StGB zu weit ausdehnen und eine zu extensive Anwendung des Notstandsrechts begründen. Zur Vermeidung unbilliger Ergebnisse und zur Sicherung einer angemessenen Rechtsanwendung des § 34 StGB in der Praxis wird der vermittelnden Ansicht gefolgt und das Vorliegen einer genetischen Disposition für eine dominante Erbkrankheit bei einer Person als Gefahr für die Gesundheit bzw. das Leben deren naher Blutsverwandter im Sinne des § 34 StGB angesehen.

c) Gegenwärtigkeit

Problematisch ist, ob das Risiko der Angehörigen, eine genetische Veranlagung ererbt zu haben und möglicherweise an einer Erbkrankheit zu erkranken auch eine gegenwärtige Gefahr nach § 34 StGB darstellt. Eine solche ist gegeben, wenn nach menschlicher Erfahrung bei natürlicher Weiterentwicklung der Sachlage der Eintritt eines Schadens sicher oder doch höchstwahrscheinlich ist, oder wenn der gegebene Zustand ohne Ergreifung von Abwehrmaßnahmen alsbald oder jederzeit in einen Schaden umschlagen kann.[502]

Zu berücksichtigen ist hier, dass selbst bei dem Vorliegen einer genetischen Disposition bei den Angehörigen eines Patienten und selbst unter der Annahme eines dadurch bedingten unvermeidbaren Ausbruchs der Krankheit, zumindest der Ausbruchszeitpunkt unklar ist. Die Chorea Huntington Erkrankung und die polyzystische Nierenerkrankung können etwa ab dem 35. Lebensjahr, jedoch teils auch erst jenseits des 60. Lebensjahres ausbrechen, bei der erblich mitbedingten Form des Brust- und Darmkrebses kann ein Ausbruch möglicherweise auch gänzlich ausbleiben. Eine im Sinne des § 34 StGB notwendige zeitliche Konnexität zwischen Notstandshandlung und schädigendem Ereignis steht somit in Frage, denn es fehlt zumindest in der Zeitspanne vor dem durchschnittlichen Ausbruchsalter an einem konkreten Risiko der jederzeitigen Gefährdungsrealisierung.

---

502 RGSt 66, 222 (225); BGH 5, 371 (373); BGH NJW 1979, 2053 (2053 f); BGH NJW 1989, 176; BGH NJW 1989, 1289; Fischer, StGB, § 34, 4; Rudolphi, SK-StGB, § 35, 7; Lenckner/Perron in: Schönke/Schröder, StGB, § 34, 17; Duttge in: Dölling/Duttge/Rössner, StGB, § 34, 10; Rudolphi, SK-StGB, § 35, 7; Hirsch, LK-StGB, § 34, 36.

Jedoch gebietet es der Normzweck des § 34 StGB, dass dieser neben Fällen der sog. „Augenblickgefahr"[503] auch solche Zustände erfasst, in denen der Zeitpunkt der Realisierung einer Gefährdung zwar noch in der Zukunft liegt, jedoch eine Gefährdung von Rechtsgütern ohne ein sofortiges Handeln nicht mehr oder nicht ohne Weiteres abgewendet werden kann.[504] Ein Einschreiten des Täters wird in diesen Fällen gerade zur Verhinderung der unumkehrbaren Verschlechterung der Lage als erforderlich angesehen.[505] Als die Gegenwärtigkeit der Gefahr begründendes Kriterium wird also die Notwendigkeit einer sofortigen Handlung angesehen.[506]

Unterließe der Arzt eine Aufklärung eines nahen Angehörigen seines Patienten, so würde die Gefahr eines Ausbruchs der Krankheit mit dem Alter des Angehörigen stetig ansteigen. Möglichkeiten der Prävention wären für den Angehörigen mangels Kenntnis seines genetischen Risikos nicht greifbar. Eine sofortige Mitteilung des Risikos würde dagegen die Ergreifung vorbeugender Maßnahmen ermöglichen und ist so zur Verhinderung eines Ausbruchs, welcher eine unumkehrbare Verschlechterung der Lage bedeuten würde, gerade notwendig. Bei fehlenden Präventionsmöglichkeiten kann eine gegenwärtige Gefahr zumindest für das allgemeine Persönlichkeitsrecht eines Angehörigen bestehen, da diesem durch die Vorenthaltung von Informationen Möglichkeiten genommen würden, sein Leben in Kenntnis der genetischen Veranlagung zu gestalten. In allen zu untersuchenden Konstellationen liegt demnach eine gegenwärtige Gefahr für geschützte Rechtsgüter der Angehörigen des genetisch betroffenen Patienten vor.[507]

d) Erforderliche Notstandshandlung

Die Gefahr darf zudem nicht anders als durch eine ärztliche Mitteilung abwendbar sein, d.h. die Notstandshandlung muss zur Gefahrenabwendung geeignet und

---

503 so: Neumann in: Kindhäuser/Neumann/Paeffgen, StGB, § 34, 56; Erb, MK-StGB, § 34, 78.

504 BGH, JR 1999, 341 (342); Neumann in: Kindhäuser/Neumann/Paeffgen, StGB, § 34, 57; Duttge in: Dölling/Duttge/Rössner, StGB, § 34, 10; Erb, MK-StGB, § 34, 80; Hirsch, LK-StGB, § 34, 37.

505 so ausführlich bei Erb, MK-StGB, § 34, 80.

506 vgl. Erb, MK-StGB, § 34, 81 ff; Duttge in: Dölling/Duttge/Rössner, StGB, § 34, 10; Neumann in: Kindhäuser/Neumann/Paeffgen, StGB, § 34, 57.

507 so im Ergebnis auch: Corinth, Ärztliche Schweigepflicht und kollidierende Gesundheitsinteressen Dritter, 149 f (jedoch hier ohne Problematisierung des Kriteriums der Gegenwärtigkeit).

erforderlich im engeren Sinne sein.[508] Dadurch, dass sich durch eine Mitteilung für Angehörige die Möglichkeit bietet, Maßnahmen hinsichtlich Prävention und Lebensplanung zu treffen, ist das Handeln des Arztes zum Zweck einer erfolgreichen Abwendung von Rechtsverletzungen geeignet.[509]

Eine Erforderlichkeit der Notstandshandlung im engeren Sinne liegt vor, wenn aus Sicht eines sachkundigen Beobachters in der konkreten Situation die vom Täter gewählte Handlung unter mehreren möglichen gleich effektiven Handlungen die relativ mildeste darstellt.[510] Insbesondere Beeinträchtigungen von Interessen betroffener Dritter sind dabei möglichst gering zu halten.[511] Da genetische Informationen jedenfalls auch persönliche Informationen über den Patienten selbst enthalten, tangiert eine Weitergabe durch den Arzt gegen den Willen des berechtigten Patienten jedenfalls dessen allgemeines Persönlichkeitsrecht aus Art. 2 I i.V.m. Art. 1 I GG als Drittinteresse. Als milderes Mittel kommt daher die Aufforderung an den Patienten in Betracht, die Verwandten selbst über das bestehende familiäre genetische Risiko aufzuklären oder jedenfalls in die Vornahme einer solchen Aufklärung durch den Arzt einzuwilligen.[512] Ein solches kooperatives Verhalten wird jedoch in den hier relevanten Fällen gerade ausgeschlossen, so dass es schon an mehreren, dem Arzt zur Auswahl stehenden Handlungsmöglichkeiten, fehlt.

Die Erforderlichkeit der Notstandshandlung scheitert auch nicht an der Tatsache, dass insbesondere im Bereich der Krebserkrankungen bereits Früherkennungsprogramme existieren. Die angebotene Krebsvorsorge ist nicht auf die hier diskutierten erblich mitbedingten Erkrankungen angelegt, sondern hat die Aufdeckung derjenigen Erkrankungen, die vordergründig durch externe Faktoren verursacht werden zum Ziel. Da diese jedoch in einem späteren Lebensabschnitt ausbrechen als erblich bedingte Krebserkrankungen, stellen die auf einen dem-

---

508 vgl. OLG Karlsruhe, NJW 2004, 3645 (3546); Hirsch, LK-StGB, § 34, 50; Fischer, StGB, § 34, 5; Lenckner/Perron in: Schönke/Schröder, StGB, § 34, 18; Erb, MK-StGB, § 34, 85.

509 OLG Karlsruhe, NJW 2004, 3645 (3646); Fischer, StGB, § 34, 5; Neumann in: Kindhäuser/Neumann/Paeffgen, § 34, 60; Lenckner/Perron in: Schönke/Schröder, StGB, § 34, 19.

510 BGH 3, 7 (9); Erb, MK-StGB, § 34, 91; Fischer, StGB, § 34, 5; Lenckner/Perron in: Schönke/Schröder, StGB, § 34, 20, 20 a; Duttge in: Dölling/Duttge/Rössner, StGB, § 34, 11; Günther, SK-StGB, § 34, 33; Hirsch, LK-StGB, § 34, 50.

511 Erb, MK-StGB, § 34, 93; Lenckner/Perron in: Schönke7Schröder, StGB, § 34, 20.

512 Erb, MK-StGB, § 34, 95; Neumann in: Kindhäuser/Neumann/Paeffgen, StGB, § 34, 62; Lenckner/Perron in: Schönke/Schröder, StGB, § 34, 20; Jescheck/Weigend, Strafrecht AT, § 33, 364.

entsprechend späten Zeitpunkt zugeschnittenen Krebsvorsorgeprogramme keine hinreichende Prävention für erblich mitbedingte Krebserkrankungen dar. Eine solche müsste bereits früher ansetzen.[513]

Mangels milderer gleich effektiver Mittel ist demnach eine Offenbarung der genetischen Informationen durch den Arzt als erforderlich im Sinne des § 34 StGB einzustufen.

e) Güterabwägung

Eine Rechtfertigung kann jedoch nur gelingen, wenn laut § 34 StGB „bei der Abwägung der widerstreitenden Interessen, namentlich der betroffenen Rechtsgüter und des Grades der ihnen drohenden Gefahren" das durch das Verhalten des Arztes „geschützte Interesse" auf Seiten der Angehörigen das „beeinträchtigte Interesse", in die das ärztliche Handeln zum Nachteil des genetisch betroffenen Patienten eingreift, wesentlich überwiegt.

Die Notwendigkeit einer umfassenden Interessenabwägung ergibt sich bereits aus dem Normzweck des § 34 StGB. Mit dieser Vorschrift nämlich stellt der Gesetzgeber bestimmte, in der Rechtsordnung aufgrund ihres typischen Unrechtsgehalts normierte Verbote, unter einen Vorbehalt. In Fällen, in denen die Folgen der Einhaltung einer Verbotsnorm im konkreten Einzelfall aufgrund einer starken Beeinträchtigung anderer geschützter Interessen als nicht hinnehmbar erscheinen, sollen diese suspendiert werden.[514] Nach allgemeiner Ansicht[515] resultiere dies aus der Grenzziehung zwischen den privaten Sphären gleichrangiger Bürger, d.h. aus dem Gedanken, Einschränkungen der persönlichen Autonomie und eine Aufopferung eines gewissen Grades an persönlicher Freiheit aus

---

513 vgl. hierzu: Stiftung LebensBlicke, Broschüre: Ein Augenblick für Ihr Leben; Stiftung Lebens-Blicke, Stiftung und Förderverein LebenBlicke e.V., 11; Deutsche Krebsgesellschaft e.V., Darmkrebs verhindern, 15 ff; Falk Foundation e.V., Darmkrebserkrankungen, 11.

514 RGSt 62, 137 (138); RGSt 77, 113 (116); Neumann in: Kindhäuser/Neumann/Paeffgen, StGB, § 34, 6 ff; Erb, MK-StGB, § 34, 2 ff.

515 Mehrheitlich wird hier das sog. Individualistische Deutungsmodell oder „Interessenabwägungsgrundsatz" (in Abgrenzung zu einem kollektivistischen Deutungsmodell oder sog. „Güterabwägungstheorie") vertreten, ausführlich: RGSt 61, 242 (253); RGSt 62, 137 (138); BGHSt 1, 366 (368); BGHSt 12, 299 (305); BGHZ NJW 1968, 2288 (2290); Günther, StGB, § 34, 9 ff; Hirsch, LK-StGB, § 34, 2; Erb, MK-StGB, § 34, 5; Duttge in: Dölling/Duttge/Rössner, § 34, 16; Lenckner/Perron in: Schönke/ Schröder, § 34, 2, 22; Lackner/Kühl, StGB, § 34, 1; Neumann in: Kindhäuser/Neumann,/Paeffgen, StGB, § 34, 9 ff; Roxin, Strafrecht AT I, § 16 A, 26; Schmidt, ZStW 49 (1929), 350 (377 ff).

der Pflicht zur Solidarität gegenüber einer anderen Person hinzunehmen.[516] Wann eine solche Suspendierung eintritt, ist im Rahmen einer umfassenden Abwägung aller beeinträchtigten Interessen sowie unter Berücksichtigung aller mit einer bestimmten Entscheidung zusammenhängenden spezifischen Folgen für die Beteiligten zu bestimmen.[517]

Mit einer derart wertenden Entscheidung geht jedoch auch immer eine Gefahr der Beliebigkeit einher. Um dieser vorzubeugen, müssen die maßgeblichen Kriterien für eine Beurteilung festgelegt und einer gewissen Ordnung sowie gewissen Bewertungsmaßstäben unterworfen werden.[518] So soll im Rahmen der Abwägung nach der Feststellung der beidseitig betroffenen Rechtsgüter (aa) zunächst unter Heranziehung des positiven Rechts (bb) und Wertungen der Rechtsprechung in vergleichbaren Parallelfällen (cc) das allgemeine Rangverhältnis dieser Güter gewichtet werden.[519] Anschließend wird die Schutzwürdigkeit der berührten Interessen in der konkreten Lebenssituation der Betroffenen diskutiert (dd). Dabei sollen das Ausmaß der konkreten Schäden (1), die Wahrscheinlichkeit der beiderseitig drohenden Gefahren (2), die Größe der Rettungschancen (3) sowie weitere im Einzelfall relevante Interessen (4) und Pflichten (5) Berücksichtigung finden.[520] Problematisch jedoch gestaltet sich hierbei die Festlegung eines möglichst einheitlichen Bewertungsmaßstabes.[521] Zu berücksichtigen ist, dass bei wertenden Entscheidungen lediglich Richtlinien für eine Abwägung aufgestellt werden können, keine dieser Abwägungsvorgaben jedoch absolute Geltung beanspruchen kann.[522]

---

516 Günther, SK-StGB, § 34, 11; Erb, MK-StGB, § 34, 5 f; Neumann in: Kindhäuser/Neumann/Paeffgen, StGB, § 34, 9; Fischer, StGB, § 34, 2; Lackner/Kühl, StGB, § 34, 1.

517 so auch: Hirsch, LK-StGB, § 34, 3, 53; Lenckner/Perron in: Schönke/Schröder, StGB, § 34, 2, 22; Roxin, Strafrecht AT I, § 16 A, 26; Günther, SK-StGB, § 34, 38; Neumann in: Kindhäuser/Neumann/Paeffgen, § 34, 69; Lackner/Kühl, StGB, § 34, 6; Fischer, StGB, § 34, 7; Roxin, Strafrecht AT I, § 16 A 26; Baumann/Weber/Mitsch, Strafrecht AT, § 17, 68 f.

518 Günther, SK-StGB, § 34, 38.

519 vgl. Lenckner/Perron in: Schönke/Schröder, StGB, § 34, 43 f.

520 Neumann in: Kindhäuser/Neumann/Paeffgen, StGB, § 34, 68 ff; Lenckner/Perron in: Schönke/Schröder, StGB, § 34, 23 ff; Lackner/Kühl, StGB, § 34, 6; Fischer, StGB, § 34, 7, 13; Duttge in: Dölling/Duttge/Rössner, StGB, § 34, 17; Baumann/Weber/Mitsch, Strafrecht AT, § 17, 69.

521 so auch: Lenckner/Perron in: Schönke/Schröder, § 34, 43.

522 Roxin, Strafrecht AT I, § 16 A, 26.

aa) Festlegung der abstrakt betroffenen Rechtsgüter

Die Weitergabe genetischer Informationen durch den Arzt erfolgt in erster Linie aus Gründen des Gesundheitsschutzes. Aufgrund des Drittbezuges der Daten sind immer zugleich mehrere Personen betroffen, hier neben dem Patienten auch dessen Verwandte.

In Betracht kommt nach dieser Problemlage eine Verletzung des Rechts auf Informationelle Selbstbestimmung als Ausfluss des Allgemeinen Persönlichkeitsrechts nach Art. 2 I i.V.m. Art. 1 I GG sowohl auf Seiten des Patienten, als auch auf Seiten der Angehörigen. Der Patient hat in zu untersuchenden Fällen ein schützenswertes Interesse daran, dass seine persönlichen genetischen Informationen nicht durch den Arzt verbreitet werden. Jedoch ist der Persönlichkeitsschutz des Patienten in der genetischen Beratung umso relativer, je stärker durch die Diagnose auch berechtigte Interessen Dritter betroffen sind.[523] Die Angehörigen können einerseits ein schützenswertes Interesse daran haben, über ihr eigenes genetisches Risiko in Kenntnis gesetzt zu werden, andererseits jedoch auch daran, dieses gerade nicht kennen zu müssen, so dass hier insbesondere ein „Recht auf Wissen“ bzw. ein „Recht auf Nichtwissen“ als spezielle Ausformungen des Allgemeinen Persönlichkeitsrechts tangiert werden. Durch die Auswirkungen, die eine Weitergabe bzw. Nichtweitergabe genetischer Informationen auf die Gesundheit eines Angehörigen haben, kann daneben ein Recht auf Gesundheit und darüber hinaus sogar ein Recht auf Schutz des Lebens aus Art. 2 II GG zu beachten sein.

Grundrechte sind in erster Linie Abwehrrechte gegen Eingriffe des Staates. So ist zunächst fraglich, ob und in welcher Weise die grundrechtlich geschützten Interessen des Patienten und seiner Angehörigen zwischen diesen als Privatrechtssubjekten Wirkung entfalten. Neben einer abwehrrechtlichen Funktion gegenüber dem Staat verpflichten die Grundrechte diesen außerdem, zu ihrem Schutze tätig zu werden und den Einzelnen vor Grundrechtsgefährdungen Dritter auch im Privatrecht zu bewahren.[524] So trifft den Staat die Pflicht, eine freie Entfaltung der Persönlichkeit sowie den Schutz der körperlichen Integrität eines jeden Menschen in einem gewissen Maße sicherzustellen.[525] Dieser Schutz-

---

523 so auch: Regenbogen, Ärztliche Aufklärung und Beratung in der prädiktiven genetischen Diagnostik, 263.

524 BVerfGE 99, 185 (194 f);BVerfGE 73, 118 (201); BVerfGE 97, 125 (146).

525 BVerfGE 77, 170, (214); BVerfGE 39, 1 (41 f); BVerfGE 46, 160 (164); BVerfGE 49, 89 (141 f); BVerfGE 53, 30 (57); zu Art. 2 II GG: Starck in: v. Mangoldt/Klein/Stark, GG, Art. 2 II, 190; Di Fabio in: Maunz/Dürig, GG, Art. 2 II, 51; Di Fabio in: Maunz/Dürig, GG, Art. 2 II, 94; Leibholz/Rinck, GG, Art. 2, 460; Jarass in: Jarass/Pieroth, GG,

pflicht kann der Staat durch den Erlass entsprechender materieller Vorschriften nachkommen.[526] Grundrechte entfalten demnach über materielle Vorschriften Wirkung zwischen Privaten, so dass auch in den Fällen einer Weitergabe genetischer Daten die grundrechtlich geschützten Interessen des Patienten sowie eines Angehörigen Berücksichtigung finden.

(1) Recht auf informationelle Selbstbestimmung des Patienten

Ausgangspunkt und Hintergrund der gesetzlichen Normierung einer Strafbarkeit des Arztes nach § 203 StGB ist das dem Allgemeinen Persönlichkeitsrecht entstammende Recht auf informationelle Selbstbestimmung des betroffenen Patienten. Über die materielle Norm des § 203 StGB erlangt so das Allgemeine Persönlichkeitsrecht aus Art. 2 I i.V.m. Art. 1 I GG indirekte Geltung auch zwischen Privatpersonen (mittelbare Drittwirkung von Grundrechten). Es räumt jedermann grundsätzlich die Befugnis ein, selbst über die Preisgabe und Verwendung seiner persönlichen Daten zu bestimmen.[527] Unter den Begriff der persönlichen Daten fallen alle Einzelangaben über persönliche oder sachliche Verhältnisse einer bestimmten oder bestimmbaren Person.[528] Somit ist das Recht auf informationelle Selbstbestimmung als eine Zusammenfassung des umfassenden Schutzes aller Informationen, die Aspekte der Persönlichkeit und der Privatsphäre des Einzelnen betreffen, zu sehen.[529]

Erlangt ein Arzt im Rahmen einer ärztlichen Behandlung Informationen über das genetische Material eines Patienten, so betreffen diese dessen ganz individuelle genetische Eigenschaften und sind als personenbezogene und persönli-

---

Art. 2, 91; Murswiek in: Sachs, GG, Art. 2, 180 f; Donner/Simon, DÖV 1990, 907 (909).

526 BVerwGE 65, 157 (160); Jarass in: Jarass/Pieroth, GG, Art. 2, 91; Donner/Simon, DÖV 1990, 907 (909); Stumper, Informationelle Selbstbestimmung und DNA-Analysen, 205 f.

527 BVerfGE 65, 1 (43); BVerfGE 78, 77 (84); BVerfGE 113, 29 (46); BVerfGE 115, 166 (188); BVerfGE 118, 168 (184); BVerfG, NJW 2001, 879 (880); Murswiek in: Sachs, GG, Art. 2, 72; Di Fabio in: Maunz/Dürig, GG, Art. 2 I, 175; Leibholz/Rinck, GG, Art. 2, 105; Jarass in: Jarass/Pieroth, GG, Art. 2, 44; auch als Recht auf die "Integrität persönlicher Daten" bezeichnet, so: Starck in: v. Mangoldt/Klein/Starck, GG, Art. 2 I, 114 ff; Lorenz in: Dolzer/Waldhoff/Graßhof, BK-GG, Art. 2 I, 328, 330; Podlech in: Denninger/Hoffmann-Riem/Schneider/Stein, AK-GG, Art. 2 I, 78; Hasskarl/Ostertag, MedR 2005, 640 (643).

528 BVerfGE 65, 1 (42); Di Fabio in: Maunz/Dürig, GG, Art. 2 I, 175; Leibholz/Rinck, GG, Art. 2, 105; Jarass in: Jarass/Pieroth, GG, Art. 2, 45.

529 Murswiek in: Sachs, GG, Art, 2, 73.

che Daten einzustufen.[530] Auch genetische Informationen sind demnach vom Schutz des Informationellen Selbstbestimmungsrechts nach Art. 2 I i.V.m. Art. 1 I GG erfasst.[531] Eine Weitergabe durch den Arzt verletzt dieses grundrechtlich geschützte Interesse des Patienten.[532]

Als weitere Ausprägung des Allgemeinen Persönlichkeitsrechts wird teilweise ein als „Persönlichkeitsrecht am eigenen Körper“[533] oder auch als „Selbstbestimmungsrecht des Patienten“[534] bezeichnetes Recht gesehen. Ein solches wird aus dem Recht auf körperliche Integrität im Zusammenspiel mit dem allgemeinen Recht auf Selbstbestimmung hergeleitet. Es basiere auf dem Grundsatz der Privatautonomie und schreibe inhaltlich vor, dass im Vorfeld einer jeden Behandlung eine ärztliche Aufklärung und eine Zustimmung des Patienten in die Behandlung erfolgen müssen.[535] Zu berücksichtigen ist allerdings, dass der Schutz der körperlichen Integrität bereits ausdrücklich durch das Grundrecht aus Art. 2 II 1 GG erfasst wird. Ein ärztlicher Heileingriff erfüllt zunächst den Tatbestand einer Körperverletzung nach § 223 StGB. § 223 StGB ist Ausfluss des im Grundgesetz garantierten Schutzes der körperlichen Unversehrtheit nach Art. 2 II GG. Die Konstruktion eines darüber hinausgehenden Schutzes des Patienten durch ein zusätzliches ungeschriebenes Persönlichkeitsrecht ist deshalb bedenklich.[536] Unabhängig jedoch davon, ob sich aus Art. 2 I i.V.m. Art. 1 I GG

---

530 so auch: Regenbogen, Ärztliche Aufklärung und Beratung in der prädiktiven genetischen Diagnostik, 95; Menzel, NJW 1989, 2041 (2042); Wellbrock, CR 1989, 204 (205).

531 so: auch: BVerfGE 103, 21 (32); BVerfG, NJW 2007, 753 (754); Starck in: v. Mangoldt/Klein/Starck, GG, Art. 2 I, 118; Donner/Simon, DÖV 1990, 907 (912); Menzel, NJW 1989, 2041 (2042); Taupitz, JZ 1992, 1089 (1098); Regenbogen, Ärztliche Aufklärung und Beratung in der prädiktiven genetischen Diagnostik, 95.

532 Teilweise wird gar von einem durch Art. 2 I i.V.m. Art. 1 I GG geschützten sog. „Geninformationellen Selbstbestimmungsrecht“ bzw. „genetischen Selbstbestimmungsrecht“ als einer Sonderform des informationellen Selbstbestimmungsrechts gesprochen, so Regenbogen, Ärztliche Aufklärung und Beratung in der prädiktiven genetischen Diagnostik, 94 f.

533 so: Lorenz in: Dolzer/Waldhoff/Graßhof, BK-GG, Art. 2 I, 301 ff.

534 so: Koppernock, Das Grundrecht auf bioethische Selbstbestimmung, 49; Regenbogen, Ärztliche Aufklärung und Beratung in der prädiktiven genetischen Diagnostik, 87.

535 Koppernock, Das Grundrecht auf bioethische Selbstbestimmung, 49; Lorenz in: Dolzer/Waldhoff/Graßhof, BK-GG, Art. 2 I, 301; dieser Grundsatz wird häufig auch mit dem aus den USA kommendem Begriff des „Informed Consent“ bezeichnet, so: Laufs in: Laufs/Uhlenbruck, Handbuch des Arztrechts, § 6, 21 ff; Regenbogen, Ärztliche Aufklärung und Beratung in der prädiktiven genetischen Diagnostik, 45 f.

536 Zustimmend: Francke, Ärztliche Berufsfreiheit und Patientenrechte, 101 ff; ablehnend: Schönke/Schröder, StGB, § 223, 31 ff; Lorenz in: Dolzer/Waldhoff/Graßhof, BK-GG,

auch ein „Persönlichkeitsrecht des Patienten am eigenen Körper“ herleiten lässt, würde ein solches lediglich dem Schutz vor einem ärztlichen Heileingriff ohne eine vorherige Einwilligung des Patienten dienen. Die hier zu untersuchenden Fallkonstellationen sind jedoch anders gelagert. Es geht nicht um den Schutz des Patienten vor einer ohne dessen Einwilligung durchgeführten ärztlichen Behandlung. Vielmehr steht die Problematik einer Weitergabe erlangter Daten gegen den Willen des Patienten im Mittelpunkt. Eine solche ungewollte Weitergabe betrifft jedenfalls nicht mehr die körperliche Integrität des Patienten und fällt daher auch ohne die Diskussion um ein „Selbstbestimmungsrecht des Patienten am eigenen Körper“ in jedem Fall ausschließlich in den Schutzbereich des Rechts auf informationelle Selbstbestimmung. Eine Konstruktion eines besonderen medizinischen Selbstbestimmungsrechts des Patienten, welches in Verbindung mit einem Eingriff in die körperliche Integrität stehen soll, ist in diesen Fällen nicht erforderlich.

Folglich findet das Interesse des Patienten auf Geheimhaltung seiner Daten in der Ausübung des Rechts auf informationelle Selbstbestimmung aus Art. 2 I i.V.m. Art. 1 I GG seinen Niederschlag.

(2) Recht eines Angehörigen auf Wissen bzw. Recht auf Kenntnis

Auf Seiten eines Angehörigen könnte aufgrund des Drittbezugs genetischer Daten ein eigenes Interesse an ihrer Kenntniserlangung zu berücksichtigen sein.

Hintergrund des Grundrechts auf informationelle Selbstbestimmung aus Art. 2 I i.V.m. Art. 1 I GG ist, dass jede Person über ein Wissen verfügen soll, welches eine hinreichend sichere Prognose darüber zulässt, welche Informationen andere über die eigene Person besitzen. Denn „wer nicht mit hinreichender Sicherheit überschauen kann, welche ihn betreffenden Informationen in bestimmten Bereichen seiner sozialen Umwelt bekannt sind, und wer das mögliche Wissen eventueller Kommunikationspartner nicht einigermaßen abzuschätzen vermag, kann in seiner Freiheit wesentlich gehemmt werden, aus eigener Selbstbestimmung zu planen und zu entscheiden.“[537] Selbst wenn bereits ein hinreichendes Maß an Unsicherheit darüber besteht, ob nicht andere Personen über ein größeres Wissen bzgl. des gesellschaftlichen Zusammenlebens, der Familie, des Freundeskreises, des Berufsleben oder auch der Gesundheit einer anderen Person verfügen, als diese selbst, ist die Entfaltung der Persönlichkeit dieser Person

Art. 2 I, 302; Regenbogen, Ärztliche Aufklärung und Beratung in der prädiktiven genetischen Diagnostik, 87.

537 so BVerfGE 65, 1 (42 f).

erheblich beeinträchtigt.[538] Nach dem Schutzzweck des Informationellen Selbstbestimmungsrechts müssen folglich auch bestimmte Kenntnisrechte zu dessen „Essentialia“ gehören.[539] Seiner Natur nach umfasst dieses daher auch ein Recht auf Wissen (auch sog. Informationsrecht) hinsichtlich aller Aspekte, die die eigene Person betreffen und einen Wissensvorsprung anderer Personen zu begründen vermögen.[540]

Genetische Daten sind als persönliche Daten im Sinne des Art. 2 I i.V.m. Art. 1 I GG einzuordnen und betreffen immer mehrere Mitglieder einer Familie. Würde nun Familienmitgliedern ihr genetisches Risiko vorenthalten, würde dies dazu führen, dass sie aufgrund der mangelnden Kenntnis keine eigene genetische Untersuchung veranlassen könnten. Der Angehörige bleibt unwissend über Eigenschaften, die seine eigene Person betreffen und anderen bekannt sind. Seine persönliche Freiheit, eigenverantwortliche Entscheidungen und Handlungen über seine Zukunft zu treffen, wäre erheblich einschränkt und seine freie Persönlichkeitsentfaltung beeinträchtigt.

Das Interesse eines Angehörigen an der Kenntnis eines familiären genetischen Risikos entspricht demnach einem als Aspekt des Rechts auf informationelle Selbstbestimmung gewährleisteten sog. Recht auf Wissen.

(3) Recht eines Angehörigen auf Nichtwissen

Neben dem Recht auf Wissen muss darüber hinaus ein Recht eines Angehörigen auf Nichtwissen Berücksichtigung finden.

Teilweise wird dieses als eine vom Recht auf informationelle Selbstbestimmung unabhängige Form des Allgemeinen Persönlichkeitsrechts eingeordnet[541]

---

538 vgl. Podlech in: Denninger/Hoffmann-Riem/Schneider/Stein, AK-GG, Art. 2 I, 45; Di Fabio in: Maunz/Dürig, GG, Art. 2 I, 175; Albers, Informationelle Selbstbestimmung, 155; Lorenz in: Dolzer/Walshoff/Graßhof, BK-GG, Art. 2 I, 328.

539 Albers, Informationelles Selbstbestimmungsrecht, 264; dazu auch BVerfGE 79, 256 (268 f), BVerfGE 90, 263 (270) und BVerfGE 96, 56 (63), BVerfG NJW 2007, 753 (754) zum Recht auf Kenntnis der eigenen Abstammung; BVerfGE 100, 313 (361) zu Auskunftsrecht; BHGZ 85, 327 (332) zu Recht auf Einsicht der Krankenakten.

540 so auch: Albers, Informationelle Selbstbestimmung, 154, 163, 264; Wellbrock, CR 1989, 204 (209); Sokol, NJW 2002, 1767 (1769); Taupitz, JZ 1992, 1089 (1099); Hofmann, Rechtsfragen der Genomanalyse, 149; Corinth, Ärztliche Schweigepflicht und kollidierende Gesundheitsinteressen Dritter, 152; Deutsche Forschungsgemeinschaft, Prädiktive genetische Diagnostik, 36; Regenbogen, Ärztliche Aufklärung und Beratung in der prädiktiven genetischen Diagnostik, 95; Hasskarl/Ostertag, MedR 2005, 640 (643).

541 so: Koppernock, Das Recht auf bioethische Selbstbestimmung, 89.

oder aus der nach Art. 1 I GG geschützten Menschenwürde[542] hergeleitet. Überwiegend jedoch wird ein solches Recht jedoch als negative Variante des Allgemeinen Persönlichkeitsrechts in Ausformung des Rechts auf informationelle Selbstbestimmung verstanden.[543]

Hintergrund dieses Rechts ist, dass ein jeder selbst darüber entscheiden soll, in wieweit er mit bestimmten, ihn möglicherweise belastenden Daten über seine eigene Person konfrontiert werden möchte.[544] Inhaltlich findet sich in dem Recht auf Nichtwissen demzufolge der Schutz desjenigen Interesses einer Person, gewisse persönliche Daten gerade nicht zu erfahren, wieder. Schon vor dem Zeitpunkt einer Datenerhebung bestehe allerdings die Möglichkeit, über eine Datenerhebung zu entscheiden. Seiner Schutzrichtung nach greift das Recht auf Nichtwissen bereits in diesem Bereich, indem es gewährleistet, Daten erst gar nicht erheben zu müssen.[545] Genauso, wie die Entfaltung der Persönlichkeit also dadurch beeinträchtigt werden kann, dass bestimmte Daten vorenthalten werden, die anderen Personen bekannt sind, kann eine Beeinträchtigung auch in Fällen gegeben sein, in denen eine Person von bestimmten persönlichen Daten erfährt, die sie gerade nicht kennen möchte. Der Persönlichkeitsschutz im Sinne des Art. 2 I i.V.m. Art. 1 I GG bietet so über ein Recht auf Wissen hinaus auch den Schutz eines Interesses auf Nichtwissen.[546]

---

542 so: Tinnefeld/Böhm, DuD 1992, 62 (63).

543 so: Enquête-Kommission „Chancen und Risiken in der Gentechnologie“, BT-Drs. 10/6775, 151; Di Fabio in: Maunz/Dürig, GG, Art. 2 I, 192; Wellbrock, CR 1989, 204 (209); Donner/Simon, DÖV 1990, 907 (912 f); Schnittler, DuD 1993, 290; Stumper, DuD 1995, 511 (514 f); Menzel, NJW 1989, 2041 (2042); Corinth, Ärztliche Schweigepflicht und kollidierende Gesundheitsinteressen Dritter, 153; Hofmann, Rechtsfragen der Genomanalyse, 48; Stumper, Informationelle Selbstbestimmung und DNA-Analysen, 133; Kienle, Prädiktive Medizin, 69; Regenbogen, Ärztliche Aufklärung und Beratung in der prädiktiven genetischen Diagnostik, 95 f; Hasskarl/Ostertag, MedR 2005, 640 (643); Schöffski, Gendiagnostik: Versicherung und esundheitswesen, 121.

544 Regenbogen, Ärztliche Aufklärung und Beratung in der prädiktiven genetischen Diagnostik, 97; Wellbrock, CR 1989, 204 (209); Tinnefeld/Böhm, DuD 1992, 62 (63); Donner/Simon, DÖV 1990, 907 (912 f); Tinnefeld, ZRP 2000, 10 (12); Steinmüller, DuD 1993, 6 (9); Menzel, NJW 1989, 2041 (2042); Wiese in: Festschrift für Niederländer, 475 (481 f); Wiese, DuD 1993, 274 (276); Präve, VersR 1992, 280 f.

545 Stumper, Informationelle Selbstbestimmung und DNA-Analysen, 122; Tinnefeld, NJW 1993, 1117 (1118); Donner/Simon, DÖV 1990, 907 (913); Tinnefeld, NJW 1993, 1117 (1118); Wellbrock, CR 1989, 204 (209).

546 Deutsche Forschungsgemeinschaft, Prädiktive genetische Tests, 36; Enquête-Kommission „Chancen und Risiken der Gentechnologie, BT-Drs. 10/6775, 151; Di Fabio in: Maunz/Dürig, GG, Art. 2 I, 192; Wellbrock, CR 1989, 204 (209); Menzel, NJW 1989, 2041 (2042); Donner/Simon, DÖV 1990, 907 (912 f); Schnittler, DuD 1993, 290;

Aufgrund des Drittbezugs genetischer Informationen ist dieses Recht im Bereich der Genetik von besonderer Relevanz. Insbesondere bei einem Vorliegen genetischer Veranlagungen, die mit großer Wahrscheinlichkeit zu einem Ausbruch einer unheilbaren Erbkrankheit führen, kann die Kenntnis einer Veranlagung erhebliche Auswirkungen auf die Psyche und die gesamte Lebenssituation eines Betroffenen haben und so dessen Lebensqualität erheblich beeinträchtigen.[547] So ist das Recht eines Einzelnen, gerade nicht mit einer später auftretenden, vielleicht sogar tödlich verlaufenden Krankheit konfrontiert zu werden, zu schützen.[548] Nicht nur die Kenntnis über eine tatsächlich vorliegende genetische Disposition, sondern bereits das Wissen um ein genetisches Risiko kann die Persönlichkeit beeinträchtigen. Der Schutzbereich des solchen Rechts auf Nichtwissen gebietet daher, dass der Schutz bereits im Vorfeld der eigentlichen Datenerhebung ansetzt, wenn es zunächst um die Übermittlung eines genetischen Risikos geht. Aus diesem Grund soll eine aktive genetische Beratung gegen den Willen eventuell Betroffener grundsätzlich verboten sein.[549]

Um auch dem Interesse eines Angehörigen gerecht zu werden, ein eigenes genetisches Risiko gerade nicht zu erfahren, muss im Rahmen der Abwägung folglich auch ein Recht auf Nichtwissen als negative Variante des Allgemeinen Persönlichkeitsrechts aus Art. 2 I i.V.m. Art. 1 I GG Berücksichtigung finden.

(4) Recht des Angehörigen auf Gesundheit bzw. Recht auf Heilung

Dadurch, dass eine Weitergabe genetischer Informationen die Möglichkeit der effektiven Prävention für den Informierten eröffnet, kommt des Weiteren dem Schutz seines Gesundheitsinteresses und so einer Betroffenheit des Schutzbereichs von Art. 2 II 1 GG Bedeutung zu.[550]

Stumper, DuD 1995, 511 (514 f); Corinth, Ärztliche Schweigepflicht und kollidierende Gesundheitsinteressen Dritter, 153; Hofmann, Rechtsfragen der Genomanalyse, 48; Stumper, Informationelle Selbstbestimmung und DNA-Analysen, 133; Kienle, Prädiktive Medizin, 69; Wiese in: Jayme ua, Festschrift für Niederländer, 484.

547 Di Fabio in: Maunz/Dürig, GG, Art. 2 I, 192; Wellbrock, CR 1989, 204 (205); Tinnefeld, NJW 1993, 1117 (1118); Kienle, Prädiktive Medizin, 67; Wiese in: Jayme ua, Festschrift für Niederländer, 481.

548 Goerdeler/Laubach, ZRP 2002, 115 (116); Donner/Simon, DÖV 1990, 907 (912); Sokol, NJW 2002, 1767 (1769).

549 Enquête-Kommission „Chancen und Risiken der Gentechnologie“, BT-Drs. 10/6775, 153; Regenbogen, Ärztliche Aufklärung und Beratung in der prädiktiven genetischen Diagnostik, 121 f, 260; Donner/Simon, DÖV 1990, 907 (913); Wellbrock, CR 1989, 204 (209); Koppernock, Das Grundrecht auf bioethische Selbstbestimmung, 90.

550 so auch: Regenbogen, Ärztliche Aufklärung und Beratung in der prädiktiven genetischen Diagnostik, 265 f; Hasskarl/Ostertag, MedR 2005, 640 (643).

Art. 2 II 1 GG schreibt den Schutz eines Gesundheitsinteresses in der Formulierung eines Rechts auf körperliche Unversehrtheit fest. Der Begriff der „Gesundheit“ ist im Einzelnen unklar. Während die WHO Gesundheit sehr weit als einen „Zustand des vollständigen körperlichen, geistigen und sozialen Wohlbefindens und nicht nur das Freisein von Krankheit und Gebrechen“ definiert, sehen andere Gesundheitsbegriffe Gesundheit lediglich als einen „Zustand des Freiseins von Krankheit“ an.[551] Der Schutz von Gesundheit nach dem sehr weiten Begriff der WHO, welcher einer Art „Glücksverheißung“[552] gleichkommen würde, kann durch das Grundgesetz nicht gewährleistet werden. Inhaltlich geschützt wird nach Art. 2 II 1 GG vielmehr die Gesundheit im biologisch-psychologischen Sinne sowie allgemein die körperliche Integrität, unabhängig davon, ob dies zu Schmerzen des Betroffenen führt. Nicht geschützt wird dagegen vor Beeinträchtigungen lediglich des allgemeinen Wohlbefindens einer Person.[553]

Hat nun ein Angehöriger in den hier relevanten Konstellationen einen genetischen Defekt, der zum Ausbruch einer Erbkrankheit führt, und kann dieser Ausbruch bei Kenntnis des genetischen Risikos durch vorbeugende Maßnahmen positiv beeinflusst werden, so wäre im Falle der Verweigerung dieser Kenntnis die Gesundheit des Angehörigen im Sinne des Art. 2 II 1 GG betroffen. An dieser Stelle ist jedoch eine Differenzierung in Bezug auf die zu untersuchenden Erbkrankheiten vorzunehmen. Lediglich bei der polyzystischen Nierenerkrankung und der Darmkrebserkrankung bestehen effektive Möglichkeiten, bei früher Kenntnis einer genetischen Veranlagung einer später auftretende Erkrankung erfolgreich entgegen zu wirken. Zweifelhaft dagegen ist die Effektivität der Vorsorgemaßnahmen bei der Brustkrebserkrankung. Einem Angehörigen mit einer Mutation für die Chorea Huntington Erkrankung stehen keine Präventionsmaßnahmen zur Verfügung. Eine Kenntnis des Risikos ist in diesen Fällen lediglich für die weitere Lebensplanung, nicht jedoch für den Erhalt der Gesundheit relevant. Schützenswertes Interesse kann demnach bei einer unheilbaren Erbkrankheit nicht das nach Art. 2 II 1 GG geschützte Interesse am Erhalt der Gesundheit sein.[554] Sind dagegen vor einem Krankheitsausbruch präventive

---

551 vgl. BGBl 1964 II, 1262; BGBl 1973 II, 1570; so auch: Di Fabio in: Maunz/Dürig, GG, Art. 2 II, 57 m.w.N.; Starck in: v. Mangoldt/Klein/Starck, GG, Art. 2 II, 193 m.w.N.

552 so: Di Fabio in: Maunz/Dürig, GG, Art. 2 II, 57.

553 BVerfGE 56, 54 (74); Murswiek in: Sachs, GG, Art. 2, 147 f; Jarass in: Jarass/Pieroth, GG, Art. 2, 83; Di Fabio in: Maunz/Dürig, GG, Art. 2 II, 55; Correll in: Denninger/Hoffmann-Riem/Schneider/Stein, AK-GG, Art. 2 II, 95.

554 so im Ergebnis auch: Regenbogen, Ärztliche Aufklärung und Beratung in der prädiktiven genetischen Diagnostik, 262.

Maßnahmen zumindest nicht ausgeschlossen, die einen solchen verzögern oder den Krankheitsverlauf mildern können, so muss ein nach Art. 2 II 1 GG schützenswertes Interesse des Angehörigen berücksichtigt werden.

Allerdings wird in den diskutierten Fällen nicht die Beschaffenheit der Körpersubstanz[555] unmittelbar verändert, sondern es werden vielmehr durch die Nicht-Mitteilung eines genetischen Risikos lediglich die Chancen auf eine Erhaltung der Gesundheit herabgesetzt. Es liegt demnach eine nur mittelbare Gesundheitsverletzung vor. Als Eingriff in die Gesundheit ist jedoch schon die Unterbindung des Zugangs zu an sich verfügbaren Therapien zu werten, wenn diese eine nicht unwesentliche Minderung des Leidens bedeuten würden.[556] In Fällen der polyzystischen Nierenerkrankung sowie auch der Darm- und Brustkrebserkrankung ist nach Ausführung des zweiten Kapitels eine Minderung des Leidens bei entsprechender Kenntnis zumindest möglich. Die fehlende direkte Einwirkung auf den Körper eines Angehörigen steht somit einer Betroffenheit dessen Gesundheitsinteresses nach Art. 2 II 1 GG nicht entgegen.

Fraglich ist jedoch weiter, wie es zu bewerten ist, dass genetische Daten lediglich ein bestimmtes Risiko hinsichtlich des Ausbruchs einer Krankheit begründen, es aber nicht zwingend zu einer Beeinträchtigung der Gesundheit kommen muss. Eine Zubilligung des Schutzes nach Art. 2 II 1 GG lediglich in Fällen, in denen eine Gesundheitsverletzung bereits eingetreten ist, würde einem effektiven Gesundheitsschutz allerdings zuwider laufen und so dem Schutzzweck der Norm nicht gerecht werden. Somit muss unter Berücksichtigung der Schutzrichtung dieses Grundrecht bereits in Fällen, in denen die Wahrscheinlichkeit, zukünftig eine Gesundheitsverletzung zu erleiden, durch eine bestimmte Handlung signifikant erhöht wird, ein Schutz des Gesundheitsinteresses nach Art. 2 II 1 GG gewährt werden.[557]

Das Interesse eines Angehörigen, möglicherweise vermeidbare krankhafte Zustände nicht erleiden zu müssen, entspricht demnach einem durch das Recht auf körperliche Unversehrtheit aus Art. 2 II 1 GG geschützten Gesundheitsinteresse. Zwar wird das Grundrecht auf Gesundheit gemeinhin nicht als Individual-

---

555 so: Murswiek in: Sachs, GG, Art. 2, 154; Di Fabio spricht von Fällen, in denen es an einer "unmittelbaren und nachweisbaren Veränderung der körperlichen Integrität" gerade fehlt, in: Maunz/Dürig, GG, Art. 2 II 63.

556 BVerfG-K, NJW 1999, 3399 (3400 f); Jarass in: Jarass/Pieroth, GG, Art. 2, 87; Murswiek in: Sachs, GG, Art. 2, 159 a; Correll in: Denninger/Hoffmann-Riem/Schneider/Stein, AK-GG, Art. 2 II, 98.

557 vgl. BVerfGE 51, 324 (346); BVerfGE 66, 39 (58); Jarass in: Jarass/Pieroth, GG, Art. 2, 90; Murswiek in: Sachs, GG, Art. 2, 161; Di Fabio in: Maunz/Dürig, GG, Art. 2 II, 63; Kunig in: v.Münch/Kunig, GG, Art. 2, 68.

anspruch eines Einzelnen angesehen, sondern ist vielmehr als gesetzgeberischer und gerichtlicher Auftrag zu verstehen, im Rahmen des Sozialstaatsprinzips aus Art. 20 I GG auch mögliche Auswirkungen auf die Gesundheit zu beachten.[558] Auch ohne einen Individualanspruch zu begründen, stellt das Gesundheitsinteresse dennoch ein grundrechtlich nach Art. 2 II GG schützenswertes Interesse dar, welches im Wege einer Interessenabwägung Berücksichtigung finden muss.[559]

(5) Recht auf Leben

Darüber hinaus könnte in Fällen, in denen eine Nicht-Mitteilung eines familiären Risikos einem Angehörigen die Möglichkeit nimmt, lebensrettende Maßnahmen der Vorsorge zu ergreifen, dessen Recht auf Leben aus Art. 2 II 1 GG betroffen sein.

Art. 2 II 1 GG schützt zunächst das Leben, d.h. jedes körperliche Dasein eines Menschen, indem sowohl die gezielte Tötung als auch solche Verhaltensweisen, die unbeabsichtigt den Tod eines Menschen herbeiführen, verboten sind.[560] Als ungewollten Eingriff in das Leben wird unter anderem auch die Verursachung tödlicher Krankheiten (wie z.B. die Verursachung von Krebs) gesehen, beispielsweise durch Umweltverschmutzung.[561] Im Unterschied zur Verursachung tödlicher Krankheiten durch Umweltverschmutzung muss allerdings in den zu untersuchenden Fällen berücksichtigt werden, dass durch die Nicht-Aufklärung über ein genetisches Risiko nicht, wie bei einer Umweltverschmutzung, ein vorher nicht bestehendes Risiko neu geschaffen wird, welches dann allein ursächlich für ein Vorliegen der Erkrankung ist. Vielmehr besteht bei einer Nicht-Mitteilung ein schon vorher existentes Risiko einer Erkrankung. Eine Vorenthaltung der Informationen wäre dann allerdings ursächlich für die Verwehrung von Therapiemaßnahmen, welche eine Lebensrettung bedeuten könnten. Eine solche Verwehrung kann mitursächlich für einen Todeseintritt sein. Fraglich ist, ob diese Mitursächlichkeit für eine Annahme einer Schutzbereichsverletzung i.S.d. Art. 2 II 1 GG genügt. Festzuhalten ist, dass in den geschilderten Fällen ein genetisches Risiko bereits ohne eine Weitergabe vorhanden ist und so durch eine Vorenthaltung von Wissen keine erstmalige Gefahr einer Er-

---

558 vgl. Ratzel in: Ratzel/Luxenburger, Handbuch Medizinrecht, § 4, 10 m.w.N.

559 so auch: Murswiek in: Sachs, GG, Art. 2, 150; Di Fabio in: Maunz/Dürig, GG, Art. 2 II, 94; Hofmann, Rechtsfragen der Genomanalyse, 149; Gretter, ZRP 1994, 24 (25 f).

560 Pieroth/Schlink, Grundrechte, 392; Murswiek in: Sachs, GG, Art. 2, 141; Fielitz in: Dreier, GG, Art. 2 II, 25.

561 Murswiek in: Sachs, GG, Art. 2, 153.

krankung geschaffen wird. Doch begründet eine Nicht-Aufklärung ein zusätzliches neues Risiko, welches über das bereits bestehende hinausgeht und bei behandelbaren Krankheiten zumindest mitursächlich für eine Gefährdung des Lebens betroffener Verwandter sein kann. Die Vorenthaltung genetischer Informationen durch den Arzt ist demnach als ein eigenständiges, von der Verursachung des Bestehens eines genetischen Risikos verschiedenes Risiko zu betrachten.

Fraglich ist zudem, ob bereits die Schaffung eines Risikos für die Eröffnung des Schutzbereichs des Art. 2 II 1 GG ausreichen kann. Effektiver Schutz durch Art. 2 II 1 GG kann jedoch nur dann gewährleistet werden, wenn der Schutzbereich des Art. 2 II 1 GG über gewollte Tötungshandlungen hinaus auch bereits das Freisein von Risiken für eine Gefährdung des Lebens erfasst.[562] Ob dann im konkreten Fall eine Grundrechtsverletzung vorliegt, muss auf Rechtfertigungsebene abgewogen werden. Eine Betroffenheit des Schutzbereichs des Grundrechts ist bei behandelbaren Krankheiten jedenfalls anzunehmen.

(6) Ergebnis

Gezeigt hat sich, dass in den zu analysierenden Konfliktsituationen auf Seiten des Patienten das Recht auf informationelle Selbstbestimmung aus Art. 2 I i.V.m. Art. 1 I GG, welches Schutz vor der unbefugten Datenweitergabe durch den Arzt bietet, im Mittelpunkt steht. Diesem stehen auf Seiten der Angehörigen das Recht auf Wissen sowie das Recht auf Nichtwissen bezüglich eines möglicherweise bestehenden eigenen genetischen Risikos gegenüber.[563] Des Weiteren ist bei bestehenden Möglichkeiten der Prävention oder der Linderung des Krankheitsverlaufs das Rechts auf Gesundheit des Angehörigen aus Art. 2 II 1 GG betroffen. In Fällen, in denen vorbeugende Maßnahmen sogar zur Lebensrettung des Angehörigen beitragen, tangiert eine Vorenthaltung der erforderlichen genetischen Informationen sogar dessen Recht auf Leben aus Art. 2 II 1 GG.

Allgemeingültige Aussagen zur Lösung solch „klassischer Konfliktsituationen“[564] zu treffen, erscheint schwierig. Eine generelle Schlussfolgerung ist an dieser Stelle nicht möglich, da die jeweils betroffenen Interessen der Beteiligten nicht uneingeschränkt grundrechtlich geschützt werden, sondern in einen ange-

---

562 BVerfGE 51, 324 (346); Jarass in: Jarass/Pieroth, GG, Art. 2, 90; Murswiek in: Sachs, GG, Art. 2, 161.

563 Taupitz, JZ 1992, 1089 (1099); Epplen/Kunstmann in: Sass/Schröder, Patientenaufklärung bei genetischem Risiko, 19.

564 so: Epplen/Kunstmann in: Sass/Schröder, Patientenaufklärung bei genetischem Risiko, 19.

messenen Ausgleich gebracht werden müssen. Diese Abwägung der kollidierenden Interessen kann mit dem grundrechtlichen Abwägungsprinzip der praktischen Konkordanz verglichen werden.[565]

Um zu einem Abwägungsergebnis zu gelangen ist es somit erforderlich, die Bedeutung der kollidierenden Interessen sowohl auf abstrakter Ebene als auch im konkreten Einzelfall herauszuarbeiten. Dazu sollen zunächst die betroffenen Rechtsgüter unter Einbeziehung des positiven Rechts (bb) und der Rechtsprechung (cc) abstrakt gewichtet werden, um im Anschluss eine Beurteilung im konkreten Einzelfall vorzunehmen (dd). Unter Berücksichtigung aller relevanten Kriterien wird abschließend festgestellt, ob ein wesentliches Überwiegen von Interessen vorliegt (ee).

bb) Abstrakte Gewichtung der betroffenen Rechtsgüter

Die Intensität des zu gewährleistenden Interessenschutzes orientiert sich zunächst an der Wertigkeit der zu schützenden Rechtsgüter.[566] Maßgeblich für eine Einschätzung des Verhältnisses der kollidierenden Interessen kann bereits die abstrakte Rangfolge der betroffenen Rechtgüter sein, wenn diese auf ein entsprechend starkes Wertgefälle der kollidierenden Güter hindeutet.[567] So ist zunächst das abstrakte Rangverhältnis der hier tangierten Rechtsgüter im Hinblick auf deren Stellenwert in der Rechtsordnung zu ermitteln.[568]

Besondere Aufmerksamkeit muss darüber hinaus der Diskussion über einen genetischen Exzeptionalismus[569] geschenkt werden. Die Annahme eines solchen nämlich könnte sich ebenfalls schon auf das abstrakte Verhältnis der Rechtsgüter und Interessen auswirken und dem Arzt bereits aufgrund der abstrakten Wertigkeit ein bestimmtes Verhalten vorschreiben.

(1) Allgemeines Rangverhältnis

Abstrakt betrachtet kollidiert das Informationelle Selbstbestimmungsrecht des Patienten mit Persönlichkeitsinteressen sowie bei präventiv therapierbaren Erkrankungen zudem mit Gesundheitsinteressen eines Angehörigen.

---

565 so auch: Regenbogen, Ärztliche Aufklärung und Beratung in der prädiktiven genetischen Diagnostik, 261.

566 BGHZ 24, 72 (80).

567 Erb, MK-StGB, § 34, 111.

568 RGSt 61, 242 (255); Neumann in: Kindhäuser/Neumann/Paeffgen, StGB, § 34, 71; Erb, MK-StGB, § 34, 109; Lenckner/Perron in: Schönke/Schröder, StGB, § 34, 23 u. 43; Hirsch, LK-StGB, § 34, 56; Küper, JZ 1980, 755 (756).

569 Begriff wird im Folgenden näher erläutert.

(a) Kollidierende Persönlichkeitsrechte

Wie das Informationelle Selbstbestimmungsrecht des Patienten entstammen auch das Recht auf Wissen bzw. Nichtwissen eines Angehörigen dem Allgemeinen Persönlichkeitsrecht aus Art. 2 I i.V.m. Art. 1 I GG und stehen abstrakt betrachtet als gleichrangige Rechte nebeneinander.[570] Obwohl das Allgemeine Persönlichkeitsrecht strafrechtlich nicht ausdrücklich geschützt ist, kommt diesem aufgrund seiner hohen verfassungsrechtlichen Stellung auch im Rahmen der Abwägung i.S.d. § 34 StGB ein erhebliches Gewicht zu.[571]

Genauso, wie jedoch eine Weitergabe dem Recht eines Angehörigen auf Wissen bzw. Kenntnis entsprechen kann, kann sie gleichsam auch eine Verletzung dessen Recht auf Nichtwissen darstellen, wenn nämlich der Angehörige seine genetischen Veranlagungen gerade nicht kennen möchte. Der Arzt kann mit seinem Verhalten niemals gleichzeitig sowohl dem Recht auf Wissen als auch dem Recht auf Nichtwissen entsprechen.[572]

Es fragt sich demnach, ob diese beiden Rechte als gleichrangig einzustufen sind oder ob ein Recht dem anderen vorgeht. Um das Verhältnis zwischen dem Recht auf Wissen und dem Recht auf Nichtwissen zu ermitteln, ist auf juristische Auslegungsmethoden zurückzugreifen und Wortlaut, Systematik, Zweck und Historie der Rechte heranzuziehen.

Dass beide Rechte dem Allgemeinen Persönlichkeitsrecht aus Art. 2 I i.V.m. Art. 1 I GG entspringen, spricht zwar systematisch für ihre rechtliche Gleichrangigkeit.[573] Schon seinem Wortlaut nach fungiert das Recht auf Nichtwissen jedoch als eine Art negative Variante des Rechts auf Wissen, so dass das Recht auf Wissen als positiv formuliertes Recht seiner Begrifflichkeit nach Grundlage für das Recht auf Nichtwissen ist. Dieses spricht für ein höheres Gewicht des Rechts auf Wissen. Für die Annahme einer Nachrangigkeit des Rechts auf Nichtwissen gerade im biomedizinischen Kontext kann – betrachtet unter einem rechtsvergleichenden Gesichtspunkt – auch die Formulierung der Biomedizin-Konvention als Auslegungshilfe auf europäischer Ebene herangezogen wer-

570 vgl.: Regenbogen, Ärztliche Aufklärung und Beratung in der prädiktiven genetischen Diagnostik, 261; Schmidtke ua, Gendiagnostik in Deutschland, 15.

571 Neumann in: Kindhäuser/Neumann/Paeffgen, StGB, § 34, 71; Günther, SK-StGB, § 34, 42.

572 Taupitz spricht in diesem Zusammenhang von einem „ambivalenten Charakter im Recht auf Wissen und im gleichermaßen bestehenden Recht auf Nichtwissen", in: JZ 1992, 1089.

573 so auch: Regenbogen, Ärztliche Aufklärung und Beratung in der prädiktiven genetischen Diagnostik, 99.

den.[574] Das Recht auf Nichtwissen soll nach dem Wortlaut des Art. 10 BMK lediglich „beachtet“ werden („The wishes of individuals not to be so informed shall be observed“) und ist so schon dem Wortlaut nach in einem stärkeren Maße beschränkbar als das Recht auf Wissen, welches als „Recht“ gewährleistet wird („Everyone is entitled to know any information collected about his or her health.“).[575] Des Weiteren setzt die Ausübung des Rechts auf Nichtwissen schon ihrem Sinn und Zweck nach immer die notwendige Erlangung eines gewissen Maßes an Wissen voraus, denn um zu wissen, was man nicht wissen will, muss man zunächst genügend wissen, um die Konsequenzen seiner Entscheidung überblicken zu können.[576] So geht der Ausübung des Rechts auf Nichtwissen die Sicherstellung des Rechts auf Wissen voraus. Bezieht man weiter die Handhabung der beiden Rechte in der Rechtsanwendung ein, so bleibt festzustellen, dass auch das Bundesverfassungsgericht eine abstrakte Höherwertigkeit des Rechts auf Wissen angenommen hat.[577] Eine juristische Auslegung führt demnach insgesamt zu der Annahme eines abstrakten Vorranges des Rechts auf Wissen gegenüber dem Recht auf Nichtwissen.

Im Bereich der Genetik können jedoch beide Rechte nicht als an sich feststehende Größen betrachtet werden, sondern bedürfen einer bereichsspezifischen Ausfüllung.[578] Gemeinhin wird im Bereich der Medizin und Genetik gerade in Fällen, in denen eine genetische Information eine prophylaktische Lebensgestaltung oder eine sonstige erfolgreiche Vorbeugung ermöglichen kann, jedoch ebenfalls dem Recht auf Wissen Vorzug eingeräumt.[579] Auch in dem hier spezifisch betroffenen Fachbereich der Humangenetik geht daher abstrakt betrachtet das Recht auf Wissen dem Recht auf Nichtwissen vor.

Obwohl beide Rechte also gleichermaßen ihren Ursprung in dem Allgemeinen Persönlichkeitsrecht haben, ist aufgrund ihres entstehungsrechtlichen und gesellschaftlichen Kontextes eine schon abstrakt bestehende Nachrangigkeit des Rechts auf Nichtwissen festzustellen.[580] Aus Sicht des Arztes ist demnach das

---

574 Nähere Erläuterungen zur Biomedizin-Konvention in Fn 467 f.

575 Convention on Human Rights and Biomedicine, ETS 164, Article 10 (http://conventions.coe.int/Treaty/en/Treaties/Word/164.doc).

576 so bei: Mieth, G+G Spezial 10/2007, 19; Damm, MedR 1999, 437 (447); Taupitz in: Hanau/Lorenz/Matthes, Festschrift für Wiese, 583 (597 ff, 602).

577 BVerfG, NJW 2007, 753 (755).

578 Regenbogen, Ärztliche Ausklärung und Beratung in der prädiktiven genetischen Diagnostik, 101.

579 Goerdeler/Laubach, ZRP 2002, 115 (116); Gretter, ZRP 1994, 27.

580 im Ergebnis so auch: Corinth, Ärztliche Schweigepflicht und kollidierende Gesundheitsinteressen Dritter, 154.

Recht eines Angehörigen auf Kenntnis des eigenen genetischen Risikos als höherrangig einzuschätzen als die Wahrung des Rechts, bestimmte belastende Informationen gerade nicht zu erfahren. Insgesamt stehen sich daher das Recht auf Wissen als stärkstes zu schützendes Persönlichkeitsrecht auf Angehörigenseite und das Recht auf informationelle Selbstbestimmung auf Seiten des Patienten als kollidierende und aus Art. 2 I i.V.m. Art. 1 I GG resultierende Rechte gleichrangig gegenüber. Dem Recht auf Nichtwissen kommt eine nachrangige Bedeutung zu.

(b) Berücksichtigung der Rechte aus Art. 2 II 1 GG

Als unbenanntes Freiheitsrecht steht das Allgemeine Persönlichkeitsrecht selbstständig neben den übrigen spezielleren Freiheitsrechten und ergänzt diejenigen „Freiheitsrechte, die ebenfalls konstituierende Elemente der Persönlichkeit schützen, nur insoweit, als Letztere keinen Schutz gewähren".[581] Im Falle behandelbarer Krankheiten stehen also auf Seiten des Angehörigen dessen Recht auf Wissen aus Art 2 I i.V.m. Art. 1 I GG sowie dessen Recht auf Leben und Gesundheit aus Art. 2 II 1 GG nebeneinander in Kollision mit dem Recht des Patienten auf informationelle Selbstbestimmung aus Art. 2 I i.V.m. Art. 1 I GG.

Sind unterschiedliche Rechtsgüter betroffen, so gehen mit Blick auf die verfassungsmäßige Werteordnung Persönlichkeitswerte Sachgütern grundsätzlich vor.[582] Dabei stellt das Rechtsgut Leben innerhalb der grundgesetzlichen Ordnung unter allen Persönlichkeitswerten einen sog. „Höchstwert" dar, gefolgt von den Rechtsgütern Gesundheit, Freiheit und sonstigen Persönlichkeitswerten.[583] Dieses grundsätzliche Rangverhältnis spiegelt auch der strafrechtliche Schutz von Rechtsgütern, insbesondere unter Berücksichtigung des jeweiligen Strafmaßes, wieder. So spricht auch der Strafrahmen der §§ 212, 211 StGB für einen überragenden Schutz des Lebens.[584] Abstufungen dieses Lebensschutzes sind

---

581 Jarass in: Jarass/Pieroth, GG, Art. 2, 40; Murswiek in: Sachs, GG, Art. 2, 138; BVerfGE 109, 279 (326); BVerfGE 115, 166 (189).

582 Neumann in: Kindhäuser/Neumann/Paeffgen, StGB, § 34, 72; Hirsch, LK-StGB, § 34, 56; Erb, MK-StGB, § 34, 110; Günther, SK-StGB, § 34, 42; Lenckner/Perron in: Schönke/Schröder, StGB, § 34, 43.

583 so: BVerfGE 46, 160 (164); BVerfGE 49, 24 (53); BVerfGE 39, 1 (42); Erb, MK-StGB, § 34, 110; Neumann in: Kindhäuser/Neumann/Paeffgen, StGB, § 34, 73; Hirsch, LK-StGB, § 34, 56; Roxin, Strafrecht AT I, 16, 29.

584 Lenckner/Perron in: Schönke/Schröder, StGB, § 34, 43; Neumann in: Kindhäuser/Neumann/Paeffgen, StGB, § 34, 71; Roxin, Strafrecht AT I, 16, 27.

unter Berücksichtigung des Strafrahmens des § 218 StGB allenfalls bei dem hier allerdings nicht in Rede stehenden Schutz vorgeburtlichen Lebens zu machen.[585]

Aufgrund der Gesamtheit aller abstrakt relevanten Faktoren sowohl im Verfassungs- als auch im einfachgesetzlichen Strafrecht ist den Rechtsgütern Leben und Gesundheit ein allen anderen Rechtsgütern, insbesondere auch dem Verschwiegenheitsinteresse, gegenüber bestehender vorrangiger Schutz zuzuerkennen.

Bei ausschließlicher Betroffenheit von Persönlichkeitsrechten auf Patienten- und Angehörigenseite stehen sich diese abstrakt betrachtet als gleichrangige Rechte gegenüber. Sind dagegen durch eine Weitergabe bzw. Nichtweitergabe genetischer Informationen durch den Arzt auch Interessen eines Angehörigen aus Art. 2 II 1 GG betroffen, so muss der Schutz dieser aufgrund seines abstrakt höheren Ranges dem Schutz der Persönlichkeitswerte des Patienten vorgehen.[586]

(2) Exzeptionalismus genetischer Daten

Besonderes Augenmerk ist darüber hinaus auf den in der Literatur vermehrt verwendeten Begriff des sog. „genetischen Exzeptionalismus“ zu richten. Kontrovers diskutiert wird sowohl auf nationaler als auch auf internationaler Ebene, ob genetischen Informationen aufgrund ihrer besonderen Eigenschaften eine Sonderstellung zukommt, und sich die Diagnostik genetisch bedingter Krankheiten derart von der Diagnostik anderer Krankheiten unterscheidet, dass man von einem „genetischen Exzeptionalismus“ sprechen kann.[587]

In der Konsequenz nämlich könnten genetische Daten aufgrund ihrer Eigenschaften einen über den durch das Recht auf informationelle Selbstbestimmung gewährten relativen Schutz hinausgehenden besonderen Schutz beanspruchen, wenn ihre Sonderstellung soweit reichen würde, dass sie regelmäßig als Teil des „Kernbereichs der menschlichen Persönlichkeit“[588] anzusehen wären. Eine solche Einordnung würde einen absoluten Schutz genetischer Informationen erfordern und eine Einschränkung des Patienteninteresses an der Geheimhaltung seiner Informationen durch den Arzt in keiner Weise rechtfertigen.

---

585 RGSt 61, 242 (255); Neumann in: Kindhäuser/Neumann/Paeffgen, StGB, § 34, 71; Roxin, Strafrecht AT I, 16, 27; (a.A. Günther, SK-StGB, § 34, 42); aus grundrechtlicher Sicht: Fielitz in: Dreier, GG, Art. 2 II, 61.

586 so auch: BGH, JR 1984, 293.

587 Sokol, NJW 2002, 1767 (1768); Schmidtke ua, Gendiagnostik in Deutschland, 14; Damm, MedR 2008, 535; Damm/König, MedR 2008, 62 ff m.w.N.

588 so: Brändle/Reschke/Wolff in: Schmidtke ua, Gendiagnostik in Deutschland, 140.

(a) Ansätze in Literatur und Gesetzgebung

Es existiert keine einheitliche Definition des sog. „genetischen Exzeptionalismus“. Grundlage für die Schaffung dieses Begriffes war die Überlegung, dass genetische Informationen sensible Informationen sind, die persönliche, nicht abänderbare Informationen über ein Individuum und auch dessen Verwandte enthalten und so einer besonderen rechtlichen Behandlung bedürfen.[589]

Aufgrund dieser besonderen Eigenschaften nämlich sehen Stimmen in der Literatur eine erhöhte Gefahr der Verletzung von Persönlichkeitsrechten der Betroffenen und ein erhebliches Diskriminierungspotential im gesellschaftlichen sowie sozialen Leben. Aus diesem Grund fordern sie eine eigenständige gesetzliche Regelung dieses sensiblen Bereichs.[590]

Mehrheitlich werden jedoch genetische Informationen in der Literatur gerade in jüngerer Zeit als nicht hinreichend verschieden von anderen sensiblen medizinischen Informationen angesehen und ein „genetischer Exzeptionalismus“ abgelehnt.[591] Insbesondere vermöge das Argument des besonderen Diskriminierungspotentials genetischer Daten nicht zu überzeugen, denn dieses beschränke sich nicht auf genetische Informationen, sondern sei vielmehr auf alle sensiblen medizinischen Informationen übertragbar. Zudem bezögen sich genetische Informationen immer nur auf Teilaspekte eines Individuums und ließen mit Blick auf genetisch bedingte Krankheiten nur Wahrscheinlichkeitsprognosen zu. Des Weiteren seien genetische Veranlagungen zwar nicht zu verändern, jedoch deren klinische Symptome im Zuge des medizinischen Fortschritts teilweise bereits behandelbar.[592] So wird sogar von Vertretern, die eine Sonderstellung genetischer Daten annehmen, vor einer Überschätzung des Aussagegehalts dieser In-

---

589 Deutsche Forschungsgemeinschaft, Prädiktive genetische Diagnostik, 34 f; Werth/Nippert/Wolff in: Sass/Schröder, Patientenaufklärung, 79 (87); Brändle/Reschke/ Wolff in: Schmidtke ua, Gendiagnostik in Deutschland, 132 f m.w.N.

590 vgl. Kiehntopf ua, Dt. Ärztebl. 2008, 105 (15): A 776-7; Brändle/Reschke/Wolff in: Schmidtke ua, Gendiagnostik in Deutschland, 133 m.w.N.

591 Hucho in: Friedrich-Ebert-Stiftung, Anforderungen an ein Gendiagnostik-Gesetz, 32 f; Brändle/Reschke/Wolff in: Schmidtke ua, Gendiagnostik in Deutschland, 125, 140; Damm/König, MedR 2008, 62 (63); European Commission, Report of The Independant Expert Group “Ethical, legal and social aspects of genetic testing: research, development and clinical applications”, Brüssel 2004, 34 ff, http://ec.europa.eu/research/conferences/2004/genetic/pdf/report_en.pdf; Schröder, Bundesgesundheitsblatt 2006, 1219 (1223); zweifelnd auch: Kiehntopf/Pagel, MedR 2008, 344 (346 f).

592 Propping in: Friedrich-Ebert-Stiftung, Anforderungen an ein Gendiagnostik-Gesetz, 10; Brändle/Reschke/Wolff in: Schmidtke ua, Gendiagnostik in Deutschland, 134.

formationen gewarnt.[593] Mangels einer eindeutigen scharfen Abgrenzung zwischen genetischen und nicht- genetischen medizinischen Informationen könne genetischen Daten demnach keine Sonderstellung zukommen. Die Annahme eines „genetischen Exzeptionalismus" sei daher abzulehnen.

Doch wie ist es zu beurteilen, dass auch Stimmen, die einem „genetischen Exzeptionalismus" kritisch gegenüberstehen, eine Regelung auf dem Gebiet der Gendiagnostik fordern[594] und im April des Jahres 2009 sogar ein Gendiagnostikgesetz (GenDG) verabschiedet wurde, welches den Umgang mit genetischen Daten explizit regelt? Die dem GenDG zugrunde liegende Entwurfbegründung geht ausdrücklich „von der Besonderheit genetischer Daten aus".[595] Diese begründe sich durch ihre Bedeutung über einen langen Zeitraum, ihr hohes prädikative Potential und ihre Unveränderbarkeit sowie ihre Aussagekraft auch in Bezug auf Verwandte. Die mit einer genetischen Diagnose zusätzlich einhergehende Gefahr sozialer, ethnischer und eugenischer Diskriminierung erfordere eine spezifische Regelung der Materie.[596] Somit billigt die Gesetzgebung mit dem Erlass eines Gendiagnostikgesetzes genetischen Informationen ebenfalls eine regelungsbedürftige Sonderstellung zu, ohne jedoch explizit von einem „genetischen Exzeptionalismus" zu sprechen.

(b) Eigene Stellungnahme

Zu klären bleibt, ob nun, insbesondere aufgrund der Schaffung einer gesetzlichen Regelung, ein Exzeptionalismus genetischer Daten anzunehmen ist bzw. wie eine solche gesetzliche Regelung vor dem Hintergrund einer Sonderstellung genetischer Daten zu beurteilen ist.

Zweifellos besitzen genetische Informationen die bereits dargestellten spezifischen Eigenschaften, welche sie von anderen Informationen unterscheiden. Jedoch begründen alleine diese Eigenschaften noch keinen sog. „genetischen Exzeptionalismus". Vielmehr muss berücksichtigt werden, dass auch nichtgenetische Informationen eine Bedeutung über einen erheblichen Zeitraum haben können. Darüber hinaus kann auch diesen Informationen eine hohe Aussagekraft zukommen, welche oftmals sogar über den prädiktiven Charakter genetischer Informationen hinausgeht. Dem Fingerabdruck einer Person beispielswei-

593 vgl. Schmidtke in: Winter/Fenger/Schreiber, Genmedizin und Recht, 1073.

594 Gen-ethisches Netzwerk, Stellungnahme zum GenDG-E, 1; Bundesärztekammer, Stellungnahme zum GenDG (BT-Drs. 16/10532), 1; Deutscher Juristinnenbund, Stellungnahme zum GenDG-E, 1; Duttge, Kurzstellungnahme zum GenDG-E (BT-Drs. 16/3233), 1 f.

595 Gesetzesentwurf der Bundesregierung zum GenDG, BT-Drs. 16/10532, 25.

596 Gesetzesentwurf der Bundesregierung zum GenDG, BT-Drs. 16/10532, 25 f.

se kommt als nicht genetische Information eine Bedeutung auf Lebenszeit zu, da sich dieser während des gesamten Lebens nicht verändert. Wird bei einer Person eine HIV- oder Hepatitis-Infektion festgestellt, so lassen auch diese virologischen Diagnosen eine nicht nur vage Aussage über eine zukünftige Erkrankung des Betroffenen zu.[597]

Ein sog. „genetischer Exzeptionalismus" ist aufgrund dessen meiner Ansicht nach nicht anzuerkennen.

Scheinbar widersprüchlich wirken daher die Forderungen nach einer gesetzlichen Regelung in der Gendiagnostik aufgrund der besonderen Eigenschaften genetischer Daten bei einer gleichzeitigen Ablehnung eines „genetischen Exzeptionalismus".[598] Bedacht werden muss jedoch, dass sich die Kritik an dem neuen Gesetz nicht darauf bezieht, dass überhaupt einen Regelung zur Gendiagnostik getroffen wurde, sondern vielmehr darauf, dass ausschließlich eine bestimmte Untersuchungsmethode, nämlich die genetische Untersuchungsmethode, nicht aber nicht-genetische Methoden, mit denen vergleichbare Gefahren einhergehen können, geregelt werden. Dies wird als Ungleichbehandlung verstanden.[599] Die Befürwortung einer gesetzlichen Regelung kann unter diesem Argumentationsaspekt daher nicht als Zustimmung zu einem „genetischen Exzeptionalismus" gewertet werden. Zu erwarten ist vielmehr, dass in naher Zukunft vermehrt Forderungen nach einer gesetzlichen Regelung laut werden, welche sich auch auf den Umgang mit nicht-genetischen Informationen mit prädiktivem Charakter bezieht.[600]

Unter diesem Aspekt muss auch die Formulierung der „Besonderheit genetischer Daten" in der Entwurfbegründung zum GenDG gesehen werden. Die Tatsache, dass hier der Begriff des „genetischen Exzeptionalismus" vermieden wurde und lediglich von der „Besonderheit genetischer Daten" gesprochen wird, ist meines Erachtens als Anhaltspunkt dafür zu werten, dass genetische Daten eben nicht als „einzigartig", sondern als lediglich „besonders" eingestuft wer-

597 Bsp. nach Bundesärztekammer, Stellungnahme zu GenDG (BT-Drs. 16/10532), 3; Kiehntopf ua, Dt. Ärztebl. 2008, 105 (15): A 776-7; Kiehntopf/Pagel, MedR 2008, 344 (347); Schröder, Bundesgesundheitsblatt 2006, 1219 (1222).

598 Diesen Standpunkt vertretend: Bundesärztekammer, Stellungnahme zum GenDG-E (BT-Drs. 16/10532), 1, 3; Gen-ethisches Netzwerk, Stellungnahme zum GenDG-E, 11 f; vgl. auch: Kiehntopf/Pagel, MedR 2004, 344 (346 ff); Nationaler Ethikrat, Prädiktive Gesundheitsinformationen bei Einstellungsuntersuchungen, 47 ff.

599 Bundesärztekammer, Stellungnahme zum GenDG (BT-Drs. 16/10532), 3; sinngemäß so auch: Schröder, Bundesgesundheitsblatt 2006, 1219 (1223).

600 eine solche Forderung nach einem „Diagnostikgesetz" in etwa bereits bei Kiehntopf ua, Dt. Ärztebl. 2008, 105(15): A 776-7.

den. „Besonders" können jedoch auch nicht genetische Informationen mit entsprechenden „besonderen" Eigenschaften sein. Durch die Wertung in der Wahl der Begriffe im Rahmen des Gesetzgebungsprozesses behält sich der Gesetzgeber die Möglichkeit vor, die Verwendung nicht-genetischer „besonderer" Informationen zukünftig ebenfalls gesetzlich zu regeln. Dies führt zu dem Schluss, dass trotz der Formulierung „Besonderheit genetischer Daten" in der Entwurfsbegründung mit dem Erlass des GenDG nicht von einem „genetischen Exzeptionalismus" auszugehen ist. Vielmehr bedeuten die erlassenen gesetzlichen Bestimmungen lediglich einen ersten Schritt in Richtung der Regelung eines sensiblen, die Persönlichkeit betreffenden Bereichs, welchen weitere Regelungen auch in Bezug auf nicht-genetische prädiktive Informationen folgen werden.

Fraglich ist allerdings, ob die durch die Gesetzgebung eingeräumte „Besonderheit" genetischer Informationen so weit reicht, dass diese schlechthin als Teil des unantastbaren Kerns der Persönlichkeitssphäre gesehen werden können. Jedoch wird im Zusammenhang mit der Notwendigkeit einer gesetzlichen Regelung der Gendiagnostik eine uneingeschränkte Zugehörigkeit genetischer Informationen zum Kernbereich der Persönlichkeit nicht in Erwägung gezogen. Eine derartige Betroffenheit des absoluten Kernbereichs der Persönlichkeit wurde nicht einmal bei höchstpersönlichen Tagebuchaufzeichnungen angenommen, welche über persönliche tatsächliche Gegebenheiten hinaus sogar intimste Gedanken und Stimmungen eines Individuums enthalten.[601] Zudem wird es niemals möglich sein, die gesamte Persönlichkeit genomisch zu bestimmen.[602] Anhaltspunkte dafür, dass genetische Daten aufgrund ihrer besonderen tatsächlichen Charakteristika schlechthin dem innersten Kern der Persönlichkeit zuzuordnen sind, sind m.E. daher nicht ersichtlich.

(3) Ergebnis

Festzuhalten bleibt, dass bei einer ausschließlichen Betroffenheit von Persönlichkeitswerten weder das abstrakte Rangverhältnis der durch eine Weitergabe betroffenen Rechtsgüter noch die Diskussion über einen im Ergebnis abzulehnenden „genetischen Exzeptionalismus" Aufschluss über ein Überwiegen eines Interesses geben kann. Sind jedoch darüber hinaus die Rechtsgüter Leben bzw. Gesundheit eines Angehörigen betroffen, so geht der Schutz dieser Güter abstrakt betrachtet dem Schutz der Persönlichkeitswerte des Patienten vor. Ob sich diese ersten Anhaltspunkte für ein Überwiegen der Interessen des Angehörigen

601 BVerfGE 80, 367 (374 ff).
602 vgl. Schröder, Bundesgesundheitsblatt 2006, 1219 (1222).

jedoch auch im konkreten Fall bestätigen, muss unter Berücksichtigung weiterer Umstände ermittelt werden.

cc) Vergleich mit abstrakter Gewichtung der Rechtsgüter in Parallelfällen

Zur Findung eines Ergebnisses können des Weiteren die Entwicklungen in der Rechtsprechung dienen. Zwar hat sich die Rechtsprechung bislang noch nicht mit der hier diskutierten Problematik beschäftigt, jedoch sind bereits Entscheidungen zu anderen Fällen einer Datenoffenbarung durch den Arzt zum Gesundheits- bzw. Lebensschutz Dritter ergangen. So wurde etwa über die Weitergabe persönlicher Patientendaten bzgl. des Vorliegens einer HIV-Infektion, einer Syphilis-Erkrankung, einer Hepatitis C-Erkrankung sowie einer Schizophrenie geurteilt. In all diesen Fällen liegt ebenfalls eine Kollision des Verschwiegenheitsinteresses eines Patienten mit Lebens- bzw. Gesundheitsinteressen Dritter vor. Herauszustellen ist, ob die schon durch die Rechtsprechung entschiedenen Fälle mit den Situationen aus der Genetik vergleichbar sind und so die Entscheidungskriterien, die die Rechtsprechung zur Güterabwägung herangezogen hat, auch im Rahmen dieser Arbeit als Auslegungskriterien herangezogen werden können.

(1) HIV-Rspr.

In der Literatur wurde bereits mehrfach ein solcher Vergleich zu den Fällen einer Informationsweitergabe bei einer HIV-Erkrankung angestellt.[603] Allerdings ist die HIV-Erkrankung eine Infektionskrankheit, die, anders als eine Erbkrankheit, nicht aufgrund einer ohnehin schon vorliegenden Veranlagung eintritt, so dass ein Vergleich der Erkrankungen zunächst fraglich scheint.

Gegen eine Vergleichbarkeit spricht, dass Erbkrankheiten gerade nicht während des Lebens durch Ansteckung „erworben" werden und so keine den Infektionskrankheiten vergleichbare Ansteckungsgefahr entsteht. Eine genetische Veranlagung besteht vielmehr unabhängig von einem konkret gefährdenden Verhalten einer anderen Person. Während also bei einer Infektionskrankheit ein Verhalten eines Dritten (d.h. eine Ansteckung) alleine ursächlich für das Auftreten der Erkrankung ist, kann bei einer Erbkrankheit aufgrund der bereits von Geburt an vorliegenden genetischen Disposition, auch bei einer Vorenthaltung einer diesbezüglichen Kenntnis, lediglich von einer Mitursächlichkeit in Bezug auf einen Krankheitsausbruch gesprochen werden.

---

603 so beispielsweise Damm, MedR 1999, 437 (445); Henn, Zeitschrift für medizinische Ethik 2002, 343 (348); Taupitz in: Hanau/Lorenz/Matthes, Festschrift für Wiese, 583 (584 ff); Schröder, Bundesgesundheitsblatt 2006, 1219 (1220).

Jedoch muss andererseits berücksichtigt werden, dass sowohl bei Infektionskrankheiten als auch beim Vorliegen genetischer Dispositionen für eine Erbkrankheit eine Vorenthaltung der relevanten Informationen zu einem gesteigerten Risiko einer Gesundheits- bzw. Lebensgefährdung eines Dritten führen kann. Diese gleichartige Gefahr eigenen Ursprungs, die jeweils durch die Vorenthaltung der entsprechenden Informationen entsteht, spricht für eine Vergleichbarkeit der genannten Fälle. Zudem können beide Krankheitsformen durch präventive Maßnahmen positiv beeinflusst werden. Dass bei beiden Krankheitsformen Gesundheitsgefahren durch eine Vorenthaltung entsprechender Informationen gesteigert werden, stellt eine grundlegende Gemeinsamkeit der Infektionskrankheiten und der genetischen Krankheiten dar. Die Argumentationskriterien, die die Rechtsprechung bei der Offenbarung von Infektionskrankheiten an Dritte hinsichtlich einer Verletzung der Schweigepflicht herangezogen hat, können somit auch als Argumentationsstütze bei der Beurteilung einer Weitergabe genetischer Daten dienen.

(a) Entscheidung des Oberlandesgerichts Frankfurt a.M. (1999)

In Jahre 1999 entschied das Oberlandesgericht Frankfurt über das Begehren einer Lebenspartnerin eines am Aids-Virus erkrankten Patienten auf Schadensersatz und Schmerzensgeld.[604]

(aa) Sachverhalt und Konfliktsituation des Arztes

Der Arzt hatte hier die Klägerin und Lebenspartnerin eines an HIV erkrankten Patienten nicht über dessen Erkrankung informiert, was dann zu einer Ansteckung der Klägerin durch ungeschützten sexuellen Kontakt mit dem Patienten geführt hat.

Der Arzt befand sich ebenfalls in einem Konflikt mit seiner Verschwiegenheitspflicht gegenüber dem erkrankten Patienten und dem Gebot, alles zum Wohle der Gesundheit einer dritten Person zu unternehmen. Trotz vorheriger Aufklärung über die Bedeutung einer Inkenntnissetzung für die Klägerin, zeigte sich der Patient auch hier uneinsichtig.[605] Als weitere Parallele zu den Situationen aus der Genetik ist die Tatsache zu sehen, dass auch bei der HIV-Infizierung in Form einer sog. „Kombinationstherapie“ eine Möglichkeit der Vorsorge besteht, welche jedoch ohne vorherige Aufklärung über das Bestehen einer Infizie-

---

604 OLG Frankfurt a.M., NJW 2000, 875 ff (auch abgedruckt in: NStZ 2001, 150 ff; MedR 2001, 196 ff).

605 vgl. OLG Frankfurt a.M., NJW 2000, 875 (876).

rung ungenutzt bleibt.[606] Sowohl eine Erbkrankheit als auch eine HIV-Infektion kann nach dem Ausbruch der Erkrankung tödlich verlaufen. Sachverhalt und Konfliktsituation dieser Entscheidung sind demnach mit den Konstellationen der behandelbaren Erbkrankheiten vergleichbar.

(bb) Entscheidungskriterien

Nachdem das Landgericht Wiesbaden die Klage abgewiesen hat, wurde durch das Oberlandesgericht Frankfurt im Revisionsverfahren zwar mangels hinreichender Aussicht auf Erfolg eines zivilrechtlichen Anspruchs die Gewährung von Prozesskostenhilfe verweigert. Jedoch wurde festgestellt, dass eine Weitergabe der entsprechenden Daten an die Klägerin wegen eines Überwiegens der Klägerinneninteressen nach § 34 StGB nicht gegen § 203 StGB verstoßen hätte. Als Begründung für eine derartige Rechtfertigung wurde ebenfalls das Überwiegen der Rechtsgüter Gesundheit und Leben gegenüber dem beeinträchtigten Interesse des betroffenen Patienten an der Verschwiegenheit des Arztes angeführt.[607] Auch könne der psychische Ausnahmezustand, in dem sich der Patient, der gerade erst von seiner eigenen Krankheit erfahren hat, befand, einer sofortigen Benachrichtigung gefährdeter Dritter nicht im Wege stehen.[608] Da sich auch die Klägerin in Behandlung des gleichen Arztes befand, geht das Oberlandesgericht Frankfurt darüber hinaus von einer Garantenstellung des Arztes gegenüber der Klägerin aus und nimmt sogar eine Pflicht des Arztes zur Aufklärung an.[609]

(b) Entscheidung des Landgerichts Braunschweig (1989)

Ebenfalls mit der Thematik des Bruchs der ärztlichen Schweigepflicht bzw. mit einer eventuellen Rechtfertigung ärztlichen Handelns nach § 34 StGB sah sich das Landgericht Braunschweig im Jahre 1989 konfrontiert.[610]

(aa) Sachverhalt und Konfliktsituation des Arztes

Nachdem der Kläger wegen eines Unfalls in ein Krankenhaus eingeliefert wurde, in welchem er auch selbst als Krankenpfleger beschäftigt ist, wurden bei ihm routinemäßig verschiedene Blutuntersuchungen, unter anderem ein HIV-Test, durchgeführt. Da sich dieser Test als positiv erwies, setzte der behandelnde Arzt

---

606 so: OLG Frankfurt a.M., NJW 2000, 875 f.
607 OLG Frankfurt a.M., NJW 2000, 875 (876).
608 so: OLG Frankfurt a.M., NJW 2000, 875 (877).
609 OLG Frankfurt a.M., NJW 2000, 875 (876).
610 LG Braunschweig, NJW 1990, 770 ff.

den Dienstvorgesetzten des Klägers hierüber in Kenntnis, ohne vorher das Testergebnis dem Kläger selbst überhaupt mitgeteilt zu haben.[611]

Das Gericht hatte im Rahmen der Beurteilung eines Schmerzensgeldanspruchs unter anderem über einen Verstoß gegen die ärztliche Schweigepflicht zu entscheiden. Wie im Falle der Offenbarung genetischer Daten geht es auch in diesem Fall um eine Offenbarung persönlicher Krankheitsdaten eines Patienten zum Gesundheitsschutz Dritter. Ein Unterschied zu der diskutierten genetischen Problematik besteht jedoch darin, dass eine Mitteilung der Informationen an den Dienstherrn nicht gegen den ausdrücklichen Willen des Klägers, sondern mangels Kenntnis des Klägers selbst, vielmehr ganz ohne dessen Willen erfolgte. Im Übrigen sind die Situationen aufgrund der Schwere der jeweiligen Erkrankungen und des jeweils verfolgten Ziels des Gesundheitsschutzes Dritter miteinander vergleichbar.

(bb) Entscheidungskriterien

Hinsichtlich einer Verletzung der ärztlichen Schweigepflicht durch den behandelnden Arzt urteilte das Landgericht Braunschweig, dass eine solche Verletzung in dem geschilderten Fall vorliege.[612] Eine Rechtfertigung des ärztlichen Handelns nach § 34 StGB scheide aus, weil der Arzt vor einer Benachrichtigung des Dienstvorgesetzten den Kläger zunächst über den Befund hätte informieren müssen, um diesem die Möglichkeit einzuräumen, seinen Vorgesetzten selbst das Testergebnis mitzuteilen. § 34 StGB erfordere, dass der Arzt keine andere Möglichkeit als einen Bruch der Schweigepflicht sehe, um eine gegenwärtige Gefahr von höherwertigen Rechtsgütern abzuwenden. Hier hätte jedoch der Kläger bei entsprechender Kenntnis zunächst selbst tätig werden können.[613] Dieses Versäumnis der Inkenntnissetzung begründet unabhängig von einer Abwägung der widerstreitenden Interessen bereits eine Schweigepflichtverletzung und steht somit der hier durchgeführten Untersuchung nicht entgegen.

(2) Andere Erkrankungen

Vergleichbare Konfliktsituationen für den Arzt können sich jedoch nicht ausschließlich bei HIV-Erkrankungen ergeben. So ergingen auch in Bezug auf andere Infektionskrankheiten wie Syphilis und Hepatitis C und die psychische Erkrankung der Schizophrenie gerichtliche Entscheidungen über eine Rechtfertigung des Arztes im Falle einer Inkenntnissetzung Dritter. Im Rahmen der Ab-

---

611 vgl. LG Braunschweig, NJW 1990, 770.

612 LG Braunschweig, NJW 1990, 770 (771).

613 so: LG Braunschweig, NJW 1990, 770 (771).

wägung standen sich bei diesen Entscheidungen ebenfalls das Verschwiegenheitsinteresse eines Patienten und Gesundheitsinteressen Dritter gegenüber, welches eine Bezugnahme auch auf diese Urteile gebietet.

(a) Syphilis

So hatte das Reichsgericht bereits im Jahre 1903 über die Reichweite der ärztlichen Schweigepflicht bei der Mitteilung einer bestehenden Syphilis-Erkrankung an einen Angehörigen eines erkrankten Patienten zu befinden.[614]

(aa) Sachverhalt und Konfliktsituation des Arztes

Es wurde in der Sache darüber gestritten, ob ein Arzt als Zeuge zu der Frage vernommen werden darf, ob sich ein Patient aufgrund einer Syphilis-Erkrankung zu einer bestimmten Zeit in Behandlung befand.[615] Zwar geht aus dem Sachverhalt zunächst nicht hervor, dass eine Weitergabe zu Schutz von Gesundheitsinteressen Dritter erfolgen soll, jedoch äußert sich das Reichsgericht in seinen Entscheidungsgründen auch hinsichtlich der abstrakten Wertigkeit kollidierender Interessen im Rahmen der Abwägung nach § 34 StGB, was zu einer Darstellung der Entscheidung an dieser Stelle veranlasst.

(bb) Entscheidungskriterien

Nachdem nämlich das Oberlandesgericht München zunächst eine Aussagepflicht des Arztes angenommen hat, hat das Reichsgericht im Beschwerdeverfahren eine solche abgelehnt und befunden, dass der Arzt eben durch eine solche Aussage gegen die Schweigepflicht verstoße. Nach Ansicht des Reichsgerichts könne eine Offenbarung aufgrund besonderer Umstände, welche die Erfüllung einer höheren Pflicht erfordern, gerechtfertigt sein.[616] Doch sollte eine Mitteilung durch den Arzt im konkreten Fall lediglich dazu dienen, dem erkrankten Patienten einen Ehebruch nachzuweisen. Dieses stelle keine im Rahmen einer Rechtfertigung zu fordernde höhere sittliche Pflicht gegenüber der Verschwiegenheitspflicht des Arztes dar.[617] Indem es im Gegensatz dazu von einer Rechtfertigung spricht, „um eine Ansteckung [der Ehefrau] nach Möglichkeit zu verhindern", benennt das Reichsgericht als solch höhere Pflicht ausdrücklich die Wahrung der Gesundheit Dritter.[618]

---

614 RGZ 53, 315 ff; RGZ 38, 62 ff.
615 RGZ 53, 315 ff.
616 RGZ 53, 315 (316 f).
617 RGZ 53, 315 (317).
618 RGZ 53, 315 (317).

(b) Hepatitis C

In einer jüngeren Entscheidung aus dem Jahre 1997 nahm das Oberlandesgericht München unter anderem Stellung zu der Frage, ob eine Befugnis bzw. eine Pflicht des Arztes besteht, eine gefährdete dritte Person über das Vorliegen einer Hepatitis C Erkrankung eines Patienten aufzuklären.[619]

(aa) Sachverhalt und Konfliktsituation

Nachdem sich herausgestellt hatte, dass auch die Tochter einer an Hepatitis C erkrankten Patientin hieran erkrankt ist, verklagt diese die behandelnden Ärzte sowie das Klinikum Passau auf Zahlung von Schmerzensgeld und Erstattung zukünftig anfallender Behandlungskosten. Die Mutter der Klägerin litt an einer Nierenerkrankung und musste sich regelmäßig der Dialyse unterziehen. Bei einem solchen Vorgang wurde das Hepatitis C Virus festgestellt. Jedenfalls eine Aufklärung der Klägerin, die ihre Mutter zu Hause gepflegt und ihr Spritzen verabreicht hat, ist unstreitig nicht erfolgt.[620] Es geht daher ebenfalls um eine schwere Krankheit einer Patientin, die aufgrund der bestehenden Ansteckungsgefahr eine erhebliche Gesundheitsgefährdung für Dritte bedeutet und durch eine Aufklärung der Klägerin möglicherweise hätte verhindert werden können. Wie auch im Falle der genetischen Erkrankungen steht hier eine Mitteilung zum Gesundheitsschutz Dritter im Raum. Zwar geht es in den Konstellationen aus der Genetik nicht um die Frage einer Pflicht zur Aufklärung, sondern lediglich um die Frage des Bestehens einer Befugnis, jedoch äußert sich das Oberlandesgericht in seinen Entscheidungsgründen auch bezüglich einer rechtlichen Einordnung einer solchen Aufklärungsbefugnis zum Gesundheitsschutz.

(bb) Entscheidungskriterien

Nachdem das Landgericht Passau die Klage abgewiesen hat und die Klägerin ihr Begehren weiter verfolgte, hat schließlich auch das Oberlandesgericht München eine ärztliche Aufklärungspflicht gegenüber der Klägerin abgelehnt und die zulässige Berufung zurückgewiesen. Eine Ausklärungspflicht könne lediglich in Ausnahmesituationen angenommen werden, wenn „zu erkennen ist, dass ein Patient aufgrund seiner geistigen Fähigkeiten nicht in der Lage ist, Tragweite der Erkrankung und deren Bedeutung für das Umfeld [...] richtig einzuschätzen", was in Bezug auf die erkrankte Mutter jedoch abzulehnen gewesen sei.[621] Zur

---

619 OLG München, Urteil v. 18.12.1997, Az: 1 U 5625/95 (Urteil wurde nicht veröffentlicht).

620 OLG München, Urteil v. 18.12.1997, Az: 1 U 5625/95, 4.

621 OLG München, Urteil v. 18.12.1997, Az: 1 U 5625/95, 13 f.

Befugnis einer Aufklärung führt das Oberlandesgericht aus, dass eine solche dem Arzt einzuräumen sei, soweit es um den „Schutz von Leben und Gesundheit akut gefährdeter Dritter“ gehe.[622]

(c) Schizophrenie

Im Jahre 1968 befasste sich auch der Bundesgerichtshof mit einer Rechtfertigung eines Verstoßes gegen die ärztliche Schweigepflicht nach § 34 StGB. Im Mittelpunkt dieser Entscheidung stand die psychische Störung der Schizophrenie.[623]

(aa) Sachverhalt und Konfliktsituation des Arztes

Zu befinden war über das Begehren einer Klägerin, die an Schizophrenie erkrankt war, auf Rücknahme einer Diagnosebehauptung, Schadensersatz sowie Schmerzensgeld. Der beklagte Arzt hatte sich, nachdem er die Diagnose der Schizophrenie bei seiner Patientin gestellt hatte, auf Nachfrage des Kraftverkehrsamtes, ob bei der Patientin Gründe für die Entziehung der Fahrerlaubnis gegeben seien, zunächst auf seine grundsätzliche ärztliche Schweigepflicht berufen. Dann teilte er jedoch „mit Rücksicht auf das zu wahrende höhere Rechtsgut (öffentliche Verkehrssicherheit)“ der Behörde mit, „dass der krankhafte Zustand der [Klägerin] die Führung eines Kraftfahrzeugs als nicht verantwortbar erscheinen lässt“.[624] Wie bei den Fällen der Weitergabe genetischer Daten entspricht eine Weitergabe durch den Arzt nicht dem Patientenwillen und erfolgt zudem zum Gesundheitsschutz Dritter, nämlich der anderen Verkehrsteilnehmer.[625]

(bb) Entscheidungskriterien

Nachdem das Berufungsgericht davon ausgegangen ist, dass der Beklagte seine Schweigepflicht mehrfach verletzt habe und die Klage daher zumindest teilweise begründet sei, hat der Bundesgerichtshof im nachfolgenden Revisionsverfahren eine solche Verletzung abgelehnt und das ursprüngliche landgerichtliche Urteil wieder hergestellt. Als Begründung hierfür führt er an, dass die Schweigepflicht nach den Grundsätzen der widerstreitenden Interessen gebrochen werden könne, wenn dies „zur Wahrung eines höherwertigen Rechtsguts erforderlich [sei], und der Widerstreit der rechtlich geschützten Güter nur durch die Preisga-

---

622 OLG München, Urteil v. 18.12.1997, Az: 1 U 5625/95, 13.

623 BGH, NJW 1968, 2288 ff.

624 BGHZ, NJW 1968, 2288 (2289).

625 vgl. hierzu BGHZ, NJW 1968, 2288 (2289).

be des einen und nicht auf andere Weise gelöst werden [könne]".[626] Die Sicherheit des Straßenverkehrs und die Gefährdung anderer Verkehrsteilnehmer seien als solch höherwertigen Interessen zu werten.[627] Eine Rechtfertigung nach § 34 StGB komme jedoch nur dann in Betracht, wenn vor einer Benachrichtigung der entsprechenden Stelle zunächst der Patient auf seinen Gesundheitszustand hingewiesen und diesem so die Möglichkeit eingeräumt worden sei, selbst den gefährlichen Zustand zu beseitigen. Dies ist hier nicht geschehen. Eine Ausnahme könne nach Ansicht des Bundesgerichtshof jedoch in Fällen gemacht werden, in denen „ein Zureden des Arztes vergeblich" bleibe, oder aber „wegen Uneinsichtigkeit des Patienten von vorneherein zwecklos" sei.[628] Der Bundesgerichtshof nahm aus diesen Gründen letztlich eine Rechtfertigung des ärztlichen Handelns nach § 34 StGB an.[629]

(3) Ergebnis zur Einbeziehung der Rechtsprechung in Parallelfällen

Insgesamt bleibt festzuhalten, dass die Rechtsprechung bislang keine Stellung zu der hier diskutierten Problematik aus dem Bereich der Genetik bezogen hat und daher keine Anhaltspunkte hinsichtlich der Gewichtung der kollidierenden Interessen im konkreten Einzelfall liefern kann. Jedoch wurde in vergleichbaren Fällen Bezug auf das Rangverhältnis der bei einer Datenweitergabe durch den Arzt kollidierenden Interessen genommen. So hat die Rechtsprechung in Bezug auf unterschiedliche Erkrankungen einen Verstoß gegen die ärztliche Schweigepflicht als gerechtfertigt angesehen, wenn dieser der Wahrung von Gesundheitsinteressen Dritter dient. Diese Annahme eines abstrakten Überwiegens der Gesundheitsinteressen betroffener Dritter über das Verschwiegenheitsinteresse eines Patienten an seinen Krankheitsdaten kann als Auslegungshilfe auch im Rahmen dieser Untersuchung herangezogen werden.

Betrifft eine Weitergabe genetischer Informationen durch den Arzt demnach auch Gesundheitsinteressen eines Angehörigen, so begründen die verfassungsrechtliche Wertigkeit der Interessen sowie auch die Beurteilung deren Rangverhältnisses durch die Rechtsprechung ein abstraktes Überwiegen dieser Gesundheitsinteressen.

---

626 BGHZ, NJW 1968, 2288 (2290).
627 so BGHZ, NJW 1968, 2288 (2290).
628 vgl. BGHZ, NJW 1968, 2288 (2290).
629 BGHZ, NJW 1968, 2288 (2291).

dd) Schutzwürdigkeit der Rechtsgüter in der konkreten Lebenssituation

Da aufgrund der bisherigen Erkenntnisse nur das abstrakte Verhältnis der kollidierenden Interessen bestimmt und kein abschließendes Urteil über eine Rechtfertigung des Arztes nach § 34 StGB gefällt werden kann, ist im Weiteren zu analysieren, wie die beiderseitigen Interessen in der konkreten Situation einer Weitergabe zu bewerten sind. Unter Berücksichtigung der besonderen Eigenarten der jeweiligen Erbkrankheiten ist herauszustellen, welche Interessen in der konkreten Notstandssituation überwiegen. Im Einzelnen sind zunächst das Ausmaß der für die Beteiligten drohenden Beeinträchtigung (1) und der Grad der Wahrscheinlichkeit einer Interessenverletzung (2) zu ermitteln. Hierneben spielen die Größe der Rettungschance (3) im Falle einer Weitergabe sowie sonstige individuelle Interessen (4) und Pflichten (5) des Patienten und des Angehörigen in der konkreten Lebenssituation im Rahmen der Abwägung eine Rolle.

(1) Ausmaß der konkret drohenden Beeinträchtigung

Unterschiede im Ausmaß der Beeinträchtigung können die Schutzwürdigkeit von Rechtsgütern näher definieren und sogar zu einer Umkehr der abstrakten Rangfolge im konkreten Einzelfall führen.[630] Eine Beeinträchtigung muss in zweifacher Hinsicht untersucht werden: Einerseits kann sich eine solche für das sich in Gefahr befindende Gut, andererseits für das durch den Eingriff beeinträchtigte Gut ergeben.[631] Es ist demnach sowohl der Schaden für das Erhaltungsgut auf Seiten des Angehörigen als auch der Schaden für das Eingriffsgut auf Seiten des Patienten im konkreten Einzelfall zu bestimmen. Problematisch bei immateriellen Gütern ist, dass es hier an einem einheitlichen Maßstab zur Festlegung des Ausmaßes einer Beeinträchtigung fehlt, und dass eine Rechtsgutverletzung ganz unterschiedliche Dimensionen annehmen kann. Zu messen ist das Ausmaß des Schadens daher an den zusätzlichen Kriterien der Dauer sowie der Nachhaltigkeit einer Rechtsgutbeeinträchtigung.[632]

(a) Für den Patienten

Auf Seiten des Patienten ist im Falle einer Weitergabe eine Verletzung des Rechts auf informationelle Selbstbestimmung aus Art. 2 I i.V.m. Art. 1 I GG zu

---

630 Erb, MK-StGB, § 34, 112; Neumann in: Kindhäuser/Neumann/Paeffgen, StGB, § 34, 79; Lenckner/Perron in: Schönke/Schröder, StGB, § 34, 26; Roxin, Strafrecht AT I, 16, 32; Lenckner in: Küper, Festschrift für Lackner, 103; Baumann/Weber/Mitsch, Strafrecht AT, § 17, 69.

631 Hirsch, SK-StGB, § 34, 63.

632 so: Erb, MK-StGB, § 34, 113; Stratenwerth/Kuhlen, Strafrecht AT I, § 9, 107.

verzeichnen. In der konkreten Situation besteht dessen Nachteil darin, dass Informationen über die genetische Konstitution des Patienten an Blutsverwandte weitergegeben werden. Dies hat zur Folge, dass andere Personen Informationen über den Patienten erlangen, welche der Patient jenen nicht zukommen lassen wollte. Der Nachteil einer Weitergabe für den Patienten besteht demnach in einer aufgezwungenen Verbreitung persönlicher Informationen und einer damit korrespondierenden ungewollten Wissenserlangung Dritter.

Dies kann zur Folge haben, dass der Angehörige weitere Personen über die genetische Veranlagung des Patienten informiert, was dann zu einer Diskriminierung und Stigmatisierung im Alltag oder gar zur sozialen Ausgrenzung des Patienten führen kann. Streitig ist, ob neben dem Eingriffsgut, dessen ummittelbaren Schutz die strafrechtliche Norm bezweckt, auch derartige Folgebeeinträchtigungen im Rahmen der Abwägung Berücksichtigung finden.[633] Vor dem Hintergrund allerdings, dass in Bezug auf das Erhaltungsgut ebenfalls alle schutzwürdigen Interessen in eine Abwägung einbezogen werden, ist es angemessen, auch auf Seiten des Eingriffsguts alle nachteiligen Konsequenzen zu berücksichtigen. Eine andere Annahme würde zu einer unvertretbaren Besserstellung der Erhaltungsgüter und einer zu weit reichenden Duldungspflicht für das beeinträchtigte Rechtsgut führen.[634] Folgebeeinträchtigungen finden demnach auf Eingriffsseite ebenfalls Berücksichtigung.

Zwar sind die genannten Belastungen für den Patienten unumkehrbar, doch muss bedacht werden, dass sie in erster Linie das Selbstwertgefühl, d.h. die Psyche eines Patienten und nicht dessen Physis betreffen. Psychische Belastungssituationen können sehr erfolgreich therapiert werden. Unterstützung engster Familienmitglieder oder des Partners können zu einer Bewältigung beitragen. Auch bieten Therapien eine Hilfe, sich erfolgreich mit einer Ausnahmesituation zu arrangieren. Die mit einer Datenmitteilung für den Patienten einhergehenden belastenden Folgewirkungen werden im Laufe der Zeit in der Regel abnehmen, wenn sich der Patient psychisch auf die veränderte Situation eingestellt hat.

Im Falle der Unterlassung eine Weitergabe dagegen würde kein Schaden für die Rechtsgüter und Interessen des Patienten entstehen.

---

633 für eine Berücksichtigung lediglich des Eingriffsguts: Lenckner/Perron in: Schönke/Schröder, StGB, § 34, 23; Dencker, JuS 1979, 779; für eine Berücksichtigung aller betroffenen Rechtsgüter auf Eingriffsgutseite: BGH, GA 1955, 178; Neumann in: Kindhäuser/Neumann/Paeffgen, StGB, § 34, 69; Erb, MK-StGB, § 34, 108; Hirsch, LK-StGB, § 34, 55; Fischer, StGB, § 34, 8.

634 so auch: Hirsch, LK-StGB, § 34, 55.

(b) Für betroffene Angehörige

Daneben ist das Ausmaß des Schadens für das sich in Gefahr befindende Gut zu berücksichtigen. Dem Angehörigen droht bei Unterlassung der Weitergabe der genetischen Informationen zunächst eine Verletzung seines Rechts auf Wissen. Insoweit läge ein Schaden des Angehörigen darin, dass er bestimmte Informationen über ein eigenes genetisches Risiko nicht kennt. Diese Unkenntnis kann dann zu weiteren Schäden führen.

So werden dem Angehörigen bei Verschweigen eines Risikos hinsichtlich einer Erbkrankheit, deren Ausbruch durch Vorbeugung verhindert, oder deren Krankheitsverlauf durch präventive Maßnahmen positiv beeinflusst werden kann, gerade diese Vorsorgemöglichkeiten genommen.[635] Dies hat zur Folge, dass der Angehörige zumindest bei präventiv behandelbaren Krankheiten gesundheitliche Nachteile erleiden würde. Präventionsmaßnahmen zeichnen sich gerade dadurch aus, dass sie erhebliche Bedeutung vor dem eigentlichen Krankheitsausbruch haben. Eine „Nachholung" dieser präventiven Wirkung ist nach einem Ausbruch der Erkrankung nicht mehr möglich. Das Ausmaß einer versäumten Gesundheitsvorsorge wirkt die gesamte restliche Lebenszeit in gleich bleibender Intensität fort. Selbst für den Fall, dass der Angehörige eine genetische Veranlagung für eine nicht präventiv behandelbare Erbkrankheit aufweist, kann eine Vorenthaltung der Kenntnis dem Angehörigen die Möglichkeit nehmen, sein Leben aufgrund der nunmehr begrenzten Lebenszeit anders bzw. intensiver zu gestalten. In diesem Fall ist ein Nachteil in dem Versäumen von bestimmten Unternehmungen, d.h. in einem Versäumen von Lebenszeit zu einem Zeitpunkt noch vor Ausbruch einer Erkrankung zu sehen.

Festzuhalten bleibt also, dass ein Unterlassen der Weitergabe genetischer Informationen an einen Angehörigen eines Patienten dauerhafte Nachteile von erheblichem Ausmaß für dessen Gesundheit und dessen persönliche Lebensführung mit sich bringen kann.

Andererseits könnte in Fällen, in denen ein Angehöriger sein genetisches Risiko gerade nicht kennen möchte, eine Unterrichtung dessen Recht auf Nichtwissen beeinträchtigen. Eine einmalige Inkenntnissetzung durch den Arzt über das Vorliegen eines familiären Risikos ist nicht mehr rückgängig zu machen und kann sich insbesondere bei unheilbaren Erkrankungen sehr stark nachteilig auf die Psyche und damit auf die Lebensqualität des Angehörigen auswirken.[636] Der Angehörige steht vor der schwierigen Entscheidung, selbst eine genetische Un-

---

635 Propping, G+G Spezial 10/2007, 5.

636 Tinnefeld, ZRP 2000, 10 (11); Wellbrock, CR 1989, 204 (205); Lohkamp, G+G Spezial 10/2007, 18.

tersuchung durchführen zu lassen, um Gewissheit über seine genetischen Dispositionen zu erlangen, oder nicht.

Entschließt er sich zur Durchführung einer Analyse, kann auch dies zu Folgebeeinträchtigungen führen. Bestätigt sich der Verdacht der Veranlagung für eine Erbkrankheit, so intensivieren sich die psychischen Beeinträchtigungen regelmäßig in der Form, dass der Betroffene in einen „Angstzustand" verfällt, auf den Ausbruch der Erkrankung wartet und so einen Verlust an Lebensqualität sowie eine Veränderung des Selbstwertgefühls erleidet.[637] Mittelbar betroffen sind in einem solchen Fall außerdem die weiteren direkten Verwandten des Informierten, insbesondere dessen Nachkommen. Auch für diese würde sich eine erhebliche psychische Belastungssituation ergeben, denn auch sie wüssten um ihr bestehendes familiäres Risiko für eine Erkrankung. Selbst ein negatives Ergebnis eines Gentests kann zu Nachteilen des Angehörigen in Sinne von Schuldgefühlen gegenüber denjenigen führen, die eine genetische Veranlagung aufweisen.[638] Der Angehörige müsste sich in einem solchen Fall ebenfalls erst auf die psychisch belastenden Situationen einstellen. Auch eine Aufklärung eines Angehörigen über eine genetische Veranlagung des Patienten gegen den Willen des Angehörigen kann demnach zu temporären psychischen Schäden des Angehörigen führen.

(c) Ergebnis

Zu gewichten ist, ob im konkreten Fall eine Weitergabe oder aber eine Nichtweitergabe einen größeren Schaden mit sich bringen würde. Eine Weitergabe könnte sowohl zu psychischen Belastungen des Patienten selbst als auch zu psychischen Belastungen des aufgeklärten Angehörigen führen. Darüber hinaus könnte sie allerdings jedenfalls bei einer behandelbaren Krankheit eine Linderung des Krankheitsverlaufs oder gar eine Verhinderung oder Verzögerung des Krankheitsausbruchs unterstützen. Bei einer Nichtweitergabe dagegen würden dem Betroffenen notwendige Handlungsmöglichkeiten vorenthalten.

Betrachtet man also lediglich isoliert die Nachteile in der konkreten Situation, auch unter Berücksichtigung der Dauerhaftigkeit der möglichen Nachteile, so wiegen die erheblichen Beeinträchtigungen der Gesundheit und eventuell sogar des Lebens eines Angehörigen schwerer als die lediglich psychischen Beeinträchtigungen oder das Interesse des Patienten an der Geheimhaltung seiner Daten. Nachhaltige Auswirkungen auf die Physis kommen letztgenannten nicht zu. Zumindest hinsichtlich behandelbarer Erbkrankheiten spricht das Ausmaß der

637 so auch: Wiese in: Jayme ua, Festschrift für Niederländer, 481.
638 Lohkamp, G+G 10/2007, 18.

beiderseitig drohenden Schäden somit für ein Überwiegen der Rechtsgüter des Angehörigen und in Folge dessen für eine Rechtfertigung einer Informationsweitergabe durch den Arzt nach § 34 StGB.

(2) Grad der Wahrscheinlichkeit drohender Gefahren

Darüber hinaus muss die Wahrscheinlichkeit eines Eintritts der drohenden Schäden, denen die betroffenen Rechtsgüter mit bzw. ohne die Notstandshandlung ausgesetzt sind, in die Abwägung einbezogen werden.[639] Dabei ist das bedrohte Gut umso schutzwürdiger, je mehr sich die in dem Gefahrbegriff liegende Wahrscheinlichkeit eines Schadens zu einer Schadensgewissheit verdichtet.[640] Es ist also die Wahrscheinlichkeit eines Schadenseintritts der soeben ausgeführten möglichen Schäden in der konkreten Notstandssituation zu ermitteln.

(a) Für den Patienten

In den zu untersuchenden Konstellationen wünscht der Patient gerade keine Datenweitergabe an seine Angehörigen, so dass eine Weitergabe in jedem Fall mit einer Interessenverletzung einhergeht.

(b) Für betroffene Angehörige

In Bezug auf die Wahrscheinlichkeit von Beeinträchtigungen auf Angehörigenseite muss zwischen einer solchen für Persönlichkeitsinteressen sowie für Gesundheitsinteressen unterschieden werden.

(aa) Schadenswahrscheinlichkeit für Persönlichkeitsinteressen

Unsicher ist, ob der Angehörige im konkreten Fall über sein genetisches Risiko informiert werden möchte. Ein Schaden kann demnach entweder in Form einer psychischen Belastung des Angehörigen eintreten, weil eine Inkenntnissetzung gerade nicht gewünscht wird (Verletzung des Rechts auf Nichtwissen), oder aber in Form der Vorenthaltung gesundheitlicher Informationen, wenn eine Mitteilung der Daten dem Willen des Angehörigen entspräche (Verletzung des Rechts auf Wissen). Diese möglichen Nachteile schließen sich gegenseitig aus, so dass in der konkreten Situation hinsichtlich der genannten Beeinträchtigungen grundsätzlich je eine Schadenswahrscheinlichkeit von 50 Prozent besteht.

---

639 Erb, MK-StGB, § 34, 122.

640 Lenckner/Perron in: Schönke/Schröder, StGB, § 34, 27; Duttge in: Dölling/Duttge/Rössner, StGB, § 34, 17; Günther, SK-StGB, § 34, 44; Neumann in: Kindhäuser/Neumann/Paeffgen, StGB, § 34, 80; Hirsch, LK-StGB, § 34, 60; Baumann/Weber/Mitsch, Strafrecht AT, § 17, 69; Roxin, Strafrecht AT I, 16, 43.

Der hier bestehende Konflikt zwischen dem Recht auf Wissen und dem Recht auf Nichtwissen kann nicht universell, sondern nur durch eine persönliche Entscheidung im Einzelfall durch den jeweiligen Angehörigen selbst gelöst werden.[641] Da im Rahmen dieser Untersuchung eine verallgemeinerbare Lösung gefunden werden soll, wird an dieser Stelle auf Erfahrungswerte zurückgegriffen. Diesen zufolge ist sowohl bei behandelbaren als auch bei nicht behandelbaren Erkrankungen die Wahrscheinlichkeit, dass eine Kenntnis der genetischen Veranlagung gewünscht wird, jedenfalls größer als der Wunsch, eine genetische Disposition für eine Erbkrankheit nicht zu kennen.[642] Im Ergebnis besteht demnach unter Einbeziehung der Erfahrungswerte eine größere Wahrscheinlichkeit für den Eintritt eines Schadens in Form einer Beeinträchtigung des Rechts auf Wissen, während eine Verletzung des Rechts auf Nichtwissens zu weniger als 50 Prozent wahrscheinlich ist.

(bb) Schadenswahrscheinlichkeit für Leben und Gesundheit

Nachteile für die Gesundheit bzw. das Leben eines Angehörigen durch eine Vorenthaltung der Informationen können dagegen erst dann entstehen, wenn auch der Angehörige selbst tatsächlich eine genetische Veranlagung aufweist. Denn nur bei Vorliegen einer solchen kann sich die Vorenthaltung von Handlungsmöglichkeiten als Schaden auswirken. Die Wahrscheinlichkeit einer eigenen genetischen Veranlagung des Angehörigen beträgt im Falle einer Eltern-Kind- oder Geschwisterbeziehung aufgrund der dominanten Vererbung der hier untersuchten Erbkrankheiten 50 Prozent.

Deckt eine genetische Untersuchung eine Veranlagung für eine Erbkrankheit auf, ist für die Bestimmung der Schadenswahrscheinlichkeit darüber hinaus zu klären, welche Aussagekraft diesem prädiktiven Ergebnis zukommt, denn mögliche Präventionsmaßnahmen, d.h. somit auch der durch eine Vorenthaltung dieser begründete Schaden, würde sich ausschließlich auf das Ergebnis eines solchen genetischen Tests stützen.

(cc) Aussagekraft prädiktiver genetischer Tests

Selbst unter Fachleuten besteht eine große Unsicherheit über die Aussagekraft prädiktiver genetischer Untersuchungen hinsichtlich des tatsächlichen zukünfti-

641 Schröder in: Sass/Schröder, Patientenaufklärung, 63 f.

642 Verwiesen wird an dieser Stelle auf die Erfahrungswerte des Huntington-Zentrums an der Rhein-Universität in Bochum, vgl. hierzu: Syska/Epplen in: Sass/Schröder, Patientenaufklärung, 139 f. und auf eine Studie aus dem Jahre 1988, vgl. hierzu: Kielstein in: Sass/Schröder, Patientenaufklärung, 161.

gen Krankheitsgeschehens.[643] Im Gegensatz zu diagnostischen liefern prädiktive genetische Untersuchungen bei einer Identifizierung eines für eine Erbkrankheit ursächlichen Gens lediglich eine Wahrscheinlichkeitsaussage bezüglich des „Ob" und des „Wie" einer zukünftigen Krankheitsausprägung.[644] Gerade bei Erbkrankheiten, die nicht nur durch genetische Faktoren, sondern auch durch Umwelteinflüsse mitbestimmt werden (wie beispielsweise Krebserkrankungen), ist die Aussagekraft prädiktiver genetischer Tests hinsichtlich des Ausbruchs und Verlaufs einer Erkrankung beschränkt.[645] Der klinische Nutzwert solcher Tests steht somit in starker Abhängigkeit zu den jeweiligen krankheitsspezifischen Faktoren, insbesondere der Wahrscheinlichkeit eines Ausbruchs (Penetranz) der Erkrankung.

(dd) Wahrscheinlichkeit eines Schadenseintritts im konkreten Krankheitsfall

Zur Bestimmung der Wahrscheinlichkeit eines Schadens an Leben oder Gesundheit ist demnach Bezug auf die jeweilige Penetranz der zu untersuchenden Erkrankung zu nehmen.

Sowohl die Chorea Huntington Erkrankung als auch die polyzystische Nierenerkrankung sind Erbkrankheiten mit nahezu vollständiger Penetranz, so dass bei Vorliegen einer genetischen Veranlagung mit einer Wahrscheinlichkeit von nahezu 100 Prozent ein Ausbruch der Erkrankungen ab dem mittleren Lebensalter prädiktiv vorausgesagt werden kann.[646] Schwieriger zu beurteilen ist dagegen die Aussagekraft eines genetischen Tests bei den auch durch Umweltfaktoren mitbestimmten Krebserkrankungen. Zwar können die jeweils für eine Darm- bzw. Brustkrebserkrankung hauptsächlich ursächlichen Gene im menschlichen Genom in der Mehrheit aller Fälle bestimmt werden, jedoch sind noch längst

---

643 so in: Verbraucherzentrale Bundesverband, Stellungnahme zum Referentenentwurf der Bundesregierung zum GenDG, 4; Mieth, G+G Spezial 10/2007, 19.

644 Deutsche Forschungsgemeinschaft, Prädiktive genetische Diagnostik, 25; Javaher/Schmidtke in: Schmidtke ua, Gendiagnostik in Deutschland, 112; Duttge, Stellungnahme zu GenDG (BT-Drs. 16/10532), 3; Deutscher Anwaltverein, Stellungnahme durch den Versicherungsausschuss zum GenDG (BR-Drs. 633/08), 3.Reimann in: Friedrich-Ebert-Stiftung, Anforderungen an ein Gendiagnostik-Gesetz, 6; Kiehntopf/König, MedR 2008, 344 (347); AOK, AOK-Standpunkte zur Gentechnik in der Medizin v. 14.11.07; BÄK, Richtlinien zur prädiktiven ge netischen Diagnostik, A 1297 (1299).

645 Wellbrock, CR 1989, 204 (205); von einer „variablen Expressivität" spricht Kiehntopf, Dt. Ärztebl. 2008, 105 (15): A 776-7; Blettner, G+G Spezial 10/2007, 17; Wiese in: Jayme ua, Festschrift für Niederländer, 481.

646 vgl. hierzu: 2. Kapitel, D, I, 2 und 3.

nicht alle für eine Krebserkrankung erheblichen Gene überhaupt bekannt.[647] Unklar ist insbesondere, ob überhaupt, zu welchem Zeitpunkt und mit welchem Verlauf eine Erkrankung auftreten wird. Insbesondere ist, wie bereits dargestellt, der Einfluss externer Faktoren auf einen Krankheitsausbruch und den individuellen Krankheitsverlauf bislang nicht hinreichend geklärt. Somit ist auch die Aussagekraft prädiktiver genetischer Tests bei Erbkrankheiten, die auf unterschiedlichen genetischen Mutationen beruhen und darüber hinaus durch externe Faktoren beeinflusst werden können, beschränkt. Bei einer diagnostizierten Veranlagung für Brustkrebs wird von einer etwa 25 bis 85 prozentigen Wahrscheinlichkeit eines Ausbruchs ausgegangen, eine Disposition für eine Darmkrebserkrankung führt nach statistischen Untersuchungen in bis zu 90 Prozent aller Fälle zu einer Erkrankung.[648] Somit weist der erblich bedingte Darmkrebs in etwa eine der Chorea Huntington und der Polyzystischen Nierenerkrankung gleichstehende hohe Penetranz auf, während bei der Brustkrebserkrankung zwar eine erhöhte Penetranz besteht, jedoch auch ein Ausbleiben der Erkrankung nach statistischen Werten ebenfalls durchaus möglich erscheint.

(c) Zwischenergebnis

Zusammenfassend ergibt sich demnach durch eine Datenweitergabe eine Interessenverletzung des Patienten mit einer Gewissheit von 100 Prozent.

Dagegen ist auf Seiten eines Angehörigen ein Schaden in Form der Vorenthaltung von Informationen (Verletzung des „Rechts auf Wissen") unter der Einbeziehung von Erfahrungswerten lediglich wahrscheinlicher als Beeinträchtigungen, die entstehen können, wenn eine Weitergabe gegen den Willen eines Angehörigen erfolgt (Verletzung des „Rechts auf Nichtwissen").

Ein Schaden an Leben und Gesundheit, welcher mit der Vorenthaltung entsprechender Informationen einhergehen würde, erfordert zunächst das Vorliegen einer genetischen Veranlagung für eine Erbkrankheit bei dem Angehörigen. Im Rahmen eines Eltern-Kind- oder Geschwisterverhältnisses ist dies zu 50 Prozent wahrscheinlich. Aufgrund der Untherapierbarkeit scheidet jedoch bei der Chorea Huntington Erkrankung ein eigener Schaden an Leben und Gesundheit aus. Bei der polyzystischen Nierenerkrankung und der Darmkrebserkrankung ergibt sich dagegen wegen ihrer nahezu vollständigen Penetranz von beinahe 100 Prozent insgesamt, d.h. unter Berücksichtigung des 50 prozentigen Risikos, dass überhaupt eine solche Disposition vorliegt, eine Ausbruchswahrscheinlichkeit von

---

647 vgl. hierzu: 2. Kapitel, D, II, 2 und Dellbrück, Darmkrebs, 27; Scherneck/Kölble in: Ganten/Ruckpaul, Tumorerkrankungen, 12 f; Henn/Meese, Humangenetik, 65.

648 vgl. hierzu: 2. Kapitel, D, II, 2.

ebenfalls knapp 50 Prozent. Im Gegensatz dazu ist bei einer erblichen Brustkrebserkrankung ein Schaden an Leben oder Gesundheit durch die Vorenthaltung von Informationen unter Berücksichtigung der spezifischen Penetranz der Erkrankung (25 bis 85 Prozent) zu etwa 12,5 bis 42,5 Prozent wahrscheinlich.

Die Tatsache, dass bei einer Weitergabe genetischer Informationen durch den Arzt mit 100 prozentiger Gewissheit ein Schaden für den Patienten eintritt, wohingegen mögliche Schäden auf Seiten des Angehörigen nicht über eine Wahrscheinlichkeit von maximal 50 Prozent hinausgehen, spricht nunmehr unter dem Aspekt der Schadenswahrscheinlichkeiten für ein Überwiegen der Patienteninteressen.

(3) Größe der Rettungschance

Berücksichtigt werden muss des Weiteren, dass sowohl bei der polyzystischen Nierenerkrankung als auch bei den erblichen Formen des Brust- und Darmkrebses Präventionsmöglichkeiten bestehen. Bei der Chorea Huntington Erkrankung dagegen können keine Vorsorgemaßnahmen getroffen werden.[649] Diese können eine mehr oder weniger große Chance der Gefahrabwendung (sog. Rettungschance bedeuten), welches ebenfalls in eine umfassende Abwägung einfließen muss. Diese sog. Rettungschance definiert sich durch den Grad der Wahrscheinlichkeit, dass die drohende Gefahr für das Erhaltungsgut durch die Rettungsmaßnahme abgewendet werden kann.[650] Je geringer die Rettungschance ist, umso schwerer wiegt der Eingriff in das durch die Notstandshandlung beeinträchtigte Interesse.[651]

Bezogen auf die zu untersuchenden Fälle kommt es hier also nicht auf Prädiktion und Penetranz an. Maßgeblich ist vielmehr die Wahrscheinlichkeit, mit der die Weitergabe der entsprechenden genetischen Daten durch den Arzt die dargestellten Schäden für die Erhaltungsgüter abwenden kann.

Als Erhaltungsgüter wurde einerseits der aus dem Recht auf Wissen resultierende Anspruch des Angehörigen auf Kenntnis seines persönlichen genetischen Risikos für eine Erbkrankheit, sowie andererseits der Erhalt dessen Gesundheit und Leben herausgearbeitet. Informiert der Arzt nun den Angehörigen über das Vorliegen einer Erbkrankheit bei einem anderen Verwandten, so erhält der Angehörige Kenntnis von dem bestehenden familiären genetischen Risiko für die

---

649 vgl. hierzu: 2. Kapitel, D, I 2, c) und 3, c) und 2. Kapitel, D, II, 2, c).

650 Neumann in: Kindhäuser/Neumann/Paeffgen, StGB, § 34, 80; Erb, MK-StGB, § 34, 123.

651 OLG Hamm, VRS 20 (1960), 232 ff; Lenckner/Perron in: Schönke/Schröder, StGB, § 34, 29; Hirsch, LK-StGB, § 34, 66.

entsprechende Erbkrankheit. Dem Interesse des Angehörigen auf Kenntnis wird also bei einer Vornahme der Notstandshandlung durch den Arzt zu 100 Prozent entsprochen. Dieses entspricht einer „Rettungschance" von 100 Prozent. Unter Berücksichtigung der Erfahrungswerte, dass nämlich insgesamt mehr als 50 Prozent aller Betroffenen Risikopersonen eine Weitergabe wünscht, wohingegen die Minderheit derer eine Aufklärung ablehnen würde, muss die 100 prozentige Rettungschance dahingehend relativiert werden, dass die Rettung lediglich in der Mehrheit aller Fälle, jedoch nicht in ihrer Gesamtheit eintritt. Unter Einbeziehung der Tatsache, dass eine Weitergabe auch eine Verletzung des Rechts auf Nichtwissen begründen kann, kann im Ergebnis in Bezug auf das Angehörigeninteresse auf Kenntnis jedenfalls noch von einer mehr als 50 prozentigen Rettungschance gesprochen werden.

Ferner muss die Größe der Rettungschance für die Rechtsgüter Gesundheit und Lebens betrachtet werden. Dabei ist zwischen den unterschiedlichen Erbkrankheiten zu differenzieren.

(a) Chorea Huntington Erkrankung

Da bei dieser Erkrankung bislang keine erfolgreichen Therapiemaßnahmen und somit auch keine Möglichkeiten der Gefahrabwendung bestehen, ist eine Rettungschance selbst bei Kenntnis der genetischen Veranlagung vor dem Ausbruch nicht gegeben.

(b) Polyzystische Nierenerkrankung

Im Gegensatz hierzu stehen einem Betroffenen bei der polyzystischen Nierenerkrankung schon vor dem Ausbruch Therapiemaßnahmen zur Verfügung, die den Verlauf der Krankheit bei entsprechender Kenntnis nachweislich positiv beeinflussen. Des Weiteren ist zu berücksichtigen, dass die Erkrankung aufgrund ihrer vielfältigen Symptome oftmals nur schwer zu diagnostizieren ist.[652] Erste Symptome können bei Kenntnis der genetischen Veranlagung eingeordnet und angemessene Therapiemaßnahmen zur weiteren Prävention getroffenen werden. Das Wissen um eine Krankheitsdisposition schafft so in mehrfacher Hinsicht Möglichkeiten der Prävention und wird daher als die wichtigste Vorsorge angesehen.[653]

Allerdings kann eine Erkrankung auch nach ihrem Ausbruch noch erfolgreich behandelt werden. Eine Nierentransplantation stellt mit einem Patienten-

---

652 Kielstein/Peters in: Sass/Schröder, Patientenaufklärung, 179 f.

653 Schröder, Gendiagnostische Gerechtigkeit, 17; Kielstein/Peters in: Sass/Schröder, Patientenaufklärung, 179 f.

überleben von etwa 90 Prozent nach 5 Jahren, 77 Prozent nach 10 Jahren und 36 Prozent nach 8 Jahren eine erfolgreiche Therapieform auch nach einem Krankheitsausbruch dar.[654] Fraglich ist, wie sich dies auf den Grad der Rettungschance der Notstandshandlung durch den Arzt auswirkt. Denn ist eine vollständige Genesung auch nach Ausbruch der Erkrankung noch möglich, verlieren präventive Maßnahmen wesentlich an Bedeutung, da ihre Ergreifung für den Erhalt von Leben bzw. Gesundheit nicht zwingend erforderlich wäre. Jedoch können Präventionsmaßnahmen, wie beispielsweise die medikamentöse Blutdrucksenkung, schon den Ausbruch einer Krankheit verzögern. Außerdem vermögen sie zu jedem Zeitpunkt den Krankheitsverlauf derart positiv zu beeinflussen, dass es gar nicht erst zu einem schweren Eingriff einer Nierentransplantation kommen muss. Der verbleibende Vorteil einer frühen Kenntnis der genetischen Veranlagung für die Nierenerkrankung besteht folglich darin, dass durch eine frühe Identifizierung der Krankheit eine angemessene Therapie bereits vor dem eigentlichen klinischen Ausbruch der Erkrankung gewährleistet wird.[655]

Obwohl auch nach dem Ausbruch der Erkrankung noch Möglichkeiten einer erfolgreichen Behandlung bestehen, wird demnach die längerfristige Erhaltung der Gesundheit und das Patientenüberleben durch eine frühe Kenntnis der genetischen Veranlagung und eine Ergreifung entsprechender Vorsorgemaßnahmen erheblich begünstigt. Ohne die Rettungschance hier prozentual festlegen zu können, kann diese aufgrund der durch die Notstandshandlung gegebenen Vorsorgemöglichkeiten dennoch als erheblich bezeichnet werden.

(c) Erblicher Brust- und Darmkrebs

Auch bei der erblichen Form der Brust- und Darmkrebserkrankung stehen Betroffenen schon vor einem Ausbruch der Krankheit Vorsorgemaßnahmen zur Verfügung. Eine rechtzeitige Kenntnis genetischer Risikofaktoren gibt Anlass zu regelmäßigen Kontrolluntersuchungen, so dass ein Auftreten der Krankheit frühzeitig erkannt werden kann und die Heilungschancen enorm ansteigen.[656]

Diese sind allerdings im Einzelnen, wie bereits im zweiten Kapitel herausgearbeitet, für die Brust- und die Darmkrebserkrankung unterschiedlich zu beurteilen. Während eine Darmkrebserkrankung durch entsprechende Vorsorgemaßnahmen zu nahezu 100 Prozent vermieden werden kann, ist eine derart effektive Prävention bei der erblich mitbedingten Brustkrebserkrankung nicht möglich. Weist ein Patient eine genetische Veranlagung für eine Brustkrebserkrankung

---

654 Schütze ua in: Sass/Schröder, Patientenaufklärung, 194, 196, 198.

655 Kielstein/Peters in: Sass/Schröder, Patientenaufklärung, 179 f.

656 so auch AOK, AOK-Standpunkte zur Gentechnik in der Medizin, Standpunkt 5.

auf, so können ihm zwar Möglichkeiten der Früherkennung angeboten werden. Von präventiven Eingriffen wie beispielsweise einer vorbeugenden Brustamputation wird jedoch in der medizinischen Praxis aufgrund der Unverhältnismäßigkeit solcher Maßnahmen abgesehen. Im Gegensatz dazu ist bei der Darmkrebserkrankung, wie bereits dargestellt, ein solches vorbeugendes Einschreiten ohne größere Belastungen für einen Patienten möglich. Bei einer Darmspiegelung beispielsweise können bereits gefährdete Teilbereiche innerhalb des Darms entfernt werden, so dass an diesen Stellen dann kein Krebs mehr entstehen kann. Auf diese Weise kann bei der Darmkrebserkrankung der eigentliche Ausbruch der Erkrankung verzögert oder gar vermieden werden. Bei der Brustkrebserkrankung ist eine solche Vermeidung nicht möglich, durch Früherkennungsmaßnahmen kann lediglich ein frühes Einschreiten nach Krankheitsausbruch ermöglicht und der Schweregrad der Erkrankung gemildert werden.[657]

Dies führt im Ergebnis auch zu einer unterschiedlichen Beurteilung der Rettungschance von Leben und Gesundheit durch ein prädiktives Einschreiten. Bei der Darmkrebserkrankung kann diese als sehr hoch eingestuft werden. Bei der Brustkrebserkrankung jedoch trägt eine Früherkennung zwar dazu bei, dass eine Erkrankung frühzeitig erkannt wird; eine effektive Behandlung bereits vor einem Ausbruch stellt sie jedoch nicht dar. Die Rettungschance eines vorbeugenden Einschreitens ist daher als mäßig bzw. begrenzt anzusehen.

(d) Ergebnis

Insgesamt hat sich gezeigt, dass die Rettungschance einerseits hinsichtlich des Interesses eines Angehörigen auf Kenntnis seiner Daten und andererseits hinsichtlich seiner Interessen aus Art. 2 II 1 GG, welchen eine Weitergabe dient, differenziert in Bezug auf die jeweilige Form der Erbkrankheit zu beurteilen ist.

Bei allen angesprochenen Erbkrankheiten wird zunächst die Gefahr, die im Falle einer Nichtweitergabe für das Interesse des Angehörigen auf Kenntnis der eigenen genetischen Veranlagung als Erhaltungsgut besteht, eben durch eine solche Weitergabe unter Einbeziehung der Erfahrungswerte zu mehr als 50 Prozent ausgeräumt.

Eine Rettungschance hinsichtlich der Erhaltungsgüter Gesundheit und Leben besteht mangels effektiver Möglichkeiten der Prävention bei der Chorea Huntington Erkrankung nicht. Im Gegensatz dazu ist bei der polyzystischen Nierenerkrankung sowie auch bei der erblich mitbedingten Form des Darmkrebses eine Kenntnis der genetischen Veranlagung von erheblichem Vorteil, um schon erste Symptome der Erkrankung richtig zu deuten und durch gezielte Maßnah-

---

657 vgl. zu diesem Abschnitt die Ausführungen im 2. Kapitel, D, II, 2 c).

men einem ungehinderten Ausbruch der Erkrankung vorzubeugen. Aufgrund der effektiven Präventionsmöglichkeiten kann die Rettungschance bei diesen Erkrankungen daher als hoch eingestuft werden. Im Gegensatz dazu stehen bei der Brustkrebserkrankung nur Maßnahmen der Früherkennung zur Verfügung. Der Nutzen eines prädiktiven Tätigwerdens ist daher jedenfalls als geringer einzustufen.

Insgesamt spricht somit die Größe der Rettungschance, die bei einer Weitergabe der Daten für die hochrangigen Güter der Gesundheit und möglicherweise sogar des Lebens bestehen, im Falle der polyzystischen Nierenerkrankung und der Darmkrebserkrankung für ein Überwiegen der schützenswerten Interessen des Angehörigen. Bei der Brustkrebserkrankung dagegen ist ein solches zweifelhaft und unter Bezugnahme auf die auch geringere Penetranz der Erkrankung abzulehnen.

(4) Individuelle Interessen der Betroffenen in der konkreten Tatsituation

Darüber hinaus sind sowohl auf Eingriffs- als auch auf Erhaltungsseite weitere persönliche Umstände, wie das individuelle Interesse der Beteiligten an ihren Rechtsgütern in der konkreten Situation, zu berücksichtigen.[658] Jedoch kommt es dabei nicht auf die persönliche Wertschätzung, d.h. auf die Bedeutung, die gerade der Rechtsgutinhaber dem Rechtsgut entgegenbringt, an. Maßgeblich ist die Bedeutung der individuellen Interessen anhand objektiv standardisierbarer Wertungen.[659]

(a) Individuelle Interessen des Patienten

In den zu untersuchenden Fällen wird eine Weitergaben persönlicher Daten an Angehörige gerade aufgrund familiärer Spannungsverhältnisse nicht gewünscht. Es besteht daher eine Situation, die von der normalen fürsorglichen Familien- und Verwandtschaftssituation abweicht. Objektiv gesehen ist bei dem Bestehen eines solchen familiären Spannungsverhältnisses ein besonderes Interesse des Patienten zu verzeichnen, seine Daten innerhalb des Familienverbundes gerade nicht zu verbreiten. Folglich liegt in diesen Fallkonstellationen objektiv ein gesteigertes Interesse des Patienten an der Geheimhaltung seiner genetischen Daten vor.

---

658 Lenckner/Perron in: Schönke/Schröder, StGB, § 203, 33; Neumann in: Kindhäuser/Neumann/Paeffgen, StGB, § 34, 82.

659 Neumann in: Kindhäuser/Neumann/Paeffgen, StGB, § 34, 82; Lenckner/Perron in: Schönke/Schröder, StGB, § 34, 26.

(b) Individuelle Interessen der Angehörigen

Auf Seiten eines Angehörigen ist zu bedenken, dass möglicherweise auch dessen weitere Verwandte genetisch betroffen sein können. Hat ein Angehöriger beispielsweise eigene Kinder oder Geschwister, so besteht aufgrund der dominanten Vererbung der Erbkrankheiten auch für diese ein 50 prozentiges Risiko, eine eigene genetische Anlage aufzuweisen. Über ein Eigeninteresse des Angehörigen hinaus wird also in der konkreten Situation ein objektiv nachvollziehbares individuelles Interesse des Angehörigen daran bestehen, auch andere gefährdete Familienmitglieder, zu denen ein besonderes Fürsorgeverhältnis besteht, über ein familiäres genetisches Risiko aufzuklären.

(c) Ergebnis

Individuelle Interessen, die die Abwägung beeinflussen, sind also einerseits ein gesteigertes Interesse des Patienten daran, aufgrund eines familiären Konflikts seine genetische Konstitution gerade nicht zu offenbaren sowie andererseits ein besonderes Interesse eines Angehörigen daran, ein familiäres genetisches Risiko zu kennen, um auch eigene Nachkommen oder andere enge Verwandte hierüber aufzuklären. Eine solche Aufklärung durch den Angehörigen würde dem Gesundheits- und Lebensschutz der möglicherweise ebenfalls betroffenen weiteren Verwandten und somit dem Schutze höchstrangiger Rechtsgüter dienen. Dies unterstützt die Annahme, dass zumindest bei präventiv behandelbaren Erkrankungen die individuellen Interessen des Angehörigen, Leben und Gesundheit weiterer Verwandter zu schützen, in der konkreten Situation schwerer wiegen als ein besonderes Verschwiegenheitsinteresse des Patienten.

(5) Besondere Gefahrtragungspflicht aufgrund einer Garantenpflicht

Eine Pflicht zur Gefahrtragung kann sich jedoch für den Inhaber des Angriffsguts, hier den Patienten, ergeben, wenn dieser eine Garantenpflicht gegenüber dem Inhaber des Erhaltungsguts, hier dem Angehörigen, innehat.[660] Die Bedeutung einer solchen Garantenstellung im Rahmen des § 34 StGB ist noch nicht hinreichend geklärt.[661] Grundsätzlich wird allerdings kritisch angemerkt, dass die Existenz bestimmter Pflichten aufgrund einer besonderen Stellung zu ande-

---

660 Neumann in: Kindhäuser/Neumann/Paeffgen, StGB, § 34, 102.

661 Eine solche Pflicht befürwortende: Jakobs, Strafrecht AT, 13, 33; Neumann in: Kindhäuser/Neumann/Paeffgen, StGB, § 34, 105; Küper, JZ 1980, 755 (756); ablehnend dagegen: Erb, MK-StGB, § 34, 144; Köhler, Strafrecht AT, 292.

ren Personen jedenfalls nicht im Rahmen der Abwägung des § 34 StGB, sondern vielmehr innerhalb von Handlungspflichten Auswirkungen haben können.[662]

In den zu untersuchenden Fällen wird eine Weitergabe genetischer Daten an Familienmitglieder eines Patienten diskutiert. Zwar können aus familiärer Verbundenheit Garantenpflichten resultieren. Jedoch besagt das Bestehen einer Garantenpflicht lediglich, dass eine Person für ein Unterlassen in gleicher Weise einzustehen hat, wie für eine aktive Handlung. Nicht dagegen lässt dies jedoch eine Aussage über die Grenzen der Hinnahme einer Beeinträchtigung der eigenen Rechtsgüter eines Täters zu.[663] Selbst bei Bestehen einer Garantenpflicht aus familiärer Verbundenheit bezöge sich eine solche also ausschließlich auf die Reichweite von Handlungspflichten und kann deshalb im Rahmen der Abwägung des § 34 StGB keine Berücksichtigung finden.

ee) Zwischenergebnis

Unter Einbeziehung aller im Rahmen einer Abwägung nach § 34 StGB relevanten Umstände müssten für eine Rechtfertigung nun die Erhaltungsinteressen des Angehörigen die Eingriffsgüter auf Patientenseite wesentlich überwiegen.

(1) Überwiegen von Interessen

Die abstrakte Gewichtung der betroffenen Rechtsgüter lieferte bei einer Kollision von Persönlichkeitswerten auf beiden Seiten keinen eindeutigen Aufschluss über ein Überwiegen der Interessen einer Seite. Stehen sich allerdings abstrakt Persönlichkeitswerte und die Rechtsgüter Leben bzw. Gesundheit gegenüber, so überwiegen diese verfassungsrechtlich höherrangigen Güter die tangierten Persönlichkeitswerte. Jedoch kann sich dieses Verhältnis aufgrund der Umstände in einer konkreten Situation gegebenenfalls ins Gegenteil umkehren.

Betrachtet man nun die unterschiedlichen Formen der Erbkrankheiten im konkreten Einzelfall, so ergeben sich zusammengefasst folgende Ergebnisse:

Da die Chorea Huntington Erkrankung weder heilbar, noch präventiv behandelbar ist, kollidieren hier ausschließlich Persönlichkeitsinteressen. Eine Beeinträchtigung des Verschwiegenheitsinteresses des Angehörigen liegt unzweifelhaft vor, denn dieser wünscht gerade keine Mitteilung der Informationen an weitere Angehörige. Dieses Verschwiegenheitsinteresse, welches durch eine Weitergabe in jeden Fall verletzt wird, wiegt stärker als eine lediglich mögliche Verletzung des Rechts auf Wissen oder Nichtwissen eines Angehörigen. Ein Überwiegen des Erhaltungsgutes ist demnach nicht ersichtlich. Eine Rechtferti-

662 Neumann in: Kindhäuser/Neumann/Paeffgen, StGB, § 34, 105.
663 so auch: Neumann in: Kindhäuser/Neumann/Paeffgen, StGB, § 34, 105.

gung des Arztes bei der Chorea Huntington Erkrankung als einer nicht präventiv behandelbaren Erkrankung nach § 34 StGB scheidet demnach aus.

Im Gegensatz dazu stehen dem Verschwiegenheitsinteresse des Patienten bei der polyzystischen Nierenerkrankung sowie den erblichen mitbedingten Formen des Darm- und Brustkrebses sowohl Persönlichkeits- als auch Gesundheitsinteressen eines Angehörigen gegenüber. Bei alleiniger Betrachtung der Persönlichkeitsinteressen würde auch hier das Verschwiegenheitsinteresse des Patienten die Persönlichkeitsinteressen eines Angehörigen überwiegen. Zusätzlich ist jedoch bei diesen Erkrankungen der durch eine Vorenthaltung von Informationen begründete Schaden an Leben und Gesundheit zu berücksichtigen. Hinsichtlich des Grades der drohenden Gefahren und der Höhe der Rettungschance der in Frage stehenden Erhaltungsgüter ist wie folgt zu differenzieren:

Aufgrund der nahezu vollständigen Penetranz der polyzystischen Nierenerkrankung beläuft sich die Schadenswahrscheinlichkeit bei dieser dominant vererbten Erkrankung auf knapp 50 Prozent. Da ein präventives Einschreiten zur Linderung der Erkrankung beitragen kann, ist die Rettungschance als erheblich einzustufen, so dass die Angehörigeninteressen aus Art. 2 II 1 GG das Verschwiegenheitsinteresse des Patienten überwiegen.

Ähnlich ist dies bei der erblichen Form des Darmkrebses zu beurteilen. Zwar kann ein Auftreten der Erkrankung durch verschiedene genetische Faktoren sowie auch externe Faktoren mitbedingt sein, so dass eine gewisse Unsicherheit hinsichtlich des Ausbruchs der Erkrankung besteht. Dennoch liegt die Wahrscheinlichkeit eines Ausbruchs bei einer entsprechenden Mutation bei etwa 90 Prozent. Unter Einbeziehung der dominanten Vererbung ergibt sich für diese Erkrankung mithin eine Schadenswahrscheinlichkeit von ca. 45 Prozent. Da ein vorbeugendes Einschreiten nachweislich einen positiven Einfluss auf die Krankheit haben kann, sind die Rettungschancen für die Erhaltungsgüter ebenfalls erheblich. Aus diesen Gründen ist auch hier ein Überwiegen der Angehörigeninteressen festzustellen.

Ein anderes Ergebnis ergibt sich für die erblich mitbedingte Form des Brustkrebses. Die Wahrscheinlichkeit eines Ausbruchs der Erkrankung bei Vorliegen einer entsprechenden Veranlagung ist deutlich geringer als bei dem erblichen Darmkrebs. Unter Einbeziehung der dominanten Vererbung ergibt sich ein Risiko zwischen 12,5 und 42,5 Prozent, dass eine derartigen Erkrankung auch bei einem Angehörigen ersten Grades auftreten wird. Bei Kenntnis der genetischen Veranlagung ist ein vorbeugendes Tätigwerden lediglich durch die Wahrnehmung engmaschiger Früherkennungsmaßnahmen möglich. Nicht jedoch kann bereits präventiv angemessen auf die Erkrankung selbst eingewirkt werden. Die Rettungschance durch präventive Maßnahmen ist demnach als nicht erheblich einzustufen. Aufgrund der Unsicherheiten in der Schadenswahrscheinlichkeit und der zweifelhaften Präventionsmöglichkeiten ist ein Überwiegen der Angehörigeninteressen insgesamt abzulehnen und dem Verschwiegenheitsinteresse des Patienten Vorrang einzuräumen.

Die Einbeziehung auch der dargestellten weiteren individuellen Interessen eines Angehörigen in der konkreten Notstandssituation stützt dieses Ergebnis.

(2) Wesentliches Überwiegen

Nach dem Wortlaut des § 34 StGB ist weiter erforderlich, dass das geschützte Interesse das beeinträchtigte Interesse „wesentlich" überwiegt. Streitig ist, welche Anforderungen an ein solches „wesentliches" Überwiegen zu stellen sind.

Teils wird vor dem Hintergrund, dass eine Notstandshandlung immer unbeteiligte Dritte treffe, von der Notwendigkeit eines „qualifizierten Übergewichts" gesprochen bzw. ein „eindeutiges wesentliches Überwiegen" gefordert.[664] Andererseits wird dem Begriff des „wesentlichen Überwiegens" nur Klarstellungsfunktion zugeschrieben und ein „zweifelsfreies und eindeutiges Überwiegen als ausreichend erachtet, da die Frage eines wesentlichen Überwiegens schon im Rahmen der einfachen Abwägung erschöpfend berücksichtigt werde.[665]

Für das Erfordernis eines „qualifizierten" Überwiegens sprechen die Tatsache, dass bei der Ausübung einer Notstandshandlung aggressiv auf Rechtsgüter eines Unbeteiligten eingewirkt wird sowie der ultima ration-Charakter des § 34 StGB. Allerdings gestaltet sich die Grenzziehung, wann ein solches wesentliches Überwiegen vorliegt als sehr schwierig. Insbesondere bei der Kollision immaterieller Güter ist eine Grenzziehung kaum möglich. Daher kann das wesentliche Überwiegen i.S.d. § 34 StGB zumindest in Bezug auf immaterielle Rechtsgüter lediglich in der Weise verstanden werden, dass ein „eindeutiges und zweifelsfreies Überwiegen" als ausreichend anzusehen ist.

Um nun festzustellen, ob die geschützten Interessen im Falle einer Weitergabe der genetischen Daten durch den Arzt die beeinträchtigten Interessen wesentlich, d.h. eindeutig und zweifelsfrei überwiegen, müssen die alternativen Geschehensabläufe mit bzw. ohne eine Weitergabe betrachtet und eine Bilanz aller Vor- und Nachteile aufgestellt werden.[666]

---

664 so: Hirsch, LK-StGB, § 34, 76; Erb, MK-StGB, § 34, 107; Neumann in: Kindhäuser/Neumann/Paeffgen, StGB, § 34, 67; Fischer, StGB, § 34, 7; Jakobs, Strafrecht AT, 13, 33; Maurach/Zipf, Strafrecht AT I, § 27 III, 37; Stratenwerth/ Kuhlen, Strafrecht AT I, § 9, 110; Hoyer in: Hettinger ua, Festschrift für Küper, 173 ff mit dem Vorschlag eines Überwiegens des Erhaltungsguts „um mindestens ein Viertel", (181).

665 Lenckner/Perron in: Schönke/Schröder, StGB, § 34, 45; Duttge in: Dölling/Duttge/Rössner, StGB, § 34, 18; Lackner/Kühl, StGB, § 34, 6; Roxin, Strafrecht AT I, 766.

666 Baumann/Weber/Mitsch, Strafrecht AT, § 17, 68.

Würde der Arzt einen Angehörigen eines Patienten nicht über ein bestehendes familiäres Risiko für eine Erbkrankheit informieren, so würde das dem Allgemeinen Persönlichkeitsrecht entstammende Interesse des Patienten auf informationelle Selbstbestimmung gewahrt bleiben und auch eine Verletzung des Rechts des Angehörigen auf Nichtwissen ausgeschlossen sein. Der Angehörige würde sein genetisches Risiko jedoch nicht kennen und hätte, insbesondere bei präventiv behandelbaren Krankheiten wie der polyzystischen Nierenerkrankung und der erblichen Darmkrebserkrankung, keine Möglichkeit, diesen vorbeugend entgegen zu wirken. Seine Gesundheit und sein Leben würden so zusätzlich gefährdet. Im Falle eine Weitergabe genetischer Informationen dagegen würden zwar gegebenenfalls Persönlichkeitsgüter beeinträchtigt werden, die Gesundheit und das Leben des Angehörigen jedoch bestmöglichen Schutz genießen.

Ein „zweifelsfreies und eindeutiges Überwiegen" kann hier an der verfassungsrechtlich vorgesehenen höheren Schutzwürdigkeit der Rechtsgüter Gesundheit und Leben im Verhältnis zu Persönlichkeitswerten festgemacht werden, welche wiederum geringere Wahrscheinlichkeiten hinsichtlich des Schadenseintritts und der Gefahrabwendung auszugleichen vermag. Darüber hinaus begründet die Intensität der Schäden auf Seiten des Angehörigen eine Überlegenheit dessen Interessen im Gegensatz zu den Patienteninteressen. Denn versäumte Präventionsmaßnahmen erhöhen die Gefahr für eine Verletzung an Leben oder Gesundheit über den gesamten weiteren Lebensverlauf, wohingegen Persönlichkeitsverletzungen zumeist mit psychischen Belastungen einhergehen, welche nur mittelbar auf den Körper wirken und ihrer Natur nach nicht derart andauernd und intensiv sind wie unmittelbare Beeinträchtigungen von Leben und Gesundheit.

Eine Abgrenzung ist jedoch in Bezug auf die verschiedenen Krankheitsformen zu treffen. Bei der polyzystischen Nierenerkrankung und der erblichen Darmkrebserkrankung stehen einem Betroffenen zweifelsfrei und eindeutig Möglichkeiten der Prävention vor einem Ausbruch der Erkrankung zur Verfügung. Bei der Brustkrebserkrankung haben sich vorbeugende Maßnahmen jedoch als nicht zweifelsfrei erfolgreich erwiesen. Bei der Chorea Huntington Erkrankung ist eine Prävention nicht möglich. Ein „wesentliches" Überwiegen i.S.d. § 34 StGB liegt also bei den beiden letztgenannten Krankheiten mangels eines eindeutigen und unzweifelhaften Nutzens vorbeugender Maßnahmen, die durch eine frühe Kenntnis veranlasst werden könnten, nicht vor.

Als Ergebnis kann demnach festgehalten werden, dass unter Berücksichtigung aller im Rahmen der Abwägung des § 34 StGB relevanten Umstände bei der polyzystischen Nierenerkrankung und der erblichen Form des Darmkrebses die schützenswerten Interessen des Angehörigen die beeinträchtigten Interessen des Patienten „wesentlich" überwiegen. Die durch eine Weitergabe genetischer

Daten gewonnenen Möglichkeiten der Prävention sind „zweifelsfrei und eindeutig“. Anders ist dies bei der erblichen Form des Brustkrebses und der Chorea Huntington Erkrankung zu beurteilen, bei denen ein „wesentliches“ Überwiegen der Angehörigeninteressen i.S.d. § 34 StGB abzulehnen ist.

III. Kritische Stellungnahme zu anderen dargestellten Lösungsansätzen

Das im Rahmen der Abwägung der widerstreitenden Interessen erlangte Ergebnis lässt nun Kritik an den zuvor dargestellten unterschiedlichen Lösungsansätzen innerhalb der Gesetzgebungsvorhaben, Fachorganisationen und Literatur zu. Unter Berücksichtigung der hier erlangten Erkenntnisse werden die dargestellten Lösungsansätze einer kritischen Würdigung unterzogen.

Da teilweise eine über die bloße Offenbarungsbefugnis hinausgehende Pflicht des Arztes zur Weitergabe der entsprechenden Patientendaten angenommen wird, soll auch zu dieser Problematik kurz Stellung genommen werden.

1. Kritik an den gesetzlichen Regelungswerken sowie den Gesetzesinitiativen

Zu begrüßen ist die im deutschen GenDG vorgenommene Differenzierung zwischen heil- bzw. behandelbaren und nicht behandelbaren Erbkrankheiten. Wie die Prüfung gezeigt hat, sind diese beiden Fallkonstellationen aufgrund der unterschiedlichen betroffenen Rechtsgüter zwingend voneinander zu unterscheiden. Jedoch wird dem Gesundheitsinteresse des Angehörigen nicht die notwendige Bedeutung beigemessen. Zwar ist die Rede davon, dass eine Offenbarung genetischer Daten einen Nutzen für Angehörige hinsichtlich der Ergreifung von Therapie- und Vorsorgemaßnahmen haben kann, jedoch wird dann lediglich auf den Ausgleich der Persönlichkeitsinteressen der Betroffenen abgestellt.[667] Um diese nicht zu tangieren, bleibt die Regelung des § 10 III S. 4 GenDG in ihrer Formulierung unverbindlich. Dem Schutz der Gesundheit als einem höchstpersönlichen und hochwertigen Rechtsgut werden die Regelungen m. E. nicht in dem erforderlichen Maße gerecht. Diese Unsicherheiten in Bezug auf den Inhalt der Norm spiegeln sich in ihrem zurückhaltenden Wortlaut wieder. Aufgrund dessen sind große Probleme in der Rechtsanwendung dieser Regelung zu erwarten. Da ein Patient, der sich in Konfliktsituationen gegen eine Einbeziehung seiner Angehörige entscheidet, regelmäßig ein besonderes Interesse an der Geheimhaltung seiner genetischen Informationen hat, wird dies konsequenterweise

667 Gesetzesentwurf der Bundesregierung zum GenDG, BT-Drs. 16/10532, 56.

zu einem gesteigerten Schutz des Informationellen Selbstbestimmungsrechts des Patienten führten. Der der Regelung zugrunde liegende Fürsorgegedanke, auch den Interessen eines Angehörigen gerecht zu werden, wird gerade in Konfliktsituationen regelmäßig zurücktgedrängt, so dass die gesetzliche Regelung insgesamt „ins Leere“ läuft.[668]

Gleiches gilt für die Regelung des Gesetzesentwurfes der Fraktion Bündnis 90/Die Grünen, den Diskussionsentwurf des Bundesgesundheitsministeriums, die Norm des österreichischen Gentechnikgesetzes und die Ausführungen der Enquête-Kommission „Recht und Ethik in der modernen Medizin“.

Der Entwurf der Datenschutzbeauftragten wie auch die Regelungen im GUMG der Schweiz und der Biomedizin-Konvention des Europarates sehen zwar ein Offenbarungsrecht des Arztes nach § 34 StGB bei überwiegenden Interessen eines Angehörigen ausdrücklich vor. Zu kritisieren ist jedoch, dass diese Regelungen die Interessen, welche im Rahmen der Abwägung Berücksichtigung finden sollen, nicht näher konkretisieren. Hinzuweisen wäre jedenfalls auf den hohen Stellenwert der Gesundheitsinteressen eines Angehörigen im Fall behandelbarer Krankheiten. Keines der genannten Werke unterscheidet jedoch zwischen behandelbaren und nicht behandelbaren Krankheiten. Die Tatsache, dass sowohl im Entwurf der Datenschutzbeauftragten als auch in der Regelung der Schweiz Bezug auf Ehegatten und Partner genommen wird, lässt erkennen, dass im Rahmen der Abwägung insbesondere auch Persönlichkeitsinteressen überwiegende Drittinteressen darstellen können. In Bezug auf diese Personen nämlich kann sich ein Überwiegen von Drittinteressen nur durch solche, die die weitere Lebensplanung betreffen, ergeben.[669] Dies ist angesichts der hier erlangten Ergebnisse zu bezweifeln. Nach den Erläuterungen zur Regelung der Biomedizin-Konvention finden Gesundheitsinteressen eventuell betroffener Angehöriger ebenfalls keine ausdrückliche Berücksichtigung. So ist die generelle Zubilligung eines Offenbarungsrechts durch die genannten Regelungen zwar zu begrüßen. Die Nennung auch der Ehegatten und Partner in Ziff. 17 II des in Rede stehenden Entwurfes sowie in Art. 19 III GUMG wird jedoch als verfehlt erachtet. Die Betonung des hohen Stellenwertes von Gesundheitsinteressen und eine Unterscheidung zwischen behandelbaren und nicht behandelbaren Krankheiten wären wünschenswert.

---

668 so auch: Duttge, Stellungnahme zum GenDG (BT-Drs. 16/10532), 7; Duttge, Kurzstellungnahme zum GenDG-E (BT-Drs. 16/3233), 3.

669 so auch: Corinth, Ärztliche Schweigepflicht und kollidierende Gesundheitsinteressen Dritter, 158.

Nach dem Ergebnis der durchgeführten Untersuchung ziehen auch das Genethische Netzwerk und Duttge in ihrem Stellungnahmen in Anschluss an das beschlossene GenDG die Grenzen einer Offenbarungsbefugnis zu eng und verkennen die tatsächlich bestehenden Möglichkeiten der Gesundheitserhaltung eines Angehörigen bei behandelbaren Krankheiten.

Den Ergebnissen dieser Arbeit am ehesten entspricht die Annahme eines Offenbarungsrechts durch die Bund-Länder-Arbeitsgruppe „Genomanalyse“. Neben Interessen Angehöriger, die deren Lebensplanung betreffen, wird zudem explizit von einer Informationsweitergabe zur Wahrung von Gesundheitsinteressen Dritter in Fällen behandelbarer Erbkrankheiten gesprochen. Zu kritisieren ist, dass auch die Arbeitsgruppe von Angehörigeninteressen, die die zukünftige Lebensplanung betreffen, spricht. Zumindest in Bezug auf nicht heilbare Erkrankungen ist jedoch ein wesentliches Überwiegen i.S.d. § 34 StGB aufgrund derartiger Interessen m.E. abzulehnen.

2. Kritik an den Regelungen der Fachorganisationen

Der Annahme eines Offenbarungsrechts durch die Bundesärztekammer in § 9 II MBO sowie in den genannten Richtlinien ist zuzustimmen. Jedoch enthält auch die Regelung der MBO keine weitere Konkretisierung hinsichtlich der im Rahmen einer Abwägung zu berücksichtigenden Interessen eines Angehörigen sowie hinsichtlich deren Stellenwerte. Gesundheitsinteressen sollten hier erwähnt, ein Überwiegen reiner Persönlichkeitsinteressen ausgeklammert werden. In ihren Richtlinien macht die Bundesärztekammer ein gerechtfertigtes Handeln des Arztes unter anderem davon abhängig, ob der betroffene Angehörige sich in Behandlung des gleichen Arztes befindet. Oftmals ist es jedoch vom Zufall abhängig, ob nun ein Angehöriger Patient des gleichen Arztes ist, oder ob seine Wahl auf einen anderen Arzt gefallen ist. Die zusätzlich geforderte Voraussetzung einer solchen „Mitbehandlung“ des Angehörigen würde es somit vom „Zufall“ der Arztwahl des Angehörigen abhängig machen, ob dessen Interessen geschützt werden oder nicht.[670] Eine umfassende Interessenabwägung könnte mithilfe dieses zufälligen Kriteriums von vorne herein unterlaufen werden, so dass eine solche Regelung insgesamt als verfehlt erachtet wird.

Eine generelle Untersagung eines Offenbarungsrechts, wie seitens des Berufsverbands deutscher Humangenetiker statuiert wird, stellt m.E. eine unvertretbare Vernachlässigung der Gesundheitsinteressen eines Angehörigen dar.

Zu begrüßen ist dagegen die vorgenommene Differenzierung zwischen behandel- und nicht behandelbaren Krankheiten im Positionspapier der Deutschen

---

670 kritisch hierzu auch: Damm, MedR 1999, 437 (445).

Gesellschaft für Humangenetik und deren generelle Versagung eines Offenbarungsrechts bei Vorliegen einer nicht behandelbaren Erbkrankheit.

Auch die Sichtweise der WHO ist zu befürworten. Insbesondere die Bestimmung, im Falle einer Weitergabe keine Informationen über die Identität der untersuchten Person zu übermitteln, gewährleistet dem durch die Regelung beeinträchtigten Informationellen Selbstbestimmungsrecht des Patienten zusätzlichen Schutz.

3. Kritik an den Lösungsansätzen in der Literatur

In Bezug auf die Stimmen in der Literatur ist anzumerken, dass diejenigen Vertreter, die ein Offenbarungsrecht i.S.d. § 34 StGB annehmen, dem Arzt eine Ausübung dessen teilweise in einem zu weitgehenden Maße zugestehen. Eine Gewährleistung eines solchen Rechts auch im Falle nicht heilbarer Krankheiten, wie es *Hofmann, Cramer, Reiter-Theil* und *Regenbogen* erwägen, allein um Interessen der Lebensplanung eines Angehörigen gerecht zu werden,[671] erscheint angesichts der hier erlangten Ergebnisse nicht angemessen. Zu weit in den Hintergrund gestellt wird hierbei das Recht des Patienten auf Vertraulichkeit seiner Daten, d.h. auf informationelle Selbstbestimmung nach Art. 2 I i.V.m. Art. 1 I GG. Die durch *Spann/Liebhardt/Penning* vertretene Annahme eines uneingeschränkten Rechts allein aufgrund der Tatsache, die genetischen Informationen seien „eine Art gemeinsames Rechtsgut" aller betroffenen Genträger vermag aus denselben Überlegungen nicht zu überzeugen.

Während so einerseits das Informationelle Selbstbestimmungsrecht des Patienten im Rahmen der Entscheidungsfindung teilweise zu wenig Berücksichtigung findet, wird ihm von anderen Vertretern eine zu dominante Stellung eingeräumt. Einer generellen Ablehnung eines Offenbarungsrechts, wie sie von *Stumper, Schroeder-Kurth, van den Daele* und *Buchborn* gefordert wird, verkennt, dass das Informationelle Selbstbestimmungsrecht eines Patienten wie auch das Recht auf Nichtwissen eines Angehörigen[672] nicht absolut gewährleistet werden, sondern zum Schutz anderer hochrangiger Rechtsgüter eingeschränkt werden können. Die Gesundheitsinteressen betroffener Angehöriger finden m. E. auf diese Weise keine angemessene Berücksichtigung.

Im Grundsatz insgesamt zu begrüßen ist hingegen die Einschätzung von *Corinth, Henn, Fröhlich/Wang/Peters, Kielstein/Peters* und *Gretter,* welche ein Offenbarungsrecht des Arztes im Wesentlichen von einer möglichen Wahrung

---

671 so: Hofmann, Rechtsfragen der Genomanalyse, 149, 151; Reiter-Theil, Concilium 1998, 138 (147); Cramer, Genom- und Genanalyse, 250.

672 hierauf abstellend: v. den Daele, KritV 1999, 257 (260 f).

gesundheitlicher Interessen eines betroffenen Dritten abhängig machen und Fälle behandelbarer und nicht behandelbarer Krankheiten unterschiedlich behandeln. Auf diese Weise werden die hochrangigen Gesundheitsinteressen, die bei behandelbaren Krankheiten im Mittelpunkt stehen, in angemessener Weise gewürdigt und auch dem Informationellen Selbstbestimmungsrecht des Patienten in den Fällen, in denen eben keine Gesundheitsinteressen betroffen sind, ausreichende Berücksichtigung geschenkt. In Bezug auf weitere an ein Offenbarungsrecht zu stellende Anforderungen bestehen wiederum erhebliche Differenzen. So will *Corinth* dieses nur in den Fällen gewähren, in denen ein präventives Einschreiten „absoluten Schutz vor der Erkrankung gewährt“[673]. Da sich die Medizin jedoch in einem ständigen Fortschritt befindet, wird es oftmals nicht absehbar sein, ob eine bestimmte Maßnahme eine Erkrankung absolut zu verhindern vermag. Auch Maßnahmen, die eine solche absolute Verhinderung nicht erreichen, können jedoch zu einer Linderung der Krankheit beitragen. Aus diesen Gründen gebietet es der hohe Rang der Rechtgüter Leben und Gesundheit m. E. hier, auch Präventionsmaßnahmen, die lediglich mit einer gewissen hinreichenden Wahrscheinlichkeit dem Schutz der Gesundheit dienen, für die Annahme einer Rechtfertigung genügen zu lassen. Eine Versagung solcher scheint aufgrund ihres positiven Einflusses auf die Gesundheit nicht gerecht. Insoweit ist der Standpunkt *Henns* zu präferieren, welcher von einem Offenbarungsrecht des Arztes „schon bei greifbaren Präventionsmöglichkeiten (Optionen)“ spricht.[674]

Die Annahme *Regenbogens*, dass häufig nicht Gesundheits-, sondern Persönlichkeitsinteressen eines Angehörigen im Vordergrund stehen,[675] ist aufgrund der bereits bestehenden Therapie- und Präventionsmöglichkeiten sowie der rasanten Fortschritte im Bereich medizinischer Therapien verfehlt. Zu erwarten ist vielmehr, dass zukünftig für immer mehr Erkrankungen effektive Behandlungskonzepte zur Verfügung stehen werden.

Geeignet scheint jedoch unter Berücksichtigung des obigen Abwägungsergebnisses eine Kriterienbildung, die sich am Grad der für die Angehörigeninteressen drohenden Gefahren orientiert.[676] Allerdings kann ein Abstellen auf die für ein bestimmtes Rechtsgut drohende Gefahr, wie bereits im Rahmen der obigen Abwägung dargelegt, nicht ohne eine Berücksichtigung auch der für das

---

673 Corinth, Ärztliche Schweigepflicht und kollidierende Gesundheitsinteressen Dritter, 177 f.

674 Henn, Zeitschrift für medizinische Ethik 2002, 343 (346).

675 so: Regenbogen, Ärztliche Aufklärung und Beratung in der prädiktiven genetischen Diagnostik, 265 f.

676 so: Fröhlich/Wang/Peters in: Sass/Schröder, Patientenaufklärung, 107.

bedrohte Rechtsgut bestehenden Rettungschancen erfolgen, welche sich an der Behandelbarkeit einer Erkrankung messen lässt.

Einen zu befürwortenden und diese Kriterien umfassenden Ansatz liefert *Damm,* indem er ein Offenbarungsrecht des Arztes in Abhängigkeit von den jeweils einschlägigen Dispositionen sieht.[677] Besonderer Hervorhebung bedürfen allerdings auch hier die Gesundheitsinteressen eines Angehörigen, die im Falle bestehender Präventionsmöglichkeiten Vorrang gegenüber dem Recht auf informationelle Selbstbestimmung des Patienten genießen.

Dass vor einer aktiven Mitteilung durch den Arzt dieser zunächst auf den Patienten einwirken soll, um eine patienteneigene Offenbarung oder zumindest ein Einverständnis des Patienten in eine Weitergabe zu erreichen, wird mit *Henn, Kielstein/Peters, Cramer* und *Reiter-Theil* als notwendig erachtet.

Kritisch zu sehen ist dagegen die über die Voraussetzungen des § 34 StGB hinausgehende Forderung *Gretters, Hofmanns* und *Cramers,* dem Arzt die Pflicht aufzuerlegen, vor einer Weitergabe zunächst den Willen des Angehörigen hinsichtlich einer Inkenntnissetzung über eine genetische Veranlagung zu erforschen.[678] Eine angemessene Sicherstellung des Rechts auf Nichtwissen eines Angehörigen, welche die genannten Vertreter mit dieser zusätzlichen Anforderung bezwecken, kann m.E. nicht erreicht werden. Denn wie soll der Arzt in Erfahrung bringen, ob ein Angehöriger Kenntnis von einer genetischen Disposition erlangen möchte oder nicht, ohne mit diesem über die Möglichkeit einer genetischen Veranlagung zu sprechen? Selbst wenn der Arzt, wie die Vertreter hier anführen, keine inhaltlichen Informationen über eine konkrete Disposition preisgibt, so wird alleine ein von dem Arzt ausgehendes Gespräch über eine genetische Erkrankung einem Angehörigen den Verdacht einer Betroffenheit aufdrängen. Nicht erst die tatsächliche Aufklärung über eine genetische Disposition, sondern bereits die Kenntnisverschaffung von einem genetischen Risiko stellt jedoch eine Verletzung des Rechts auf Nichtwissen dar. Somit würde der Arzt bereits bei dem Versuch, den Willen eines Angehörigen hinsichtlich einer Kenntniserlangung auszuforschen, dessen Recht auf Nichtwissen verletzen. Die zusätzliche Forderung, dass ein Arzt vor einer Aufklärung zunächst zu erforschen hat, ob ein Angehöriger Kenntnis von einer eigenen genetischen Disposition bzw. von einem genetischen Risiko erlangen möchte, ohne bereits das Recht auf Nichtwissen zu tangieren, ist daher m.E. in der Praxis nicht umsetzbar.

---

677 Damm, MedR 1999, 438 (455).

678 so: Cramer, Genom- und Genanalyse, 257; Gretter, ZRP 1994, 24 (27); Hofmann, Genomanalyse, 150 f.

4. Ergebnis

Insgesamt hat sich gezeigt, dass die unterschiedlichen Ansätze kritisch zu betrachten sind und sich mehr oder weniger gut zur Lösung des für den Arzt bestehenden Konflikts eignen.

a) Offenbarungsrecht des Arztes nach § 34 StGB

Im Hinblick auf die unterschiedlichen Lösungsmodelle haben sich zusammenfassend folgende Kritikpunkte ergeben:

Wird den Interessen des Angehörigen grundsätzlicher Vorrang eingeräumt und ein nicht weiter eingeschränktes Offenbarungsrecht i.S.d. § 34 StGB angenommen[679], so erfährt insbesondere bei unheilbaren Krankheiten das Informationelle Selbstbestimmungsrecht des Patienten eine zu geringe Beachtung. Eine grundsätzliche Ablehnung einer Offenbarungsbefugnis[680] dagegen würde bei behandelbaren Krankheiten die Gesundheitsinteressen des Angehörigen nicht angemessen berücksichtigen.

Wird versucht, ein Offenbarungsrecht im Rahmen einer Abwägung durch einen angemessenen Ausgleich aller kollidierenden Interessen zu definieren[681], so stellen sich Probleme bei der Festlegung der maßgeblichen Abwägungskriterien. Die Ergebnisse dieser Untersuchung haben gezeigt, dass aufgrund der Betroffenheit unterschiedlicher Rechtsgüter eine Unterscheidung zwischen einer Weitergabe bei behandelbaren und nicht behandelbaren Krankheiten zwingend notwendig ist. Stehen sich ausschließlich Persönlichkeitsinteressen der Beteiligten gegenüber, so ist ein Überwiegen der Angehörigeninteressen bei einer Weitergabe gegen den Patientenwillen ausgeschlossen. Eine interessenbezogene Abwägung im Einzelfall ist in diesen Fällen gar nicht erforderlich.

Zu bevorzugen ist eine Kombination aus Vorrang- und Abwägungsmodell. Für den Fall, dass eine genetisch bedingte Krankheit nicht behandelbar ist, stehen sich auf Seiten der Betroffenen lediglich Persönlichkeitswerte gegenüber. Dem informationellen Selbstbestimmungsrecht des Patienten ist hier ohne eine weitergehende Abwägung im konkreten Fall genereller Vorrang einzuräumen.

---

679 so etwa: Hofmann, Reiter-Theil.

680 Beispielsweise in § 10 III S. 4 GenDG, Gesetzesentwurf Bündnis 90/Die Grünen, Entwurf des Bundesgesundheitsministeriums, Enquête-Kommission „Recht und Ethik der modernen Medizin“, Stellungnahme GeN, Stellungnahme Duttge, Leitlinien des Berufsverbands Deutscher Humangenetiker, Stumper, Schroeder-Kurth, van den Daele, Buchborn.

681 so: Regelungsentwurf der Datenschutzbeauftragten, § 9 II MBO, Richtlinien der BÄK, Regenbogen.

Ist eine Erkrankung dagegen präventiv behandelbar, so müssen die in der konkreten Situation betroffenen Interessen im Rahmen einer umfassenden Abwägung in einen angemessenen Ausgleich gebracht werden.[682] Auf diese Weise kann den Interessen aller Betroffenen in den unterschiedlichen Situationen am besten entsprochen werden.

b) Offenbarungspflicht des Arztes

Nicht nur Vertreter in der Literatur[683], sondern auch das OLG Frankfurt[684] sprechen aufgrund eines auch zur gefährdeten Person bestehenden Behandlungsverhältnisses von einer Pflicht zur Mitteilung der entsprechenden Daten. Ihren Ursprung hat diese Einschätzung in den Diskussionen über eine HIV-Infektion. Während bei dieser Erkrankung ein Recht zur Offenbarung gegenüber einem gefährdeten Dritten bereits allgemein anerkannt ist[685], wird in diesen Fällen darüber hinaus kontrovers diskutiert, ob sogar eine Mitteilungspflicht des Arztes besteht. Im Wesentlichen wird dies davon abhängig gemacht, ob sich auch der gefährdete Dritte in Behandlung des gleichen Arztes befindet. Ist dies der Fall, wird vielfach eine Pflicht des Arztes zur Mitteilung angenommen.[686] Teils werden jedoch auch die Grundsätze des Vertrags mit Schutzwirkung zugunsten

682 so in Grundzügen auch: Deutsche Gesellschaft für Humangenetik, Corinth.

683 Gretter, ZRP 1994, 24 (25 ff).

684 OLG Frankfurt a.M., NJW 2000, 875 (876).

685 so: OLG Frankfurt a.M., NJW 2000, 875 ff; Cierniak, MK-StGB, § 203, 87; Fischer, StGB, § 203, 47; Kargl in: Kindhäuser/Neumann/Paeffgen, StGB, § 203, 64; Tag in: Dölling/Duttge/Rössner, StGB, § 203, 53; Hoyer, SK-StGB, § 203, 81; Hirsch, LK-StGB, § 34, 68 a; Arloth, MedR 1986, 295 (297 f); Bender, VersR 2000, 322 (323); Bruns, MDR 1987, 353 (356); Deutsch, VersR 2001, 1471 (1474); Spann/Penning, AIFO 1986, 637 (639); Wolfslast, NStZ 2001, 151; Langkeit, Jura 1990, 452 (459); Dettmeyer, Medizin und Recht, 79; Meurer in: Szwarc, Aids und Strafrecht, 147; Otto, JK 01, StGB § 203/2; Roßner, Begrenzung der Aufklärungspflicht des Arztes, § 12, 145; Schünemann, LK-StGB, § 203, 139 m.w.N.

686 so z.B.: OLG Frankfurt a.M., NJW 2000, 875 ff; Hoyer, SK-StGB, § 203, 81; Tag in: Dölling/Duttge/Rössner, StGB, § 203, 53; Cierniak, MK-StGB, § 203, 87; Arloth, MedR 1996, 295 (298); Rieger, Langkeit, Jura 1990, 452 (460); DMW 1992, 678; Uhlsenheimer, Arztstrafrecht, 377; Laufs, Arztrecht, 431; Vogels, MDR 1999, 1445; Hirsch, LK-StGB, § 203, 68 a m.w.N.; dagegen kritisch: Herberer/Mößbauer, MedR 2004, 138 (139); Bender, VersR 2000, 322 (323); Zuck, MDR 1987, 460 (462); eine Pflicht ablehnend: Wolfslast, NStZ 2001, 151 f; Engländer, MedR 2001, 143 f; Buchborn, MedR 1987, 260 (264); Otto, JK 01, StGB § 203/2.

Dritter zur Begründung einer Offenbarungspflicht herangezogen.[687] Vergleichbare Fallkonstellationen können auch bei Erbkrankheiten auftreten.

aa) Pflicht aus den Abwägungsgrundsätzen des rechtfertigenden Notstandes

Indem das Oberlandesgericht Frankfurt davon spricht, dass sich dem Arzt „hätte aufdrängen [müssen], dass er seine Verschwiegenheitspflicht [der Lebenspartnerin] gegenüber brechen musste", nimmt es eine Offenbarungspflicht des Arztes bereits aus dem Abwägungsergebnis der im Rahmen des rechtfertigenden Notstandes kollidierenden Rechtsgüter selbst an.[688] Zwar leitet das Oberlandesgericht eine solche Aufklärungspflicht nicht explizit aus § 34 StGB her. Zur Begründung werden jedoch die auch im Rahmen des § 34 StGB kollidierenden Interessen und insbesondere die Gefahren, die dem betroffenen Dritter drohen, herangezogen. Die hier in Rede stehende Aufklärungspflicht gründet daher auf den Grundsätzen des rechtfertigenden Notstandes.[689] Dies kann jedoch nicht überzeugen, da der rechtfertigende Notstand ein Rechtfertigungsgrund ist und in seinen Grundsätzen nicht zur Begründung einer Offenbarungspflicht herangezogen werden kann. Rechtfertigungsgründe sind Erlaubnisnormen, die zu einem an sich verbotenen Verhalten aufgrund besonderer Umstände im konkreten Einzelfall berechtigen. Nicht jedoch kann sich aus Rechtfertigungsgründen eine Pflicht ergeben, ein gerade im Tatbestand einer Strafnorm sanktioniertes Verhalten vornehmen zu müssen.[690] Eine Pflicht zur Offenbarung nach den Grundsätzen des rechtfertigenden Notstandes kann sich allenfalls durch eine Abwägung kollidierender Handlungs- und Unterlassungspflichten ergeben.[691] Dies setzt jedoch zunächst die Begründung einer Informationspflicht eigenen Ursprungs voraus.

---

687 so etwa hinsichtlich der Einbeziehung eines Ehepartners in den Behandlungsvertrag: Laufs, Arztrecht, 432; Deutsch, NJW 1989, 1554; Roßner, Begrenzung der Aufklärungspflicht des Arztes, § 12, 147.

688 OLG Frankfurt a.M., NJW 2000, 875 (876).

689 Unmittelbar vor der Begründung einer Aufklärungspflicht, die sich nach dem OLG Frankfurt a.M. aus der Abwägung der kollidierenden Interessen ergibt, wird im Wege der Bestimmung der kollidierenden Interessen von einem „klassischen Fall des rechtfertigenden Notstandes" gesprochen, OLG Frankfurt a.M., NJW 2000, 875 (876).

690 so auch: Bender, VersR 2000, 322 (323); Engländer, MedR 2001, 143; Lilie, NStZ 1983, 314; Geiger, JZ 1983, 153; Roßner, Begrenzung der Aufklärungspflicht des Arztes, § 12, 146.

691 Engländer, MedR 2001, 143 (144).

bb) Pflicht aus Behandlungsverhältnis zu Angehörigem

Vielfach wird eine Pflicht zur Mitteilung eines genetischen Risikos mit dem Bestehen einer Garantenstellung des Arztes zu einem sich ebenfalls in Behandlung befindenden Angehörigen begründet.

Eine Garantenpflicht entsteht, wenn eine Person Beschützer- oder Überwachungsgarant ist.[692] Unter die Gruppe der Garantenstellungen fällt auch die vertragliche Übernahme einer bestimmten Aufgabe bzw. die Ausübung einer bestimmten Profession, mit welcher spezielle Schutzpflichten verknüpft sind. So ist auch ein Arzt seinen Patienten gegenüber verpflichtet, drohende Beeinträchtigungen von deren Gesundheit abzuwenden.[693] Schon die Übernahme einer Behandlung begründet ein dem Arzt entgegen gebrachtes Vertrauen, welches eine Garantenstellung des Arztes mit sich zieht.[694] Den Arzt trifft also aufgrund seiner Stellung als Beschützergarant gegenüber auch dem Angehörigen als einem Patienten grundsätzlich eine Pflicht, zum Schutze dessen Gesundheitsinteressen zu handeln. Fraglich ist jedoch, ob diese Garantenstellung bezogen auf die hier diskutierten Fälle der genetischen Betroffenheit eines sich ebenfalls in Behandlung desselben Arztes befindenden Patienten eine Rechtspflicht des Arztes zu begründen vermag.

Kritisch zu sehen ist zunächst, dass zwar zutreffend von einer Garantenstellung des Arztes gesprochen wird, jedoch deren Reichweite nicht weiter konkretisiert wird. Eine Garantenstellung aufgrund eines ärztlichen Behandlungsvertrages wird durch das zugrunde liegende Vertragsverhältnis nicht nur begründet, sondern hinsichtlich ihrer Reichweite auch durch dieses beschränkt. Gegenstand des Behandlungsverhältnisses sind ausschließlich die Inhalte, wegen derer sich ein Patient in die Behandlung des Arztes begeben hat. Die Garantenpflicht des Arztes kann daher lediglich den Schutz der Gesundheit des jeweiligen Patienten

---

692 Ein Beschützergarant hat die Pflicht, ein bestimmtes Rechtsgut vor unbestimmt vielen Gefahren zu schützen. Ein Überwachungsgarant hat die Pflicht, unbestimmt viele Rechtsgüter vor einer bestimmten Gefahr zu schützen; vgl. Stree in: Schönke/Schröder, StGB, § 13, 9; Fischer, StGB, § 13, 9; Jescheck, LK-StGB, § 13, 19; Wohlers in: Kindhäuser/Neumann/Paeffgen, StGB, § 13, 32; Freund, MK-StGB, § 13, 101 ff und 156 ff.

693 Wohlers in: Kindhäuser/Neumann/Paeffgen, StGB, § 13, 32; RGSt, 74, 350 (353 f); BayOLG, JZ 1973, 319; BGH, MedR 2001, 310 f; Stree in: Schönke/Schröder, StGB, § 13, 10; Lackner/Kühl, StGB, § 13, 9.

694 Seelmann, NK-StGB, § 13, 101; RGSt, 74, 350 (353 f); BayOLG, JZ 1973, 319; Laufs, Arztrecht, 431; Langkeit, Jura 1990, 452 (460); Otto, JK 01, StGB § 203/2; Lilie, NStZ 1983, 314.

im Rahmen dieses Behandlungsverhältnisses umfassen.[695] Ist ein Angehöriger nicht wegen einer Erbkrankheit in Behandlung eines Arztes und hat der Arzt aufgrund eines auch zu einem anderen Verwandten bestehenden Behandlungsverhältnisses Kenntnis über das genetische Risiko auch des Angehörigen, so ist dies nicht Gegenstand des konkreten Behandlungsverhältnisses zu dem Angehörigen. Die Garantenstellung des Arztes aufgrund des konkreten Vertragsverhältnisses umfasst nicht die Aufklärung des Angehörigen über dessen genetisches Risiko. Eine Erweiterung der Garantenstellung könnte sich allenfalls dann ergeben, wenn ein Patient den Arzt explizit auf die Möglichkeit einer genetischen Erkrankung anspricht und so den Inhalt des Behandlungsverhältnisses ausdehnt.[696] Kritisch anzumerken bleibt in einem solchen Fall jedoch, dass bei einer Ausweitung der Garantenstellung auf jeglichen Schutz der Gesundheit eines Patienten dieser Gesundheitsschutz von der oftmals zufälligen Wahl des Arztes abhängt. Würde sich ein Angehöriger in der Behandlung eines anderen Arztes befinden, so bestünde gar keine derartige Garantenstellung und eine Aufklärung käme gar nicht in Betracht. Das Ärzteaufkommen ist jedoch von Stadt zu Stadt verschieden, gerade in kleineren Städten und Ortschaften gibt es oftmals nur einige wenige Ärzte, so dass viele Menschen aus einer Region den gleichen Arzt aufsuchen. Würde eine Garantenstellung nun über das konkrete Behandlungsverhältnis hinausgehen und jeglichen Schutz der Patienten umfassen, so wäre ein Gesundheitsschutz zumindest auch abhängig vom Ärzteaufkommen in einer bestimmten Region. Dies führt jedoch zu unbilligen Ergebnissen.[697]

Des Weiteren scheint es problematisch, von einer Pflicht zu sprechen, wenn diese auch zu Nachteilen für den sich ebenfalls in Behandlung befindenden Patienten führen kann. Wünscht dieser die Information nämlich nicht, läge eine Verletzung des Rechts auf Nichtwissen vor. Diese Rechtsverletzung auf Seiten des betroffenen Dritten spricht entschieden gegen eine generelle Pflicht zur Aufklärung des Arztes bei Bestehen eines Behandlungsverhältnisses.

Insgesamt ist daher eine Offenbarungspflicht des Arztes, die über die Inhalte des konkreten Behandlungsverhältnisses hinausgeht, abzulehnen.

---

695 so auch: Engländer, MedR 2001, 143 (144); Wolfslast, NStZ 2001, 150 (151 f); Kulesza in: Szwarc, Aids und Strafrecht, 156; Otto, JK 01, StGB § 203/2.

696 vgl. Wolfslast, NStZ 2001, 150 (152).

697 weitere Beispiele für die Unbilligkeit einer solchen Annahme bei: Engländer, MedR 2001, 143 (144); Wolfslast, NStZ 2001, 150 (152); Kulesza in: Szwarc, Aids und Strafrecht, 156.

cc) Pflicht aus Vertrag i.V.m. Grundsätzen der Schutzwirkung zugunsten Dritter

Befindet sich ein Angehöriger nicht als Patient in der Behandlung des gleichen Arztes, so könnte sich eine Pflicht zur Offenbarung aufgrund einer Einbeziehung des Angehörigen in den Behandlungsvertrag zwischen dem Arzt und dem Patienten ergeben. Diese zivilrechtliche Konstruktion einer Pflicht aus Vertrag i.V.m. den Grundsätzen der Schutzwirkung zugunsten Dritter begründet eigene Sorgfaltspflichten des Arztes bezüglich des in den Vertrag mit aufgenommenen Dritten.[698] Voraussetzung für das Bestehen eines solchen Vertrages ist zunächst eine sog. Leistungsnähe des Dritten, welche erfordert, dass der Dritte mit der Leistung des Schuldners bestimmungsgemäß in gleicher Weise in Kontakt kommt wie der Gläubiger.[699] Fraglich ist schon hier, ob ein Angehöriger durch die Behandlung eines anderen genauso berührt wird wie der sich in Behandlung befindende Patient selbst. Teils wird eine solche Betroffenheit damit begründet, dass ein besonderer Bezug des Patienten zur Familiengemeinschaft bestehe bzw. dass eine genetische Erkrankung des Patienten eine besondere Gefahr auch für Verwandte darstelle.[700] Bei dem Nachweis einer genetisch bedingten Krankheit könne eine genetische Disposition immer auch bei anderen Familienmitgliedern vorliegen, d.h. diese in vergleichbarer Weise berühren, was eine Leistungsnähe begründe.[701] Jedoch umfasst der Behandlungsvertrag in erster Linie die Behandlung desjenigen Patienten, der den Arzt aufgesucht hat. Ob auch Verwandte des Patienten in die konkrete Behandlung einbezogen sind, bestimmt sich in erster Linie durch Auslegung des Behandlungsvertrages und nicht allein durch Familienzugehörigkeit.[702] Somit ist in den untersuchten Fällen in der Regel schon das Bestehen einer Leistungsnähe in Bezug auf den Verwandten fraglich.

Eine Zubilligung der Schutzwirkung des Behandlungsvertrages zwischen Patient und Arzt auch für einen Angehörigen scheitert jedoch in den untersuchten Konstellationen letztlich jedenfalls an einem fehlenden Schutzinteresse des Gläubigers. Erforderlich ist ein Interesse des Gläubigers, dem Dritten überhaupt Schutz durch den eigenen Behandlungsvertrag zukommen zu lassen.[703] Der genetisch betroffene Patient als Gläubiger will hier jedoch gerade nicht, dass seine

---

698 Grüneberg in: Palandt, BGB, § 328, 13.

699 Stadler in: Jauernig, BGB, § 328, 24; Gottwald, MünchKomm, BGB, § 328, 111; Grüneberg in: Palandt, BGB, § 328, 16.

700 so in Bezug auf HIV: BGHZ 76, 259 (262); BGHZ 96 360 (368); Laufs, Arztrecht, 432; Deutsch, NJW 1989, 1554.

701 so: Cramer, Genom- und Genanalyse, 242.

702 so auch: Bender, VersR 2001, 322 (323).

703 Gottwald, MünchKomm, BGB § 328, 112; Westermann in: Erman, BGB, § 328, 13; Grünewald in: Palandt, § 328, 17 f; Stadler in: Jauernig, BGB, § 328, 27.

genetischen Informationen an andere Verwandte weitergeben werden. Dieses Verhalten verdeutlicht, dass der Patient ein Tätigwerden zum Schutz anderer eventuell gefährdeter Angehöriger gerade nicht wünscht.[704] Ein Interesse am Schutz anderer Verwandter besteht demnach in den hier diskutierten Fällen nicht, so dass m. E. auch die Begründung einer Offenbarungspflicht durch die Konstruktion des Arztvertrags als Vertrag mit Schutzwirkung zugunsten Dritter ausscheidet.

dd) Pflicht aus deliktrechtlichen Verkehrssicherungspflichten

Des Weiteren kann sich eine Pflicht des Arztes zu Handeln aus einer zivilrechtlichen Verkehrssicherungspflicht ergeben. Im Jahre 1994 hat der Bundesgerichtshof eine Aufklärungspflicht des Arztes über die mit einer Polio-Impfung bei einem Kleinkind einhergehenden Gefahr für diejenigen Betroffenen, die mit dem Kind in ständigem Kontakt stehen, angenommen. Eine Aufklärungspflicht resultiere aus der Tatsache, dass der Arzt eine bestimmte Gefahr geschaffen habe.[705] Verkehrssicherungspflichten begründen sich nach dem Grundsatz, dass „derjenige, der in seinem Verantwortungsbereich eine Gefahrenquelle schafft oder andauern lässt, grundsätzlich verpflichtet ist, alle notwendigen und ihm zumutbaren Vorkehrungen zu treffen, um eine Schädigung anderer möglichst zu verhindern".[706] Zusammengefasst ergibt sich eine Verkehrssicherungspflicht demnach maßgeblich aus der tatsächlichen Schaffung und Beherrschung einer Gefahr.[707] Der durch den Bundesgerichtshof im Jahre 1994 entschiedene Fall ist jedoch nicht vergleichbar mit den hier diskutierten Fällen aus der Genetik. Während der Arzt bei einer Impfung eine Infektionsquelle und somit eine eigene Gefahrenquelle schafft, liegen genetische Dispositionen ohne ein Zutun des Arztes bereits seit der Geburt vor. Eine Schaffung bzw. Beherrschung einer Gefahrenquelle durch den Arzt in dem für eine Verkehressicherungspflicht erforderlichen Maße ist hier nicht ersichtlich, denn ein genetisch betroffener Patient ist keine Gefahrenquelle, die der Arzt geschaffen hat und für die er verantwortlich ist.[708]

---

704 so auch: Langkeit, Jura 1990, 452 (460); Corinth, Ärztliche Schweigepflicht und kollidierende Gesundheitsinteressen Dritter, 195 f.

705 BGH, NJW 1994, 3012 ff, hier als „Amtspflicht" bezeichnet, da es sich bei der Polio-Impfung um eine staatliche Schutzimpfung handelt.

706 st. Rspr. des BGH, z.B. BGH, NJW-RR 2003, 1459 m.w.N.; BGH, NJW 2007, 762 und 1684; Sprau in: Palandt, BGB, § 823, 46; Teichmann in: Jauernig, BGB, § 823, 35; Spickhoff in: Soergel, BGB, § 823, 17.

707 Fuchs, Deliktsrecht, 89 ff; Kötz/Wagner, Deliktsrecht, 123 ff; Medicus, Schuldrecht II – Besonderer Teil, 751 ff.; Emmerich, BGB – Schuldrecht BT, 314 ff.

708 so in Bezug auf einen HIV-infizierten Patienten: Langkeit, Jura 1990, 452 (460).

Eine über ein Offenbarungsrecht hinausgehende Pflicht des Arztes zur Informationsweitergabe kann im Ergebnis weder unmittelbar aus § 34 StGB, noch aus eigenen Behandlungsvertrag eines Angehörigen mit dem Arzt, noch aus einer vertraglichen Pflicht i.V.m. den Grundsätzen der Schutzwirkung zugunsten Dritter oder einer allgemeinen Verkehrssicherungspflicht des Arztes hergeleitet werden.

5. Kapitel: Gesetzliche Folgen einer Verletzung der Schweigepflicht

Neben der strafrechtlichen Norm des § 203 StGB befassen sich auch datenschutzrechtliche, zivilrechtliche sowie berufsrechtliche Regelungen mit einem Verstoß des Arztes gegen seine Schweigepflicht. Keine dieser Regelungen gibt jedoch hinreichende Anhaltspunkte dafür, wie der Arzt sich in Situationen der Pflichtenkollision richtig zu verhalten hat. Dies hat zur Folge, dass ein Arzt große Gefahr läuft, in Konflikt mit den bestehenden gesetzlichen Regelungen zu kommen und diese zu brechen.

Aufgrund dieser Gefahr sollen im Folgenden kurz die Konsequenzen aufgezeigt werden, die einen Arzt im Falle eines Verstoßes gegen seine Schweigepflicht sowohl strafrechtlich als auch datenschutzrechtlich, zivilrechtlich sowie berufsrechtlich treffen können, um diese im Anschluss kritisch zu würdigen.

A. Strafrechtliche Regelung des § 203 StGB

Eine Verletzung der Schweigepflicht aus § 9 MBO i.V.m. § 203 StGB hat zunächst strafrechtliche Folgen nach § 203 I StGB. Zwar ist bei Vorliegen der Voraussetzungen des § 34 StGB eine Rechtfertigung des tatbestandlichen ärztlichen Handelns im Sinne des § 203 I StGB möglich. Die allgemein gehaltene Formulierung des § 34 StGB scheint jedoch, wie bereits festgestellt, für den Arzt in einer Konfliktsituation der Pflichtenkollission nicht sonderlich hilfreich zu sein. Besondere Situationen, die sich hier aufgrund der besonderen Eigenschaften genetischer Informationen ergeben, erfordern eine angemessene Regelung der Materie. Einer solchen kann die allgemein gehaltene Bestimmung des § 34 StGB nicht genügen, so dass für den Arzt oftmals die Gefahr einer Strafbarkeit nach § 203 I StGB besteht. Bei rechtswidriger und schuldhafter Verwirklichung des Tatbestandes der Strafnorm droht dem Arzt nach § 203 I StGB eine Freiheitsstrafe bis zu einem Jahr oder eine Geldstrafe.

Der Rechtfertigungsgrund des § 34 StGB allein vermag m.E. die Konfliktsituationen nicht angemessen zu lösen. Aufgrund seiner allgemein gehaltenen Formulierung kann er dem Arzt keine hilfreichen Handlungsanweisungen geben. Selbst wenn der Arzt in dem Glauben handelt, Informationen aufgrund seiner Pflicht aus dem Behandlungsauftrag uneingeschränkt weitergeben zu dürfen und somit sein Verhalten rechtlich fehlbewertet, würde eine Strafbarkeit lediglich entfallen, wenn dieser Erlaubnisirrtum i.S.d. § 17 StGB unvermeidbar gewesen wäre. Hierzu kann regelmäßig angeführt werden, dass sich der Arzt durch Einholung entsprechender Informationen Kenntnis über seine Befugnisse hätte verschaffen können und einen Irrtum über die rechtliche Bewertung so hätte vermeiden können. Eine Strafbarkeit könnte lediglich entfallen, wenn sich der Arzt die Umstände des § 34 StGB vorgestellt hätte und sich somit in einem Erlaubnistatumstandsirrtum befunden hat, beispielsweise durch eine fehlerhafte Abwägung der widerstreitenden Interessen. M.E. ist es jedoch nicht angemessen, ein billiges Ergebnis allein durch die Hilfskonstruktion eines gesetzlich nicht verankerten Irrtums zu erlangen. Vielmehr sollten schon die Regelungen, die den Tatbestand bzw. eine Rechtfertigung umschreiben, dem Arzt auch in Konfliktsituationen genügenden Hinweis geben, welches Verhalten eine Strafbarkeit begründet und welches nicht. Somit sollte eine Bestimmung formuliert werden, die dem Arzt in den hier umschriebenen Konfliktsituationen hinreichende Anweisung gibt, wie dieser im Rahmen seiner ärztlichen Tätigkeit einer Strafbarkeit entgehen kann. Dieses müsste m.E. auf Ebene der Rechtfertigung geschehen, nicht jedoch durch eine Veränderung des § 203 StGB. Die Vorschrift des § 203 StGB und deren Normierung strafrechtlicher Konsequenzen ist daher nicht zu beanstanden.

B. Datenschutzrechtliche Regelungen

Genetische Informationen stellen personenbezogene Daten i.S.d. § 1 II i.V.m. § 3 I BDSG dar. Soweit diese Daten in einer Datei verarbeitet wurden, finden neben der strafrechtlichen Regelung des § 203 StGB die Vorschriften des Bundesdatenschutzgesetzes (BDSG) Anwendung.[709] Fraglich ist zunächst das Verhältnis der strafrechtlichen Norm zu den datenschutzrechtlichen Bestimmungen des BDSG. Wie die Regelung des § 203 StGB dienen auch die datenschutzrechtlichen Bestimmungen nach § 1 I BDSG dem Persönlichkeitsschutz von Menschen. Während § 203 StGB die Geheimhaltung von „anvertrauten“ oder „sonst wie bekannt gewordenen“ Informationen gewährleistet, stehen im BDSG die „Erhebung“ und die „Verarbeitung“ personenbezogener Daten unter Schutz. Allerdings ist ein „Anvertrauen“ bzw. ein „sonstiges Bekanntwerden“ i.S.d. § 203 StGB zugleich eine Beschaffung von Daten über den Betroffenen und somit eine „Erhebung“ i.S.d. § 3 III BDSG. Im Falle einer Speicherung, Veränderung, Ü-

---

709 BÄK, Dt. Ärztebl. 2008, A 1026; Regenbogen, Ärztliche Aufklärung und Beratung in der prädiktiven genetischen Diagnostik, 260; Schöffski, Gendiagnostik: Versicherung und Gesundheitswesen, 124; Deutsch/Spickhoff, Medizinrecht, 615; Wellbrock, CR 1989, 204 (205).

bermittlung, Sperrung oder Löschung der Daten liegt eine „Verarbeitung" nach § 3 IV BDSG vor. Inhaltlich überschneidet sich somit der Schutz des § 203 StGB mit dem des BDSG.[710]

Im Rahmen des Datenschutzes ist zwischen Regelungen, die sich mit dem Schutz bei einer Datenerhebung durch öffentliche Stellen befassen und solchen, die sich auf eine Datenerhebung durch nicht-öffentliche Stellen beziehen, zu unterscheiden.[711] Nicht-öffentliche Stellen im Sinne des § 2 IV BDSG sind alle natürlichen Personen sowie juristische Personen des Privatrechts als Zusammenschlüsse natürlicher Personen.[712] Ein Arzt übt seinen Beruf entweder als niedergelassener Mediziner in einer eigenen Praxis, als angestellter Arzt in einem privaten Betrieb oder als Vertragsarzt in einem öffentlichen Krankenhaus, welches häufig in privatrechtlicher Trägerschaft steht, aus.[713] Er ist somit regelmäßig innerhalb einer juristischen Person des Privatrechts tätig. Eine Erhebung sowie eine Verarbeitung genetischer Daten erfolgt demnach durch ihn als eine nicht-öffentliche Stelle i.S.d. § 1 II Nr. 3 i.V.m. §§ 27 ff. BDSG. Neben dieser Differenzierung besteht ein weiterer Unterschied der datenschutzrechtlichen Bestimmungen zu § 203 StGB darin, dass sich der Anwendungsbereich dieser Regelungen nach § 1 II BDSG umfassend auf alle „personenbezogene Daten" bezieht. Diese werden nach § 3 I BDSG als „Einzelangaben über persönliche oder sachliche Verhältnisse einer bestimmten oder bestimmbaren natürlichen Person" legaldefiniert. Im Gegensatz hierzu erfasst § 203 StGB lediglich den Schutz eines „fremden Geheimnisses" und stellt erheblich höhere Anforderungen an den Schutzgegenstand. Den datenschutzrechtlichen Bestimmungen kommt somit ein weitreichenderes Regelungsspektrum zu als der Strafnorm des § 203 StGB.

Grundsätzlich sind die Bestimmungen des BDSG neben § 203 StGB anwendbar.[714] Jedoch treten die Regelungen des BDSG nach § 1 III 1 BDSG hinter andere bundesrechtliche Rechtsvorschriften zurück, „soweit diese auf personenbezogene Daten einschließlich deren Veröffentlichung anzuwenden sind". Erforderlich ist insoweit eine deckungsgleiche Regelung, d.h. eine solche, die genau denselben Sachverhalt erfasst wie die datenschutzrechtlichen Bestimmun-

---

710 So auch: Eichelbrönner, Grenzen der Schweigepflicht, 158.

711 vgl. Tinnefeld, NJW 1993, 1117.

712 Gola/Schomerus, BDSG, § 27, 3.

713 Stehen öffentliche Krankenhäuser in einer öffentlich-rechtlichen Trägerschaft, wie dies bei Kreis-, Bezirks- oder Landeskrankenhäusern der Fall ist, so gelten dort oftmals spezielle bereichsspezifische Datenschutzbestimmungen, die die Anwendbarkeit des BDSG verdrängen; vgl. hierzu näher Eichelbrönner, Grenzen der Schweigepflicht, 157.

714 Deutsch/Spickhoff, Medizinrecht, 607; Hofmann, Rechtsfragen der Genomanalyse, 152; Deutsch, VersR 2001, 1471 (1472).

gen.[715] § 203 StGB ist eine bundesgesetzliche Regelung, die den Schutz „fremder Geheimnisse“ als spezielle Form der personenbezogenen Daten regelt und sich so hinsichtlich des erfassten Sachverhalts mit dem BDSG überschneidet. Schon dieses verdeutlicht eine vorrangige Geltung des § 203 StGB gegenüber den Vorschriften des BDSG.[716] Darüber hinaus spricht § 1 III 2 BDSG davon, dass „die Verpflichtung zur Wahrung gesetzlicher Geheimhaltungspflichten oder von Berufs- oder besonderen Amtsgeheimnissen, die nicht auf gesetzlichen Vorschriften beruhen“, unberührt bleibt. Auch dieses ist als sog. „Vorrangklausel zugunsten der strafrechtliche Schweigepflicht“ zu verstehen.[717]

Da in den zu untersuchenden Fällen eine Anwendbarkeit des § 203 StGB gegeben ist, treten die Bestimmungen des BDSG im Wege der Subsidiarität hinter die Anwendung dieser Norm zurück. Dem BDSG kommt insoweit der Charakter eines „Auffanggesetzes“[718] zu. Eine solche Interpretation erscheint angemessen, da § 203 StGB gegenüber dem BDSG den spezielleren Schutz bietet. Auch wird der Anwendungsbereich des BDSG durch dessen Nachrangigkeit nicht unterlaufen, denn die datenschutzrechtlichen Bestimmungen umfassen neben fremden Geheimnissen zudem auch andere personenbezogene Daten und sind folglich erheblich weiter gefasst als § 203 StGB. Bei einer Einhaltung der ärztlichen Schweigepflicht scheidet eine Sanktionierung wegen des gleichen Sachverhalts nach dem Datenschutzgesetz aus, denn wer die ärztliche Schweigepflicht einhält, beachtet auch zugleich die Regeln des Datenschutzes.[719] Insgesamt genießt demnach die Regelung des § 203 StGB m.E. berechtigten Vorrang.

---

715 Gola/Schomarus, BDSG, § 1, 24.

716 so auch: Rieger, Lexikon des Arztrechts, Rn. 544; normieren dagegen die datenschutzrechtlichen Bestimmungen Sanktionen für einen Sachverhalt, der über den von § 203 StGB erfassten hinausgeht, so greift das diesbezüglich schärfere Datenschutzrecht, vgl. Deutsch/Spickhoff, Medizinrecht, 607 (m.w.N.), der von einem sog. „Ungünstigkeitsprinzip“ spricht, welches besagt, dass sich bei mehreren Regelungen, die für den gleichen Tatbestand Geltung erlangen, diejenigen mit dem höheren Schutzniveau Anwendung findet.

717 vgl. Schünemann, LK-StGB, § 203, 166; Lenckner in: Schönke/Schröder, StGB, § 203, 76; Cierniak, MK-StGB, § 203, 135; Kargl in: Kindhäuser/Neumann/Paeffgen, StGB, § 203, 89; Hoyer, SK-StGB, § 203, 90; Fischer, StGB, § 203, 52; Lippert in: Ratzel/Lippert, MBO, § 9, 67; Deutsch, VersR 2001, 1471 (1472); ausführlich: Eichelbrönner, Grenzen der Schweigepflicht, 163 f.

718 so: Gola/Schomerus, BDSG, § 1, 23; Stumper, Informationelle Selbstbestimmung und DNA-Analysen, 228.

719 so auch: Lippert in: Ratzel/Lippert, MBO, § 9, 67.

C. Zivilrechtliche Regelungen

Jedoch kann bei einer Verletzung der ärztlichen Schweigepflicht eine zivilrechtliche Haftung des Arztes in Betracht kommen. Die Schweigepflicht stellt eine vertragliche Nebenpflicht des Behandlungsvertrages dar.[720] Eine Schweigepflichtverletzung begründet immer eine Verletzung des Persönlichkeitsrechts einer anderen Person, welches als sonstiges Recht im Rahmen des § 823 I BGB deliktrechtlichen Schutz findet. So kann ein Arzt nach § 823 I BGB selbst bei fahrlässiger Verletzung der ärztlichen Schweigepflicht Schadensersatzansprüchen sowie Ansprüchen auf Zahlung eines Schmerzensgeldes ausgesetzt sein. § 203 StGB stellt zudem ein Schutzgesetz im Sinne des § 823 II BGB dar, so dass Ersatzansprüche gegen den Arzt auch über § 823 II BGB i.V.m. § 203 StGB entstehen können.[721] Die soeben dargestellten vertraglichen sowie deliktischen Ersatzansprüche sind nach §§ 249 ff. BGB auszugleichen. Die Zahlung eines Schmerzensgeldes erfolgt grundsätzlich nach § 253 II BGB. Zwar erfasst § 253 II BGB seinem Wortlaut nach nicht ausdrücklich Verletzungen des Allgemeinen Persönlichkeitsrechts, jedoch besteht nach ständiger Rechtsprechung auch bei Verletzungen des Persönlichkeitsrechts ein Ersatzanspruch, welcher sich zumindest aus § 823 BGB i.V.m. Art. 2 I und Art. 1 I GG herleiten lässt.[722] Bei Vorliegen einer Wiederholungsgefahr hinsichtlich der Verstöße gegen die ärztliche Schweigepflicht besteht des Weiteren ein zivilrechtlicher Anspruch des betroffenen Patienten gegen den Arzt auf Unterlassung weiterer Schweigepflichtverletzungen nach § 1004 BGB analog.[723]

Insgesamt kann demnach eine Verletzung der Schweigepflicht zu zivilrechtlichen Ersatzansprüchen auf Schadensersatz, insbesondere der Zahlung eines Schmerzensgeldes, und möglicherweise zu einem zivilrechtlichen Unterlas-

---

720 Regenbogen, Ärztliche Aufklärung und Beratung in der prädiktiven genetischen Diagnostik, 122; Griebau in: Ratzel/Luxenburger, Handbuch Medizinrecht, § 9, 34; Roßner, Begrenzung der Aufklärungspflicht des Arztes, 156; Deutsch, VersR 2001, 1471 (1472); Timm, Grenzen der ärztlichen Schweigepflicht, 37; Deutsch/Spickhoff, Medizinrecht, 634.

721 Hofmann, Rechtsfragen der Genomanalyse, 152; Roßner, Begrenzung der Aufklärungspflicht des Arztes, 156; Deutsch/Spickhoff, Medizinrecht, 634 und 638; Deutsch, VersR 2001, 1471 (1472); Lilie, Medizinische Datenverarbeitung, 78 ff; Lippert in: Ratzel/Lippert, MBO, § 9, 76; Regenbogen, Ärztliche Aufklärung und Beratung in der prädiktiven genetischen Diagnostik, 122; ausführlich: Timm, Grenzen der ärztlichen Schweigepflicht, 43 f.

722 BGHZ 128, 1 (15); Heinrichs in: Palandt, BGB, § 253, 10; OLG Frankfurt a. M., NJW 2007, 3580 (3580 f); Wagner, NJW 2002, 2049 (2056 f).

723 vgl. Deutsch/Spickhoff, Medizinrecht, 634; Lilie, Medizinische Datenverarbeitung, 118.

sungsanspruch gegen den Arzt führen. Die Geltendmachung zivilrechtlicher Ersatzansprüche ist neben einer Sanktionierung durch § 203 StGB möglich.

Diese gleichzeitig mögliche Inanspruchnahme des Arztes nach Strafrecht und dem zivilrechtlichen Schadensersatzrecht erscheint m.E. vor dem Hintergrund des Zwecks des Schadensersatzrechts angemessen. Anders als dem Strafrecht kommt dem Schadensersatzrecht in Deutschland kein pönalisierender Charakter zu, sondern es beruht auf dem Gedanken des Ausgleichs erlittener Nachteile nach §§ 249 ff. BGB.[724] Dabei gilt grundsätzlich das Prinzip der Totalreparation, nach welchem der Schädiger auch bei nur leichter Fahrlässigkeit den gesamten entstandenen Schaden zu ersetzen hat.[725] Als Schaden ist jede Beeinträchtigung von Interessen, seien es vermögenswerte oder rein ideelle, zu werten. Der Gesamtschaden bemisst sich nach der sog. „Differenzhypothese" durch einen Vergleich des Zustandes, der ohne das schädigende Ereignis bestehen würde (hypothetischer Zustand) mit dem Zustand, welcher nach dem schädigenden Ereignis eingetreten ist (realer Zustand).[726]

Materielle Schäden, die einem Betroffenen durch die Offenbarung genetischer Daten an Angehörige zwangsläufig entstehen, sind nicht offensichtlich. Es geht in den hier zugrunde gelegten Fallkonstellationen vielmehr um immaterielle Beeinträchtigungen, die bei einer Offenbarung für den Patienten entstehen. Gerade bei Persönlichkeitsverletzungen ist der Ausgleich immaterieller Beeinträchtigungen von weitaus größerer Bedeutung als der Ersatz materieller Schäden. Die Zahlung eines Schmerzensgeldes dient neben der Gewährung eines angemessenen Ausgleichs zudem der Genugtuung des Geschädigten.[727] Die Höhe des zu zahlenden Schmerzensgeldes muss unter umfassender Berücksichtigung aller für eine Bemessung maßgeblichen Kriterien festgesetzt werden und hinsichtlich der Art und Dauer der Rechtsgutbeeinträchtigung angemessen sein.[728] So ist es m.E. billig, die mit einer nicht gerechtfertigten Offenbarung einhergehende Persönlichkeitsverletzung des betroffenen Patienten durch die Festsetzung eines der konkreten Tatsituation angemessenen Schmerzensgeldes zu entschädi-

---

724 vgl. Oetker, MünchKomm, StGB, § 249, 8; Heinrichs in: Palandt, Vorb. v. § 249, 4.

725 Heinrichs in: Palandt, BGB Vorb. v. § 249, 5; Teichmann in: Jauernig, BGB, Vor §§ 249-253, 2; Kuckuk in: Erman, BGB, Vor. §§ 249-253, 5.

726 vgl. Oetker, MünchKomm, BGB, § 249, 14, 16 m.w.N.; Kuckuk in: Erman, BGB, Vor §§ 249-253, 25.

727 teils werden diese Funktionen als getrennt bedacht, teils als einheitlicher Ersatzanspruch betrachtet, vgl. Kuckuk in: Erman, BGB, § 253, 17 m.w.N.; BGHZ 18, 149; Heinrichs in: Palandt, BGB Vorb. v. § 249, 4; Heinrichs in: Palandt, BGB, § 253, 11; Teichmann in: Jauernig, BGB, § 253, 3.

728 Heinrichs in: Palandt, BGB, § 253, 16.

gen. Um bei bestehender Wiederholungsgefahr weitere Rechtsgutbeeinträchtigungen zu vermeiden, ist auch die Geltendmachung eines Unterlassungsanspruchs gegenüber dem Arzt geboten.

D. Berufsrechtliche Regelungen

Darüber hinaus stellt ein Verstoß gegen die ärztliche Schweigepflicht eine Berufswidrigkeit dar, welche auch auf berufsrechtlicher Ebene Folgen für den Arzt haben kann. Die in Betracht kommenden Sanktionen sind für Ärzte als Mitglieder einer Landesärztekammer in dem Heilberufsgesetz eines jeweiligen Bundeslandes geregelt.[729] Zunächst besteht bei geringer Schuld des Arztes ein Recht des Kammervorstandes, Berufspflichtverletzungen eines Kammermitgliedes zu rügen.[730] Ist eine geringe Schuld des Arztes nicht ersichtlich, wird ein Berufsgerichtsverfahren eingeleitet.[731] Im Rahmen eines solchen Verfahrens kann gegenüber dem Arzt eine Warnung oder ein Verweis ausgesprochen werden, dem Arzt das passive Berufswahlrecht entzogen, eine Geldbuße verhängt oder aber die Unwürdigkeit zur Ausübung des Berufs festgestellt werden. Die Maßnahmen können mit Ausnahme der Warnung nebeneinander verhängt werden.[732] Berufsrechtliche Verstöße werden jedoch nur verfolgt, soweit bezüglich der Pflichtverletzung nicht bereits in einem strafrechtlichen Verfahren verhandelt wird. Dies gebietet das Verbot der Doppelbestrafung („ne bis in idem") nach Art. 103 III GG. Ist bereits die öffentliche Klage erhoben worden, so kann ein berufsgerichtliches Verfahren zwar eröffnet, muss dann jedoch bis zur Beendigung des strafrechtlichen Verfahrens ausgesetzt werden. Die im strafgerichtlichen Urteil getroffenen Feststellungen sind inhaltlich für eine Entscheidung im berufsgerichtlichen Verfahren bindend.[733]

---

729 Laufs in: Laufs/Uhlenbruck, Handbuch des Arztrechts, § 14, 15; Wollersheim in: Terbille, MAH Medizinrecht, § 5, 65; Ratzel/Knüpper in: Ratzel/Luxenburger, Handbuch Medizinrecht, § 5, 227; z.B. für die Mitglieder der Ärztekammer Westfalen Lippe in den §§ 59 ff. HeilBerG NW.

730 vgl. exemplarisch § 58 a HeilBerG NW; Wollersheim in: Terbille, MAH Medizinrecht, § 5, 70.

731 vgl. exemplarisch § 59 ff. HeilBerG NW.

732 vgl. exemplarisch § 60 HeilBerG NW; Der Katalog der Sanktionen variiert dabei innerhalb der einzelnen Bundesländer leicht; auch Lippert in: Ratzel/Lippert, MBO, § 9, 77; Dettmeyer, Medizin und Recht 76; Wollersheim in: Terbille, MAH Medizinrecht, § 5, 68; Ratzel/Knüpper in: Ratzel/Luxenburger, Handbuch Medizinrecht, § 5, 227.

733 vgl. exemplarisch § 76 HeilBerG NW.

Für eine angemessene Würdigung der berufsrechtlichen Konsequenzen ist zunächst der Sinn berufsrechtlicher Sanktionen herauszustellen. Eine Sanktionierung nach dem ärztlichen Berufsrecht erfolgt, um einem Kammermitglied zu verdeutlichen, dass dieses mit seinem Verhalten das Ansehen des ärztlichen Berufsstandes gefährdet hat. Es soll gerade die besondere Missbilligung der Pflichtverletzung in Bezug auf den ärztlichen Beruf zum Ausdruck kommen und dem Arzt vor Augen geführt werden, dass sein Verhalten nach dem Verständnis seiner Berufsgenossen als „berufsunwürdig" eingestuft wird.[734] Zwar muss ein berufsrechtliches Verfahren bis zur Beendigung eines strafrechtlichen Verfahrens ausgesetzt werden. Jedoch kann es im Anschluss beendet werden und eine zusätzliche berufsrechtliche Sanktion für das ärztliche Verhalten vorsehen. Eine solche soll aber lediglich in Fällen erfolgen, in denen das berufliche Verhalten nicht schon durch das Strafurteil hinreichend gesühnt wurde und ein sog. „berufsrechtlicher Überhang" besteht.[735] Kommt dagegen die besondere berufsrechtliche Missbilligung des ärztlichen Verhaltens schon im Rahmen des Strafverfahrens hinreichend zum Ausdruck, ist eine zusätzliche berufsrechtliche Sanktion überflüssig.

Bei einer Verletzung der ärztlichen Schweigepflicht nach § 203 StGB handelt es sich um ein typisches Arztdelikt. Eine berufsrechtliche Missbilligung des Verhaltens erfolgt bereits grundsätzlich bereits im Rahmen eines Strafverfahrens. Dennoch kann es auch bei Straftatbeständen, die typischerweise bestimmte Berufgruppen erfassen und die die Ausübung eines bestimmten Berufs voraussetzen, erforderlich sein, eine besondere berufsrechtliche Sanktion auszusprechen, wenn dies der Erhalt des Ansehens dieser Berufsgruppe gebietet.[736] Gründe für einen besonderen berufsrechtlichen Überhang, der eine derart zusätzliche Missbilligung erfordert, sind in den zugrunde liegenden Fällen jedoch nicht ersichtlich. Daher scheint m.E. eine berufsrechtliche Sanktionierung nicht erforderlich.

---

734 Quaas/Zuck, Medizinrecht, § 12, 85; Laufs in: Laufs/Uhlenbruck, Handbuch des Arztrecht, § 14, 24; Ratzel/Knüpper in: Ratzel/Luxenburger, Handbuch Medizinrecht, § 5, 228.

735 Der Begriff des „berufsrechtlichen Überhangs" ist bislang durch die Rechtsprechung nicht eindeutig geklärt; vgl. dazu Wollersheim in: Terbille, MAH; Medizinrecht, § 5, 73 m.w.N.; zudem Laufs in: Laufs/Uhlenbruck, Handbuch des Arztrechts, § 14, 25; Quaas/Zuck, Medizinrecht, § 12, 97; Ratzel/Knüpper in: Ratzel/Luxenburger, Handbuch Medizinrecht, § 5, 228.

736 Laufs in: Laufs/Uhlenbruck, Handbuch des Arztrechts, § 14, 24.

6. Kapitel: Vorschläge zur Lösung des bestehenden Konflikts

Insgesamt hat sich gezeigt, dass die hier diskutierte Problematik bislang noch keine hinreichende gesetzliche Entsprechung gefunden hat, welche dem Arzt eine Entscheidungsfindung in einer Konfliktsituation zu erleichtern vermag. Wie diese Untersuchung gezeigt hat, besteht jedoch ein Bedürfnis, dem Arzt bei der Kollision beruflicher Pflichten eine Art Handlungsanweisung zu geben, damit er die rechtlichen Konsequenzen seines Verhaltens absehen kann.

A. Gestaltung eines neuen Rechtfertigungstatbestandes

Fortschritte in der Gentechnologie und im Bereich der medizinischen Genetik lassen die Frage aufkommen, ob nicht auch neue gesetzliche Regelungen in diesen Bereichen erforderlich sind. Das Bedürfnis nach einem Einschreiten des Gesetzgebers wird umso notwendiger, je stärker grundrechtlich geschützte Interessen betroffen sind und die vorhandenen gesetzlichen Strukturen nur unzureichende Hilfe bieten. Es ist Aufgabe des Gesetzgebers, möglichen Grundrechtsgefährdungen vorzubeugen und diese zu vermeiden.[737] Dabei ist es erforderlich, den Schutz aller in einer konkreten Situation tangierten Grundrechte weitestgehend sicherzustellen. In Bezug auf die in dieser Arbeit zugrunde gelegten Fallkonstellationen müssen demnach sowohl die Grundrechte des betroffenen Patienten als auch diejenigen eines eventuell ebenfalls betroffenen Angehörigen in bestmöglicher Weise gewahrt werden.

I. Gesetzgeberische Schutzpflicht hinsichtlich der Sicherung von Grundrechten

Wie bereits erörtert, sind Grundrechte nicht nur Abwehrrechte des Einzelnen gegen staatliche Eingriffe, sondern begründen auch eine Schutzpflicht des Staates.[738] Der Staat ist insoweit als Garant von Grundrechten verpflichtet, diese

---

737 so auch: Donner/Simon, DÖV 1990, 907 (907 u. 918); Gretter, ZRP 1994, 24 (28); Goerdeler/Laubach, ZRP 2002, 115 (116).

738 BVerfGE 46, 160 (162 f, 164 f); BVerfGE 103, 89 (100 m.w.N.); BVerfGE 77, 170 (214 m.w.N.); BVerfGE 56, 54 (78); BVerfGE 85, 191 (212); Stark in: v. Man-

auch vor Eingriffen Dritter zu schützen.[739] Er kann seiner Pflicht durch den Erlass materiell-rechtlicher Regelungen nachkommen. Hierdurch soll die Schutzfunktion eine Gestaltung des privaten Rechts in der Weise bewirken, „dass die in den Grundrechten verkörperte objektive Ordnung gewahrt wird". Den Grundrechten kommt so eine „Ausstrahlungswirkung in das Privatrecht" zu (sog. „mittelbare Drittwirkung").[740] Mit dem Rang, den das jeweils zu schützende Rechtsgut einnimmt, steigen gleichzeitig die Erfordernisse, die der Staat zum Schutz des Rechtsguts aufbringen muss.[741]

In Bezug auf die Problematik dieser Untersuchung umfasst die Schutzpflicht neben der Sicherstellung des Selbstbestimmungsrechts des Patienten also auch die Wahrung der gefährdeten Persönlichkeits- und Gesundheitsinteressen möglicherweise betroffener Angehöriger. Insbesondere in Fällen, in denen die Erfüllung der staatlichen Schutzpflicht mit Eingriffen in Rechte Dritter einhergeht, kommt dieser eine erhebliche praktische Bedeutung zu.[742]

Durch die Regelung des § 203 StGB ist der Staat seiner Pflicht hinsichtlich der Gewährleistung des Informationellen Selbstbestimmungsrechts des Patienten in angemessener Weise nachgekommen. Jedoch existiert keine Regelung, die insbesondere die Gesundheitsinteressen seiner Angehörigen entsprechend berücksichtigt. Vielmehr ist die Wahrung dieser hochrangigen Interessen nach dem bestehenden Regelungswerk in erster Linie von einer Einwilligung des betroffenen Patienten in die Übermittlung der erforderlichen genetischen Daten abhängig. Unter diesen Umständen kann allerdings ein hinreichender Schutz der gefährdeten Rechtsgüter aus Art. 2 II GG nicht gewährleistet werden.

Bedenken hinsichtlich einer staatlichen Schutzpflicht könnte die Tatsache hervorrufen, dass eine Gesundheitsgefährdung selbst bei behandelbaren Krankheiten für einen Angehörigen lediglich zu einer Wahrscheinlichkeit von bestenfalls knapp 50 Prozent besteht. Die „Gefährdungsschwelle" für Grundrechte, ab welcher eine Schutzpflicht erwächst, ist streitig. Während teilweise eine solche

---

goldt/Klein/Stark, GG, Art. 2 II, 190 f, 229; Jarass in: Jarass/Pieroth, GG, Art. 2, 91; v. Münch in: v. Münch/Kunig, GG, Art. 2, 67; Murswiek in: Sachs, GG, Art. 2, 189 ff.

739 Murswiek in: Sachs, GG, Art. 2, 24; Jarass in: Jarass/Pieroth, GG, Vorb vor Art. 1, 7; Mansen, Staatsrecht II: Grundrechte, 50; Epping, Grundrechte, 115.

740 BVerfGE 98, 365 (395); v. Münch in: v. Münch/Kunig, GG, Vorb Art. 1-19, 22; Jarass in: Jarass/Pieroth, GG, Vorb vor Art. 1, 7.

741 Stark in: v. Mangoldt/Klein/Stark, GG, Art. 2 II, 191; Schmidt, Grundrechte, 301.

742 Jarass in: Jarass/Pieroth, GG, Vorb vor Art. 1, 7; vgl. dazu auch Mansen, Staatsrecht II: Grundrechte, 138; Epping, Grundrechte, 118; Michael/Morlok, Grundrechte, 511.

gänzlich abgelehnt wird[743], wird sie andererseits von der abstrakten Möglichkeit einer Beeinträchtigung sowie einer hinreichenden Wahrscheinlichkeit eines Beeinträchtigungseintritts im konkreten Fall abhängig gemacht.[744] Auch nach der letzteren engeren Auffassung kann der Staat jedoch bei geringer Wahrscheinlichkeit des Eintritts einer Beeinträchtigung von seiner Schutzpflicht Gebrauch machen, wenn diese durch eine Hochrangigkeit des gefährdeten Rechtsgutes aufgewogen wird.[745] Das Leben und die körperliche Unversehrtheit stellen aufgrund ihrer Herleitung aus Art. 1 I GG hochrangige Rechtsgüter dar. Einer staatlichen Schutzpflicht diesbezüglich kommt auch in der ständigen Rechtssprechung eine hervorgehobene Bedeutung zu.[746] Die Begründung einer Schutzpflicht wäre daher in Fällen behandelbarer Erbkrankheiten möglich.

Hinsichtlich der Ausübung seiner Schutzpflichten und der Wahl der konkreten Maßnahmen zum Grundrechtsschutz hat der Staat einen weitreichenden Ermessenspielraum.[747] Jedenfalls aber könnte – insbesondere vor dem Hintergrund, dass in anderen europäischen Ländern, beispielsweise der Schweiz, bereits Normen bezüglich dieser Problematik existieren – auch in Deutschland die Schaffung einer gesetzlichen Regelung zur Wahrung der gefährdeten Gesundheitsinteressen erwogen werden.

II. Mögliche Regelungstatbestände eines neuen Rechtfertigungsgrundes

In der Literatur wird teilweise die Möglichkeit angesprochen, eine gesetzliche Regelung zu formulieren, die eine Einbeziehung von Angehörigen schon vor der Durchführung einer genetischen Untersuchung eines Patienten vorsieht.[748] Bereits die Vornahme eines Gentests an einem eventuell Betroffenen und die Bekanntgabe des Ergebnisses tangierten das Interesse auf Geheimhaltung auch ei-

---

743 so beispielsweise: Unruh, Zur Dogmatik der grundrechtlichen Schutzpflichten, 76 ff m.w.N.

744 so: Epping, Grundrechte, 116.

745 BVerfGE 49, 89 (141 ff); BVerfGE 53, 30 (57); Epping, Grundrechte, 120.

746 Stark in: v. Mangoldt/Klein/Stark, GG, Art. 2 II, 190; Hopfauf in: Schmidt-Bleibtreu/Hofmann/Hopfauf, GG, Einl, 142 m.w.N.; Michael/Morlok, Grundrechte, 514; Pieroth/Schlink, Grundrechte: Staatsrecht II, 94.

747 Sachs in: Sachs, GG, Vor Art. 1, 35; Murswiek in: Sachs, GG, Art. 2 30; Hopfauf in: Schmidt-Bleibtreu/Hofmann/Hopfauf, GG, Einl, 142; Mansen, Staatsrecht II: Grundrechte, 264; Pieroth/Schlink, Grundrechte: Staatsrecht II, 97; Hufen, Staatsrecht II: Grundrechte, 6; Epping, Grundrechte, 119; Michael/Morlok, Grundrechte, 115.

748 vgl. Duttge, Kurzstellungnahme zum Entwurf eines GenDG (BT-Drs. 16/3233), 2 f.

ner verwandten Person. Aus diesem Grund sei es geboten, jede weitere möglicherweise betroffene Person ebenfalls zu diesem frühen Zeitpunkt in die Behandlung einzubeziehen. Dies stelle zugleich eine Ausübung des Selbstbestimmungsrechts des Angehörigen sicher, da dieser in seiner Entscheidung noch nicht von einem bereits existenten Untersuchungsergebnis der verwandten Patienten beeinflusst werde.[749] Dieser Ansatz lässt jedoch wesentliche Aspekte unberücksichtigt. Ein Patient, der seine Gene untersuchen lassen möchte, hat in der Regel nicht nur einen Angehörigen, für den ein eventuell bestehendes familiäres genetisches Risiko von Interesse ist. Eine Einbeziehung aller in Betracht kommenden ebenfalls genetisch betroffenen Angehörigen wäre jedoch mit einem erheblichen Aufwand für alle Beteiligten verbunden. Zudem kann eine Kollektivbenachrichtigung aller Angehörigen noch vor der Gewissheit, ob überhaupt eine genetische Disposition bei dem betroffenen Patienten selbst vorliegt, zu einer unnötigen Beunruhigung führen und die gesamte Situation dramatisieren. Eine Einbeziehung aller Verwandten zu einem derart frühen Zeitpunkt erscheint daher unangemessen und in der Praxis schlecht durchführbar. Eine diesbezügliche gesetzliche Regelung ist demnach abzulehnen.

Angemessener erscheint die Schaffung einer solchen Regelung, welche eine Beteiligung von Verwandten erst nach der Ergebnismitteilung über die genetische Beschaffenheit an einen Patienten vorsieht. Erst die Kenntnis der genetischen Dispositionen des untersuchten Patienten nämlich gibt Aufschluss über das konkrete genetische Risiko auch dessen Verwandten. Ist durch einen genetischen Test eine Genveränderung schon bei dem getesteten Patienten nicht nachweisbar, so kann auch für die Verwandten ein diesbezügliches erhöhtes Risiko ausgeschlossen werden. Eine Beunruhigung der Angehörigen bliebe in einem solchen Fall gänzlich aus. Aus diesen Gründen ist eine Vorschrift, die erst die Situation nach der Ergebnismitteilung über eine genetische Disposition an einen Patienten regelt, zu bevorzugen.

Inhaltlich sollte festgelegt werden, in welchen Fällen eine Offenbarung genetischer Daten durch den Arzt in den beschriebenen typischen Konfliktsituationen gerechtfertigt wäre. Eine solche Bestimmung bedeutete die Schaffung eines neuen Rechtfertigungsgrundes für ärztliches Verhalten. Da es hierbei um die Regelung eines speziellen Bereichs aus der Genetik geht und lediglich bestimmte Arten typischer Konfliktsituationen erfasst würde, liegt eine spezialgesetzliche Normierung nahe.

---

749 vgl. Duttge, Kurzstellungnahme zum Entwurf eines GenDG (BT-Drs. 16/3233), 3 f.

III. Notwendigkeit eines neuen Rechtfertigungstatbestandes

Die Schaffung eines neuen Rechtfertigungstatbestandes wäre allerdings nur dann notwendig, wenn bereits existierende Tatbestände den zugrunde liegenden Sachverhalt nicht hinreichend zu regeln vermögen.

Teilweise wird die Auffassung vertreten, ein Rechtfertigungsgrund sei in seinem Regelungstatbestand und in seiner Formulierung grundsätzlich möglichst offen zu halten. Denn je offener ein Rechtfertigungtatbestand sei, desto besser sei er geeignet, sich den wandelnden Wertvorstellungen der Gesellschaft anzupassen.[750] Diese Stimmen könnten das Erfordernis für einen neuen Rechtfertigungsgrund ablehnen und auf § 34 StGB zurückgreifen wollen. Jedoch ist eine gegenüber § 34 StGB speziellere Regelung gerade für den hier diskutierten Bereich wünschenswert, um auf ein angemessenes Verhalten des Arztes in den bestehenden Konfliktsituationen hinzuwirken. Dies kann nämlich, wie dargestellt, aufgrund der offenen Formulierung des § 34 StGB nicht hinreichend gewährleistet werden. Dem Wandel gesellschaftlicher Wertvorstellungen könnte auch ein neuer Rechtfertigungsgrund gerecht werden.

Da Rechtfertigungsgründe nicht zwingend im StGB geregelt sein müssen, wäre eine spezialgesetzliche Regelung der Materie möglich. Vielfach sind spezielle Rechtfertigungsgründe in spezielleren Gesetzen normiert, anerkannt wurden darüber hinaus sogar ungeschriebene Rechtfertigungsgründe.[751] Da es „keinen Numerus clausus der Rechtfertigungsgründe" gibt, ist die Entstehung neuer Tatbestände jederzeit zulässig. Diese müssen jedoch immer „eine mehr oder weniger weitgehende Konkretisierung" der bereits bestehenden allgemeinen Rechtfertigungsgründe sein.[752] Weil hier eine Rechtfertigung aufgrund kollidierender Interessen in Betracht kommt, wäre ein derartige neue Regelung eine Konkretisierung des sich allgemein mit dem Ausgleich widerstreitender Interessen befassenden § 34 StGB. Der Schaffung eines neuen Rechtfertigungstatbestandes steht bei Einhaltung dieser Maßgaben insoweit nichts im Wege. Inhaltlich ist ein spezieller Bereich der medizinischen Genetik betroffen, so dass eine Normierung innerhalb dieser spezialgesetzlichen Regelungswerke zu erwägen ist. In Betracht kommt eine Normierung im Rahmen des GenDG, welches be-

---

750 Lenckner in: Schönke/Schröder, StGB, § 203 StGB, Vorbem. §§ 32 ff, 28.

751 Hirsch, LK-StGB, § 203, 34; Lenckner in: Schönke/Schröder, StGB, Vorbem. §§ 32 ff, 2; Paeffgen in: Kindhäuser/Neumann/Paeffgen, StGB, Vor §§ 32-35, 2.

752 BGHZ 24, 21 (24 f); Lenckner in: Schönke/Schröder, StGB, Vorbem §§ 32 ff, 28; Hirsch, LK-StGB, Vor § 32, 4, 34; Paeffgen, NK-StGB, Vor § 32, 56; Paeffgen in: Kindhäuser/Neumann/Paeffgen, StGB, Vor §§ 32-35; 2, 56.

reits Bestimmungen hinsichtlich einer Erhebung und Verwendung genetischer Daten enthält.

IV. Inhaltliche Ausgestaltung

Eine gesetzliche Regelung müsste inhaltlich allen kollidierenden Interessen in bestmöglicher Weise gerecht werden. Sie müsste also den Schutz des Informationellen Selbstbestimmungsrechts des Patienten und den Schutz des Allgemeinen Persönlichkeitsrechts eines möglicherweise ebenfalls betroffenen Angehörigen in einen angemessenen Ausgleich bringen. Bei präventiv behandelbaren Erbkrankheiten muss zudem, wie die oben durchgeführte Untersuchung gezeigt hat, das Recht eines Verwandten auf Gesundheit bzw. Leben Berücksichtigung finden.

Aufgrund dieser verschiedenartigen Betroffenheit von Interessen in den unterschiedlichen Krankheitssituationen bietet sich eine entsprechende Unterscheidung auch im Rahmen der Gestaltung einer gesetzlichen Regelung an. Situationen, in denen eine Weitergabe von Informationen bezüglich präventiv behandelbarer Erbkrankheiten im Raum steht, sind folglich auch rechtlich anders zu behandeln als solche, in denen Dispositionen über eine nicht behandelbare genetische Krankheit offenbart werden.[753] Eine gesetzliche Regelung sollte demnach eine derartige grundsätzliche Differenzierung enthalten.

In Bezug auf eine Offenbarung genetischer Dispositionen über eine unheilbare Krankheit hat die Untersuchung gezeigt, dass dem Geheimhaltungsinteresse des betroffenen Patienten uneingeschränkter Vorrang einzuräumen ist. Aufgrund der ausschließlichen Betroffenheit von Persönlichkeitsinteressen sowohl auf Patienten- als auch auf Angehörigenseite kann jedenfalls ein wesentliches Überwiegen der Angehörigeninteressen nicht festgestellt werden. Eine Weitergabe der entsprechenden Informationen an einen Angehörigen durch den Arzt muss unterbleiben. Nur so kann dem Recht des Patienten auf informationelle Selbstbestimmung in angemessener Weise entsprochen werden.

Eine gesetzliche Regelung sollte dieses durch § 34 StGB erzielte und in einer derartigen Situation immer gleich ausfallende Abwägungsergebnis spezialgesetzlich ausformulieren. Ihr käme eine Klarstellungsfunktion für die Ärzteschaft zu. Ein Arzt hätte so in einer derartigen Konfliktsituation eine konkrete gesetzliche Anweisung für sein Handeln, welche auf einer Abwägung nach § 34 StGB beruht und müsste, als juristischer Laie in einer Ausnahmesituation, eine solche Abwägung nicht selber durchführen.

---

753 so sinngemäß auch: Duttge, Stellungnahme zum GenDG-E (BT-Drs. 16/3233), 4.

Nicht eindeutig ist dagegen das Ergebnis einer Abwägung i.S.d. § 34 StGB in Bezug auf präventiv heil- bzw. behandelbare Erbkrankheiten ausgefallen. Dies muss sich inhaltlich auch in einem neuen spezialgesetzlichen Rechtfertigungstatbestand widerspiegeln. Ein solcher sollte hier ebenfalls Raum für eine Abwägung im konkreten Fall bieten.

Zudem muss auch das Recht eines Angehörigen auf Nichtwissen die erforderliche Berücksichtigung finden. Dieses gebietet, dass ein Angehöriger vor einer Offenbarung entsprechender Informationen frei entscheiden kann, ob er sein genetisches Risiko erfahren oder lieber nicht kennen möchte. Eine spezialgesetzliche Regelung sollte diesbezüglich eine gegenüber § 34 StGB differenziertere Formulierung enthalten. In der Praxis nicht realisierbar wäre die Festschreibung einer Pflicht des Arztes, vor der Inkenntnissetzung eines Angehörigen diesen zunächst über die abstrakte Möglichkeit zu informieren, dass ein familiäres genetisches Risiko bestehen könnte. Bereits durch dieses Gespräch würde der Angehörige in seinem Recht auf Nichtwissen verletzt werden, so dass kein entscheidender Unterschied zu einer direkten Inkenntnissetzung des Angehörigen bestehen würde. Eine Absicherung des Rechts auf Nichtwissen ist allenfalls in der Weise möglich, dass es dem Arzt untersagt sei, Angehörige aufzuklären, wenn aus Sicht des Arztes Anhaltspunkte dafür bestehen, dass ein Angehöriger eine genetische Disposition oder ein genetisches Risiko nicht erfahren möchte. Eine bestmögliche Sicherstellung des Rechts auf Nichtwissen ist demnach nicht durch die Normierung einer Pflicht des Arztes auf Erforschung des Willens eines Angehörigen, sondern vielmehr durch ein Aufklärungsverbot in Fällen, in denen bereits eine Äußerung des Angehörigen stattgefunden hat, möglich. Im Übrigen kann das Recht auf Nichtwissen aufgrund seines Charakters als Negation eines Kenntnisrechts nicht so umfassend gewährleistet werden wie andere Grundrechte.[754] Dennoch ist eine bestmögliche Wahrung des Grundrechts geboten. Eine entsprechende gesetzliche Festschreibung würde dieser Zielsetzung am ehesten gerecht werden.

Die darüber hinaus betroffenen Gesundheitsinteressen der Angehörigen finden schon durch die gesetzliche Einräumung einer Offenbarungsbefugnis zur Wahrung eben dieser Interessen an sich in angemessener Weise Berücksichtigung.

Auf Patientenseite müsste letztlich das Informationelle Selbstbestimmungsrecht ausreichende Beachtung finden. Dies könnte durch die Festschreibung eines Verbotes an den Arzt, Informationen über die Identität und die genetische

---

754 so auch: Corinth, Ärztliche Schweigepflicht und kollidierende Gesundheitsinteressen Dritter, 154.

Konstitution seines Patienten an Angehörige weiterzugeben, gewährleistet werden. Durch eine anonyme Inkenntnissetzung eines Angehörigen ist der Schutzbereich des Informationellen Selbstbestimmungsrechts nicht tangiert. Zwar besteht die Gefahr, aus tatsächlichen Umständen Rückschlüsse auf diejenige Person in der Familie, die ebenfalls genetisch betroffen ist, zu ziehen. Jedoch würde auch das Unterlassen einer Mitteilung keine Veränderung tatsächlicher Gegebenheiten bedeuten, so dass eine solche Gefahr immer auch ohne eine entsprechende Mitteilung bestünde.

Kritik an einer Differenzierung nach behandelbaren und nicht behandelbaren Krankheiten wird in der Literatur vereinzelt aufgrund der weiten Auslegbarkeit dieser Begriffe geäußert. Es wird angeführt, dass sich die Begriffe im Laufe der Zeit wandeln und für eine gesetzliche Differenzierung zu unstetig seien. Zudem sei eine derartige Differenzierung eine zu starke Betonung der Angehörigenrechte.[755] Andere Stimmen sprechen einer gesetzlichen Regelung im Bereich der prädiktiven Diagnostik ihre Eignung generell ab. Sie begründen dies mit der Komplexität der Regelungsmaterie. Zudem laufe eine Regelung, dies sich am prognostischen Gehalt bestimmter Aussagen orientiere, regelmäßig „Gefahr definitorischer Unschärfe".[756]

Diesen Kritikpunkten ist jedoch entgegen zu halten, dass auch bzw. gerade komplexe Bereiche gewissen Regelungen unterworfen werden müssen. Zwar ist die prädiktive Diagnostik ein Bereich, der erst seit jüngerer Zeit in der Diskussion steht und innerhalb dessen die verwendeten Begrifflichkeiten noch nicht durchweg einheitlich gebraucht werden. Jedoch stellt dies m.E. keinen Grund dar, eine regelungsbedürftige Materie nicht zu regeln. Vielmehr sollte bei einem unterschiedlichen Gebrauch von Begriffen bzw. bei einer Gefahr „definitorischer Unschärfe" das regelnde Gesetz selbst definieren, was genau unter den Begriffen seiner jeweiligen Vorschriften zu verstehen ist. Auf diese Weise können begriffliche Ungenauigkeiten und Missverständnisse aus dem Weg geräumt werden.

Hinsichtlich der Abgrenzung nach heil- bzw. behandelbaren und unbehandelbaren Krankheiten ist der Wandel, dem diese Begriffe mit einen Fortschreiten der Medizin unterliegen, zwar anzuerkennen. Jedoch können unbehandelbare Krankheiten auch bei Entwicklungen in der Medizin immer noch eindeutig als solche identifiziert werden, bei denen gerade keinerlei kausale Therapie möglich

---

755 vgl. in Bezug auf die in § 10 III 3 GenDG normierte „Empfehlung, Verwandten eine genetische Beratung zu empfehlen" schon Gen-ethisches Netzwerk, Stellungnahme zu GenDG-E, 5; Duttge, Kurzstellungnahme zu GenDG-E (16/3233), 4.

756 Bundesärztekammer, Stellungnahme zu GenDG (BT-Drs. 16/10532), 4.

ist. Die Begriffe heil- bzw. behandelbar dagegen sind ausfüllungsbedürftig. Ihnen unterfallen alle Krankheiten, die eben nicht unbehandelbar sind, sondern für die Therapiemöglichkeiten in irgendeiner Form existieren. Die vorgeschlagenen inhaltlichen Anforderungen für eine entsprechende Regelung in Bezug auf diese Krankheiten erscheinen jedoch dennoch nicht verfehlt. Denn im Rahmen der an dieser Stelle vorgeschlagenen Abwägung kann der Grad der Behandelbarkeit in Bezug auf die jeweilige Krankheit zu dem jeweils aktuellen Stand der medizinischen Entwicklung Berücksichtigung finden. Diese Tatsache ist auch dem Kritikpunkt einer zu starken Betonung von Angehörigenrechten entgegen zu halten. Diese gewinnen nämlich erst mit einer hinreichenden Wahrscheinlichkeit der Heil- bzw. Behandelbarkeit der entsprechenden Krankheit an Bedeutung.

Die Entwicklungen und der Fortschritt in der Medizin stehen demnach einer Differenzierung zwischen unheilbaren und behandelbaren Krankheiten im Rahmen einer gesetzlichen Regelung m.E. nicht entgegen. Aufgrund der in den verschiedenen Situationen betroffenen unterschiedlichen Rechtsgüter erscheint eine solche Differenzierung vielmehr notwendig.

V. Mögliche Formulierung einer gesetzlichen Regelung

Unter Berücksichtigung der genannten inhaltlichen Erfordernisse könnte angelehnt an den allgemeiner gefassten Rechtfertigungsgrund des § 34 StGB eine mögliche Regelung wie folgt lauten:

„I) Der die genetische Untersuchung veranlassende Arzt ist bei heil- bzw. behandelbaren Erbkrankheiten befugt, Angehörige eines Betroffenen über ihr genetisches Risiko in Kenntnis zu setzen, wenn mit einem Verschweigen eine gegenwärtige, nicht anders abwendbare Gesundheits- oder Lebensgefahr für die Angehörigen einhergeht und das Ergebnis einer umfassenden Interessenabwägung ergibt, dass deren Lebens- bzw. Gesundheitsinteressen die Persönlichkeitsinteressen der untersuchten Person wesentlich überwiegen. Ein wesentliches Überwiegen ist insbesondere dann anzunehmen, wenn

1. präventive Maßnahmen verfügbar sind, die entweder den Zeitpunkt des Ausbruchs der Erkrankung verzögern oder die Schwere des Krankheitsverlaufs positiv beeinflussen können und

2. diese Maßnahmen nachweislich von einigem Gewicht für die Erhaltung der Gesundheit des Angehörigen sind.

II) Dem Arzt ist es untersagt, Informationen über die Identität oder die konkrete genetische Konstitution der untersuchten Person zu offenbaren.

III) Eine Aufklärung darf nur stattfinden, wenn

1. *der Arzt mit allen ihm zur Verfügung stehenden Mitteln auf eine Unterrichtung der Angehörigen durch die untersuchte Person selbst oder die Erteilung eines Einverständnisses der untersuchten Person in eine Inkenntnissetzung der Angehörigen hingewirkt hat sowie*
2. *aus Sicht des Arztes keine erkennbaren Anhaltspunkte dafür bestehen, dass der Aufzuklärende ein eigenes genetisches Risiko gerade nicht kennen möchte.*

IV) Bei nicht behandelbaren Krankheiten genießt das Informationelle Selbstbestimmungsrecht der untersuchten Person Vorrang gegenüber den Persönlichkeitsinteressen der Angehörigen. Ein Recht des Arztes zur Mitteilung an Angehörige besteht nicht."

Eine derartige Regelung würde dem Schutz der hochrangigen Gesundheitsinteressen eines Angehörigen gerecht werden. Anhaltspunkte für eine Abwägungsentscheidung bieten Abs. 1, Nr. 1 und Abs. 1 Nr. 2. Würde eine Abwägung nach Abs. 1 insgesamt zugunsten eines Offenbarungsrechts ausfallen, stehen einem Angehörigen Möglichkeiten offen, präventive Maßnahmen zum Schutze und zur Erhaltung seiner Gesundheit zu treffen. Abs. 3 Nr. 1 stellt ein vorheriges Zugehen auf den Patienten zur Erwirkung einer Einwilligung in eine Datenweitergabe sicher. Das Recht eines Angehörigen auf Wissen bzw. Nichtwissen findet durch die Regelung in Abs. 3 Nr. 2 seine bestmögliche Entsprechung. Die bedeutende Stellung des Informationellen Selbstbestimmungsrechts auf Seiten des Patienten würde durch Abs. 4 gewürdigt, indem diesem bei unbehandelbaren Krankheiten uneingeschränkter Vorrang gegenüber den Persönlichkeitsinteressen eines Angehörigen einräumt wird. Sogar bei einer Weitergabe genetischer Informationen würde dieses durch das in Abs. 2 normierte Verbot einer Identitätsmitteilung in angemessener Weise Berücksichtigung finden.

Eine Regelung der oben vorgeschlagenen Art würde demnach allen in den diskutierten Konfliktsituationen kollidierenden Interessen gerecht werden.

B. Genetische Bevölkerungsscreenings

Anlässlich verschiedener Diskussionen über die Durchführung genetischer Bevölkerungsscreenings zur Erkennung genetischer Defekte noch vor dem Ausbruch einer entsprechenden Erbkrankheit soll kurz diskutiert werden, wie derartige Screenings im Kontext dieser Untersuchung zu bewerten sind. Als genetische Bevölkerungsscreenings werden gemeinhin genetische Reihenuntersuchungen zur Früherkennung von Krankheiten bezeichnet, die der Allgemeinheit angeboten werden.[757] Im Rahmen genetischer Screenings kann eine breite Masse der Bevölkerung Kenntnis eigener genetischer Anlagen und Risiken erlangen, so dass die dargestellten Konfliktsituationen für einen Arzt gegebenenfalls vermieden werden könnten.

Jedoch sind Screenings immer nur zur Feststellung eines bestimmten genetischen Defekts, nicht jedoch hinsichtlich aller existenten genetischen Veranlagungen zugleich möglich.[758] Zur Erkennung unterschiedlicher genetischer Mutationen müssten also auch verschiedene Screeningprogramme angeboten werden. Dieses wäre mit einem erheblichen Kostenaufwand verbunden. Neben den Kosten für die Durchführung der genetischen Untersuchungen verursachen die Informationsversorgung, die genetische Beratung aller zu untersuchenden Personen sowie eventuell anfallende Folgebehandlungen positiv Getesteter weitere Kosten.[759] Ob sich solche Ausgaben rentieren, hängt von spezifischen Faktoren der jeweils im Mittelpunkt stehenden genetischen Krankheiten ab. Einerseits sind die Häufigkeit des Auftretens einer bestimmten Erbkrankheit und deren weitreichende Konsequenzen von Bedeutung. Bei ganz seltenen Erkrankungen würden Kosten und Nutzen nicht mehr in einem angemessenen Verhältnis stehen. Des Weiteren muss die Aussagekraft, die man einem genetischen Test hinsichtlich eines Ausbruchs der in Rede stehenden Krankheit zuschreiben kann, Berücksichtigung finden. Zudem sind die jeweils verfügbaren Behandlungsmethoden einzubeziehen. Sind für eine Erkrankung keine Behandlungsmaßnahmen möglich, so ist dem Test ein Nutzen für die untersuchte Person im Wesentlichen abzusprechen.[760] Unter Berücksichtigung dieser Kriterien ist zu fragen, ob nun ein Bevölkerungsscreening in Bezug auf die hier untersuchten Erbkrankheiten überhaupt in Betracht kommt.

Zwar ist bei der Chorea Huntington Erkrankung die Aussagekraft eines genetischen Tests als sehr hoch anzusehen, jedoch mangelt es bei dieser Erkrankung an Möglichkeiten der effektiven Behandlung. Ein Gentest würde demnach keinen eindeutigen Nutzen für eine betroffene Person haben.

Bei der polyzystischen Nierenerkrankung dagegen kann eine betroffene Person Möglichkeiten der Vorsorge treffen, so dass ein Bevölkerungsscreening in Erwägung gezogen werden könnte. Da die Erkrankung nachweislich durch eine Mutation eines bestimmten Gens bedingt wird und eine hohe Penetranz auf-

---

757 vgl. Rogowski/Langer in: Schmidtke ua, Gendiagnostik in Deutschland, 89 m.w.N.

758 BÄK, Dt. Ärztebl. 2003, A 1301; BÄK, Dt. Ärztebl. 1998, A 1398; Rogowski/Langer in: Schmidtke ua, Gendiagnostik in Deutschland, 89.

759 vgl. Rogowski/Langer in: Schmidtke ua, Gendiagnostik in Deutschland, 92.

760 Rogowski/Langer in: Schmidtke ua, Gendiagnostik in Deutschland, 89.

weist, ist ein entsprechender Gentest auch als aussagekräftig anzusehen. Ob die Erkrankung mit einem Auftreten von 1:1000 jedoch derartig häufig ist, dass sich ein Screening unter Kosten-Nutzen-Aspekten auszahlen würde, ist zu bezweifeln.

Relativ häufig auftretende, zumindest erblich mitbedingte Erkrankungen sind jedenfalls die Brust- und Darmkrebserkrankung.[761] Allerdings ist hier die Aussagekraft der genetischen Untersuchungen geringer als bei den beiden anderen Erkrankungen, da die Krebserkrankungen mit einer geringeren Penetranz auftreten als die beiden anderen genannten Erbkrankheiten und als komplexe Erkrankungen zudem durch mehrere genetische sowie externe Komponenten bedingt sein können, deren Zusammenwirken noch nicht abschließend geklärt ist. Vorsorgemaßnahmen sind auch bei den Formen der Krebserkrankung, insbesondere bei der Darmkrebserkrankung möglich. Unter Berücksichtigung des länderspezifischen Kosten-Nutzen-Faktors könnte auch bzgl. dieser Erkrankungen die Durchführung genetischer Bevölkerungsscreenings in Deutschland in Erwägung gezogen werden.[762]

Die Teilnahme an genetischen Bevölkerungsscreenings ist jedoch nicht verpflichtend. Jeder Mensch kann frei entscheiden, ob er sich genetisch untersuchen lassen möchte oder nicht. Konfliktsituationen für den Arzt können zwar durch ein Angebot von Screeningprogrammen ggf. seltener auftreten, jedoch nicht zwingend vermieden werden. Einen Beitrag zur Problemlösung bei Eintritt einer solchen Konfliktsituation vermögen Bevölkerungsscreenings daher nicht zu leisten.

C. Handlungsmöglichkeiten des Arztes

Da bislang keine gesetzliche Regelung zu der hier diskutierten Problematik ergangen ist und auch ein wegweisendes Urteil durch die höchstrichterliche Rechtssprechung bislang nicht gefällt wurde, muss eine Offenbarung genetischer Daten an § 34 StGB gemessen werden. Der Arzt steht vor der schwierigen Aufgabe, den Anforderungen des § 34 StGB mit seinem beruflichen Handeln in der konkreten Situation zu genügen, um nicht der Gefahr einer Strafbarkeit nach § 203 StGB ausgesetzt zu sein.

---

761 vgl. 2. Kapitel, D, II, 2: Darmkrebshäufigkeit von 1:20, davon 5-20 % erblich bedingt, d.h. einer von 100 bis 400 Fällen; Brustkrebshäufigkeit von 1:14, davon 5-15 % erblich bedingt, d.h. einer von etwa 93 bis 280 Fällen.

762 vgl. dazu auch Rogowski/Langer in: Schmidtke ua, Gendiagnostik in Deutschland, 95 ff.

Im Folgenden sollen die Handlungsoptionen skizziert werden, die dem Arzt im Fall einer solchen Konfliktsituation, in der er eine Offenbarung der genetischen Informationen an einen Angehörigen für erforderlich hält, nach der bestehenden Gesetzeslage zur Verfügung stehen.

I. Vor einer genetischen Untersuchung des betroffenen Patienten

Grundsätzlich kann dem Arzt geraten werden, die allgemeinen Qualitätsstandards der Beratungsethik bezogen auf jeden einzelnen Patienten zu wahren.[763] Im Rahmen dieser hat er einem Patienten bereits vor der Durchführung einer genetischen Untersuchung ein mögliches genetisches Risiko auch für andere verwandte Familienmitglieder aufzuzeigen. Schon durch eine solche Beratung kann auf eine Einbeziehung auch eventuell betroffener Angehöriger hingewirkt werden. Teils kann dies zur Einsicht des Patienten führen. Teils jedoch kann ein Patient eine Einbeziehung seiner Verwandten dennoch verweigern.

Der Arzt hätte darüber hinaus die Möglichkeit, eine pauschale Entbindung von der Schweigepflicht zu fordern. Eine derartige pauschale Entbindungserklärung durch den Patienten würde für den Arzt eine grundsätzliche Einwilligung des Patienten in die Offenbarung seiner Daten bedeuten. Der Arzt würde sich so der Gefahr einer Verwirklichung des § 203 StGB entziehen. Jedoch darf der Schutz des Allgemeinen Persönlichkeitsrechts des Patienten nicht durch eine pauschale Entbindung von der Schweigepflicht unterlaufen werden. Eine Schweigepflicht-Entbindungsklausel muss vielmehr konkrete Angaben über den Zweck und den Umfang der Entbindung enthalten. In dem konkreten Fall müsste genau festgelegt werden, zu welchen Zwecken und in welchem Umfang einen Entbindung erfolgt.[764] Erforderlich ist eine Einigung mit dem Patienten über diese Aspekte. Erklärt sich der Patient mit einer Entbindungserklärung zum Gesundheitsschutz seiner Angehörigen einverstanden, steht einer Weitergabe der Informationen durch den Arzt nichts im Wege. In Fällen, in denen ein Patient jedoch eine Datenweitergabe nicht wünscht, wird auch eine Unterzeichnung einer derartigen Entbindungserklärung ausbleiben.

II. Nach Ergebnismitteilung an den betroffenen Patienten

Hat der Arzt die genetische Untersuchung bei einem Patienten vorgenommen und eine Veranlagung für eine Erbkrankheit festgestellt, so kann er nochmals

---

763 so auch: Regenbogen, Ärztliche Aufklärung und Beratung in der prädiktiven genetischen Diagnostik, 263.

764 Wellbrock, CR 1989, 204 (206).

versuchen, diesen zu einer Mittelung des genetischen Risikos an nahe Verwandte zu bewegen. Dies würde dem in § 10 III 4 GenDG vorgesehenen Vorgehen entsprechen. Aufgrund der nun konkreten Betroffenheit wird der Patient einer Mitteilung eventuell doch noch zustimmen. Bei Fortbestehen der Verweigerung liefe das Bemühen des Arztes jedoch ins Leere.

Um dem Bedürfnis des Patienten nach Verschwiegenheit besser gerecht zu werden, könnte der Arzt im Gespräch mit diesem auf einen Kompromiss hinwirken. Er könnte versuchen, eine Erklärung des Patienten einzuholen, dass eine Benachrichtigung naher Angehöriger stattfinden darf, ohne dass die Identität des untersuchten Patienten hierbei preisgegeben wird. Bei dieser Lösung bestünde allerdings die Gefahr, dass die informierten Verwandten beispielsweise aufgrund tatsächlicher Umstände Rückschlüsse auf die Identität des bereits genetisch Betroffenen ziehen könnten. Jedoch wäre diese Gefahr auch bei einer Nichtunterrichtung existent. Denkbar ist allerdings auch, dass eine solche anonymisierte Datenübermittlung den Interessen des Patienten entspricht und dieser sein Einverständnis hierzu erteilt.

Die dargestellten Möglichkeiten der Datenweitergabe knüpfen alle an ein Einverständnis des betroffenen Patienten in eine Offenbarung entweder durch diesen selbst oder durch den Arzt an. Im Falle einer konsequenten Verweigerung scheidet dies als Optionen für ein ärztliches Handeln jedoch aus. In einem solchen Fall wäre ein ärztliches Handeln ausschließlich an den Voraussetzungen des generalklauselartig gefassten § 34 StGB zu messen. Die Durchführung einer Interessenabwägung unter Berücksichtigung aller kollidierenden Rechtsgüter und deren angemessene Gewichtung in der konkreten Situation dürfte den Arzt vor eine schwierige Aufgabe stellen. Als juristischer Laie würde er im besonderen Maße Gefahr laufen, gegen die Strafnorm des § 203 StGB zu verstoßen. Um sich dieser Gefahr zu entziehen ist zu erwarten, dass Ärzte aus Angst vor einer strafrechtlichen Verfolgung oftmals untätig bleiben. Eine solche Untätigkeit allerdings kann zur Folge haben, dass den gefährdeten Gesundheitsinteressen Dritter nicht der ihnen aufgrund ihrer hohen verfassungsrechtlichen Stellung gebührende Schutz zukommt.

Selbst wenn sich der Arzt zugunsten der Gesundheitsinteressen eines Angehörigen zu einer Weitergabe genetischer Informationen entschließt, ist nicht auszuschließen, dass eine solche dann mit Verletzungen anderer verfassungsrechtlich geschützter Interessen des Patienten oder des Angehörigen einhergeht. Bestimmungen über den Schutz des durch eine Rechtfertigung beeinträchtigten Rechts auf informationelle Selbstbestimmung auf Patientenseite sowie auch des Rechts auf Nichtwissen auf Angehörigenseite, fehlen in § 34 StGB.

Diesen unbilligen Ergebnissen könnte die Schaffung einer neuen Regelung, die sich gerade auf die hier diskutierten typischen Konfliktsituationen bezieht, entgegen wirken. Auf diese Weise würden Strafbarkeitskonflikte des Arztes ausgeräumt und auch im Übrigen zu einem ärztlichen Handeln im Sinne der Verfassung beigetragen.

Abschließende Würdigung

A. Zusammenfassung der wesentlichen Ergebnisse

Die durchgeführte Untersuchung fußt auf der Überlegung, dass es im Rahmen der beruflichen Tätigkeit eines Arztes zu Situationen kommen kann, in denen der Arzt vor dem Hintergrund seines ärztlichen Heilauftrags aus Gründen des Gesundheitsschutzes geneigt ist, seine ärztliche Schweigepflicht zu brechen und den Tatbestand des § 203 StGB zu verwirklichen. Ob und in welchen Fällen dies gerechtfertigt sein kann und ob die derzeitige Gesetzeslage diese Problematik angemessen regelt oder vielmehr ein gesetzlicher Regelungsbedarf besteht, wurde in dieser Ausarbeitung diskutiert.

Dabei kam die Untersuchung zu folgenden Ergebnissen:

1. Sowohl der ärztliche Heilauftrag als auch die ärztliche Schweigepflicht sind grundlegende Pflichten eines Arztes, die dieser im Rahmen seiner Berufsausübung zwingend zu wahren hat. Die gesamte ärztliche Tätigkeit gründet auf dem sich aus § 1 und § 2 MBO i.V.m. § 1 BÄO herleitenden Auftrag des Arztes, zum Wohle der Gesundheit der Bevölkerung tätig zu werden und für die Erhaltung bzw. Wiederherstellung dieser zu sorgen. Auch die in § 9 MBO normierte Schweigepflicht des Arztes ist als eine der höchsten ärztlichen Pflichten anzusehen, denn das Bestehen einer Vertrauensbeziehung zwischen Arzt und Patient ist eine unerlässliche Voraussetzung für eine angemessene Berufsausübung durch den Arzt. Verfassungsrechtlich ist der ärztliche Heilauftrag auf Art. 2 II und die ärztliche Schweigepflicht auf Art 2 I i.V.m. Art. 1 I GG zurückzuführen.

2. Im Bereich der Medizin und insbesondere der Genetik sind rasante Fortschritte zu verzeichnen. Die genetischen Ursachen vieler Erbkrankheiten sind bereits bekannt und fortlaufend werden neue genetische Zusammenhänge erforscht. Trotz dieser Entwicklungen sind das Zusammenwirken zahlreicher genetischer Faktoren untereinander sowie das Zusammenspiel von genetischen Faktoren und externen Einflüssen längst nicht abschließend geklärt. So erweist sich insbesondere die Bestimmung der genauen Ursachen sowie die konkrete Gewichtung der jeweils mitursächlichen genetischen Faktoren und externen Einflüsse bei den hier als komplex bezeichneten Erkrankungen als schwierig.

3. Da genetisch bedingte bzw. genetisch mitbedingte Erkrankungen immer mehrere Personen innerhalb einer Familie betreffen, haben auch Angehörige eines genetisch Betroffenen ein berechtigtes Interesse an der Diagnose, durch welche sich das jeweils eigene genetische Risiko ermitteln lässt. Dieses Risiko ist besonders hoch bei Mutationen, die nach den Mendelschen Regeln einen dominanten Erbgang aufweisen.

4. Aufgrund gesellschaftlicher Veränderungen kommt es in der heutigen Zeit immer öfter zu familiären Zerwürfnissen. Die Zahl derjenigen, die überhaupt eine Ehe eingehen, sinkt deutlich, während die Scheidungsrate kontinuierlich ansteigt. Stieffamilien sind keine Seltenheit mehr und eine intensive Beziehung zu den eigenen Verwandten wird in immer weniger Familien gepflegt. Wird nun bei einer Person eine genetische Veranlagung festgestellt, so können die eben genannten Umstände dazu führen, dass eine Offenbarung des genetischen Risikos gegenüber anderen Verwandten nicht erwünscht ist, obwohl eventuell präventive Maßnahmen zur Milderung oder gar Verhinderung der erblichen Erkrankung getroffen werden können. Hält der Arzt eine Mitteilung des genetischen Risikos für geboten, steht er „zwischen zwei Stühlen".

5. Eine Offenbarung der genetischen Daten an einen Angehörigen eines Patienten gegen dessen ausdrücklichen Willen bedeutet jedenfalls eine tatbestandliche Verwirklichung der Strafnorm des § 203 StGB. Als verknüpfte Drittgeheimnisse, die in unmittelbarem Zusammenhang zu einem Eigengeheimnis stehen, fallen genetische Daten in den Schutzbereich des § 203 StGB.

6. Ob und unter welchen Umständen eine Offenbarung solcher Geheimnisse durch den Arzt an einen Angehörigen gerechtfertigt sein kann, wird sowohl in den zum GenDG ergangenen Gesetzesentwürfen als auch in Fachorganisationen sowie in der Literatur kontrovers diskutiert und nicht abschließend geklärt. Eine Rechtfertigung des ärztlichen Handelns kommt allenfalls nach den Voraussetzungen des § 34 StGB in Betracht.

7. Obwohl der Ausbruchszeitpunkt der hier untersuchten spätmanifesten Krankheiten unklar ist, ist dennoch eine gegenwärtige Gefahr im Sinne des § 34 StGB gegeben. Die Gegenwärtigkeit wird an der Notwendigkeit einer sofortigen Handlung festgemacht. Bei behandelbaren Krankheiten begründet sich diese durch die unabwendbare gesundheitliche Verschlechterung, die mit Verstreichenlassen einer Offenbarung durch den Arzt einhergeht. Da bei dem Unterlassen einer Offenbarung genetischer Faktoren für eine nicht behandelbare Erbkrankheit einem Betroffenen zumindest die Möglichkeit genommen wird, von dem frühstmöglichen Zeitpunkt an sein Leben in Kenntnis des genetischen Risi-

kos zu gestalten, kann eine Gegenwärtigkeit der Gefahr auch hier zumindest in Bezug auf das Allgemeine Persönlichkeitsrecht angenommen werden.

8. Im Rahmen der Güterabwägung des § 34 StGB kollidieren das auf dem Informationellen Selbstbestimmungsrecht aus Art. 2 I i.V.m. Art. 1 I GG basierende Interesse des betroffenen Patienten an der Verschwiegenheit des Arztes mit dem Recht des Angehörigen auf Wissen, welches eine Ausformung des Allgemeinen Persönlichkeitsrechts aus Art. 2 I i.V.m. Art. 1 I GG ist. Bei präventiv behandelbaren Erkrankungen tritt zudem das Angehörigeninteresse auf Erhalt von Leben und Gesundheit aus Art. 2 II GG hinzu. Neben dem Recht auf Wissen ist untergeordnet auch das Recht eines Angehörigen auf Nichtwissen aus Art. 2 I i.V.m. Art. 1 I GG zu berücksichtigen. Eine Datenweitergabe durch den Arzt geht mit einer Verletzung des Informationellen Selbstbestimmungsrechts des verweigernden Patienten einher und erfolgt zur Wahrung des Rechts auf Wissen bzw. bei präventiv behandelbaren Krankheiten zudem zum Schutz der Gesundheitsinteressen eines Angehörigen. Alternativ kann ein Arzt in Fällen, in denen ein Angehöriger sein genetisches Risiko gerade nicht erfahren möchte allerdings dessen Recht auf Nichtwissen verletzen.

9. Ein Abwägungsergebnis ist unter Berücksichtigung des Rangverhältnisses der kollidierenden Rechtsgüter und der Einbeziehung von Wertungen der Rechtsprechung, des konkreten Schadensausmaßes, des Grades der Wahrscheinlichkeit aller drohenden Gefahren, der Größe der Rettungschance im konkreten Fall sowie weiterer individueller Belange des Einzelnen zu erzielen. Insgesamt ist eine Offenbarung genetischer Informationen durch den Arzt in den Fällen nach § 34 StGB gerechtfertigt, in denen eine Erbkrankheit mit hoher Penetranz dominant vererbt wird und effektive Maßnahmen der Prävention zur Verfügung stehen. Beispielhaft wurde dies an der monogenen polyzystischen Nierenerkrankung sowie der erblich mitbedingten Form der komplexen Darmkrebserkrankung belegt. Im Einzelnen begründet sich dieses Ergebnis zusammengefasst wie folgt:

a) Abstrakt betrachtet stehen das Informationelle Selbstbestimmungsrecht des Patienten sowie das Recht auf Wissen bzw. auf Nichtwissen eines Angehörigen als Ausformungen des Allgemeinen Persönlichkeitsrechts gleichrangig nebeneinander. Bei einer zusätzlichen Betroffenheit von Lebens- bzw. Gesundheitsinteressen des Angehörigen, wie sie im Falle behandelbarer Krankheiten gegeben ist, sind diese als abstrakt höherwertig zu klassifizieren. Diese abstrakte Gewichtung der Interessen wird durch die Rechtsanwendung in vergleichbaren Parallelfällen gestützt. Ein genetischer Exzeptionalismus ist abzulehnen.

b) Die mit der Konfliktsituation einhergehenden Schäden wiegen zumindest in Fällen behandelbarer Krankheiten aufgrund der Nachhaltigkeit und Dauerhaftigkeit möglicher Gesundheitsbeeinträchtigungen auf Seiten des Angehörigen schwerer als auf Patientenseite.

c) Die zusätzliche Berücksichtigung der Wahrscheinlichkeit der eben genannten Schäden unter Einbeziehung der jeweils krankheitsspezifisch bestehenden Rettungschance führte zu krankheitsspezifischen Ergebnissen:

Im Falle der nicht therapierbaren Chorea Huntington Erkrankung ist dem Interesse des betroffenen Patienten an einer Verschwiegenheit des Arztes Vorrang einzuräumen. Da hier ein Einverständnis seinerseits in eine Offenbarung fehlt, ist eine Beeinträchtigung seines Informationellen Selbstbestimmungsrechts gewiss, welche nicht abgewendet werden kann. Dem gegenüber stehen mangels Therapierbarkeit der Erkrankung ausschließlich Persönlichkeitsinteressen eines Angehörigen, die dessen Lebensplanung betreffen. Eine Beeinträchtigung dieser Interessen durch eine Mitteilung des Arztes ist lediglich zu etwa 50 Prozent wahrscheinlich. Die Persönlichkeitsinteressen der Angehörigen stehen daher hinter dem Informationellen Selbstbestimmungsrecht des Patienten zurück. Eine Rettungschance für die Gesundheit besteht bei der Chorea Huntington Erkrankung nicht, so dass insgesamt kein Überwiegen der Angehörigeninteressen festgestellt werden kann.

Anders ist dies bei der polyzystischen Nierenerkrankung zu beurteilen. Hier sind vorbeugende Maßnahmen greifbar, welche bereits präventiv nachweislich den Zeitpunkt eines Krankheitsausbruchs bzw. den Krankheitsverlauf positiv beeinflussen. Ein Verschweigen der genetischen Disposition würde mit gesundheitlichen Nachteilen einhergehen, die durch eine entsprechende Benachrichtigung vermieden werden können. Aufgrund der nahezu vollständigen Penetranz der Erkrankung ist auch die Wahrscheinlichkeit eines Schadenseintritts groß, so dass insgesamt die Gesundheitsinteressen eines Angehörigen das Verschwiegenheitsinteresse des Patienten überwiegen.

Bei der Brust- und Darmkrebserkrankung gestaltet sich die Abwägung schwieriger, da diese als komplexe Erkrankungen durch ein Zusammenspiel mehrerer Gene und externer Faktoren bestimmt werden. Trotz dieser Faktoren ist jedoch auch bei Darmkrebserkrankung eine hohe Penetranz gegeben. Die Wahrscheinlichkeit eines Ausbruchs der erblichen Brustkrebserkrankung bei entsprechender Genmutation dagegen hat sich als unsicher erwiesen. Eine hohe Schadenswahrscheinlichkeit besteht daher lediglich bei der erblichen Form des Darmkrebses. Bei der Bezifferung der Rettungschance hat sich gezeigt, dass der Darmkrebs bei Kenntnis der genetischen Veranlagung vor dem eigentlichen Ausbruch bereits präventiv behandelt werden kann. Bei der Brustkrebserkrankung stehen einem genetisch Betroffenen dagegen zwar Früherkennungsmöglichkeiten zur Verfügung; ein präventives Einwirken auf die Erkrankung erfolgt in der Praxis dagegen regelmäßig nicht. Aufgrund der hohen Schadenswahrscheinlichkeit eines Ausbruchs bei entsprechender genetischer Disposition und der guten Rettungschance überwiegen bei der Darmkrebserkrankung daher die Gesundheitsinteressen eines Angehörigen. Bei der Brustkrebserkrankung ist ein solches Überwiegen wegen der skizzierten Unsicherheiten abzulehnen.

10. Eine darüber hinausgehende Pflicht des Arztes zur Weitergabe kann sich dagegen weder aus einem konkreten Abwägungsergebnis im Rahmen des rechtfertigenden Notstandes ergeben, noch kann eine solche aus dem Behandlungsvertrag eines Angehörigen mit dem Arzt, einer Pflicht aus Vertrag i.V.m. den Grundsätzen der Schutzwirkung zugunsten Dritter oder allgemeinen Verkehrssicherungspflichten hergeleitet werden.

11. Hinsichtlich der Fragestellung, ob die auf die diskutierte Problematik anwendbaren gesetzlichen Regelungen die ärztliche Tätigkeit in angemessener Weise berücksichtigen, hat sich herausgestellt, dass ein Regelungsbedarf im Strafrecht besteht. Die generalklauselartige Vorschrift des § 34 StGB regelt das dargestellte Problemfeld nicht zufriedenstellend. Berücksichtigt werden muss insbesondere, dass sich der Arzt im Rahmen seiner spezifischen beruflichen Tätigkeit oftmals in Situationen der Pflichtenkollision befindet. Typische Konfliktsituationen, die im Rahmen einer Abwägung immer gleich ausfallen, könnten durch eine neue gesetzliche Regelung festgeschrieben werden. Dies vermindert zum einen das berufliche Risiko des Arztes, einen Straftatbestand zu verwirklichen und gewährleistet außerdem einen hinreichenden Schutz von Grundrechten im Sinne der Verfassung.

12. Wie schon der Gesetzgebungsprozess des GenDG gezeigt hat, erweist es sich im Bereich der Genetik als äußerst schwierig, eine gesetzliche Regelung zu formulieren. Eine solche müsste allen kollidierenden Interessen, namentlich dem Informationellen Selbstbestimmungsrecht des Patienten sowie dem Recht auf Wissen, dem Recht auf Nichtwissen und auch den Gesundheitsinteressen eines Angehörigen gerecht werden. Wegen der unterschiedlichen betroffenen Interessen bietet sich inhaltlich eine Differenzierung zwischen präventiv behandelbaren und nicht behandelbaren Erkrankungen an. Das im Rahmen der durchgeführten Prüfung des § 34 StGB immer gleich ausfallende Abwägungsergebnis in Bezug auf nicht heilbare Erkrankungen verdeutlicht, dass dem Arzt in solchen Fällen grundsätzlich kein Ermessensspielraum hinsichtlich einer Weitergabe einzuräumen ist. Anders zu beurteilen ist dies bei behandelbaren Erbkrankheiten. Wegen der Unterschiede in den abwägungsrelevanten Kriterien muss der Arzt hier im konkreten Einzelfall über eine Weitergabe entscheiden können. Auch das Informationelle Selbstbestimmungsrecht des Patienten sowie das Recht auf Nichtwissen eines Angehörigen sind dabei in bestmöglicher Weise sicherzustellen.

Die beispielhaft vorgeschlagene differenzierende Regelung wird diesen Anforderungen gerecht. Eine gesetzliche Bestimmung der vorgeschlagenen Art trägt somit insgesamt entscheidend zur Lösung beruflicher Konfliktsituationen eines Arztes bei und stellt außerdem eine verfassungskonforme Regelung des besonders sensiblen Bereichs der Genetik bzw. der Gendiagnostik sicher. Die Schaffung einer derartigen Regelung wäre wünschenswert.

B. Ausblick

Der Gesetzgeber hat seit jeher die Aufgabe, menschliche Handlungsmöglichkeiten in bestimmten Situationen zu bewerten und diejenigen, die der Rechtsgemeinschaft schaden, zu unterbinden.[765] Vor dieser Prämisse ist die hier durchgeführte Untersuchung zu betrachten, denn auch die verfassungskonforme Abwägung widerstreitender Interessen Dritter ist von diesem gesetzgeberischen Auftrag umfasst.

Neue Handlungsmöglichkeiten gehen mit einem Bedürfnis nach immer neuen gesetzlichen Regelungen einher. Gerade die Naturwissenschaft und die Medizin unterliegen einem stetigen Wandel und befinden sich in einem andauernden Entwicklungsprozess.[766] Unvermeidbar ist daher die Frage, ob das bereits bestehende Regelwerk auch neuartige Konfliktsituationen erfasst oder ob eine gesetzliche Erweiterung erforderlich ist. Die Untersuchung hat verdeutlicht, dass gerade auf dem Gebiet der Humangenetik ein Bedarf besteht, typische Konfliktsituationen gesetzlich zu erfassen. Die bisherige Gesetzeslage hat sich zum einen für den Arzt im Rahmen seiner beruflichen Ausübung als unbefriedigend erwiesen, andererseits begründet sie die Gefahr, dass in neuartigen Konfliktsituationen nicht alle kollidierenden Interessen in verfassungskonformer Weise Berücksichtigung finden. Eine weitergehende gesetzliche Regelung der diskutierten Thematik wäre bereits zum jetzigen Zeitpunkt erstrebenswert.

Zu erwarten ist darüber hinaus, dass die untersuchte Problematik in naher Zukunft immer mehr an Bedeutung gewinnen wird, denn der Fortschritt in Medizin und Genetik schreitet unaufhaltsam voran und bietet stetig neue und effektivere Behandlungskonzepte. Bereits gegenwärtig werden Diskussionen darüber geführt, wie genetische Veranlagungen verändert und auf diese Weise Erb-

---

765 vgl. v. Renesse in: Honnefelder, Das genetische Wissen und die Zukunft des Menschen, 91.

766 so auch: Reusser in: Honnefelder, Das genetische Wissen und die Zukunft des Menschen, 242.

krankheiten erfolgreich verhindert werden können.[767] So wird eine Einschleusung gesunder DNA mittels Viren in den menschlichen Organismus wie auch die Durchführung einer Keimbahn-Gentherapie an den Keimzellen genetische betroffener Eltern erwogen.[768] Als vielversprechender Behandlungsansatz hat sich die Entwicklung solcher Medikamente erwiesen, die gezielt auf dauerhaft kranke Gene einwirken.[769] Um etwa die Effektivität von Behandlungsmöglichkeiten bei der polyzystischen Nierenerkrankung zu optimieren, werden neue Therapieansätze in Tiermodellen erprobt, welche dann auch in Bezug auf den Menschen Anwendung finden sollen.[770] Zur präventiven Behandlung des erblich mitbedingten Brustkrebses wird derzeit in der sog. GISS-Studie die Wirkung einer präventiven Einnahme von Medikamenten zur vorbeugenden Behandlung geprüft. Es soll herausgefunden werden, ob durch eine medikamentöse Ruhigstellung der Eierstöcke mit einem Antihormon eine Vorbeugung von Brustkrebs bei Frauen mit familiärer Vorbelastung möglich ist.[771]

Derartige neue Therapieansätze versprechen ein noch effektiveres präventives Vorgehen gegen erblich bedingte Erkrankungen, so dass eine Inkenntnissetzung über eine entsprechende genetische Disposition in Zukunft immer notwendiger wird.

Spätestens zu dem Zeitpunkt, in dem neue Erkenntnisse in der Medizin die Veränderung genetischer Dispositionen ermöglichen und Erbkrankheiten auf diese Weise mit großer Wahrscheinlichkeit erfolgreich präventiv behandelt bzw. geheilt werden können, wird die hier diskutierten Problematik noch größere praktische Relevanz erlangen. Denn die Normierung der angeführten Kriterien anhand derer eine Abwägungsentscheidung getroffen werden soll, verspricht eine optimale Sicherstellung aller kollidierenden Interessen und gibt dem Arzt die notwendigen Anweisungen zu einem Handeln im Einklang mit der Verfassung

767 Henn/Meese, Humangenetik, 99 ff.

768 Paul/Ganten in: Honnefelder, Das genetische Wissen und die Zukunft des Menschen, 111; Henn/ Meese, Humangenetik, 100 ff.

769 vgl. Henn/Meese, Humangenetik, 103 f.

770 so sinngemäß auch: Kühn/Walz, Dt. Ärztebl. 2007, A 3022 (A 3025, A 3028).

771 Deutsche Krebshilfe, Familiärer Brust- und Eierstockkrebs, 11.

Literaturverzeichnis

Albers, Marion — Informationelle Selbstbestimmung, Studien zu Staat, Recht und Verwaltung, Band 6, 1. Auflage, Baden-Baden 2005.
Zitiert: *Albers,* Informationelle Selbstbestimmung, S.

Amrhein, Christine — Diät bremst Huntington-Krankheit, Internet-Beitrag, News Medizin vom 11.02.2003, www.wissenschaft.de/wissenschaft/news/203497.html (Stand 09/2011).

Andreas, Manfred / Debong, Bernhard / Bruns, Wolfgang — Handbuch Arztrecht in der Praxis, 1. Auflage, Baden-Baden 2001.
Zitiert: *Andreas/Debong/Bruns,* Handbuch Arztrecht, Rn.

Arloth, Frank — Arztgeheimnis und Auskunftspflicht bei AIDS im Strafvollzug, MedR 1986, S. 295 ff.

Aubele, Michaela — Genetik für Ahnungslose, Stuttgart 2007.
Zitiert: *Aubele,* Genetik, S.

Ayasse, Horst — Die Grenze des Datenschutzes im Bereich der privaten Versicherungswirtschaft, VersR 1987, S. 536 ff.

Barmer Ersatzkasse Wuppertal / Deutsche Krebsgesellschaft e.V. und Länderkrebsgesellschaften — Darmkrebs verhindern: Fragen und Antworten, Informationen zur Vermeidung und Früherkennung, 4. Auflage, Frankfurt a.M. 2005.
Zitiert: *Barmer Ersatzkasse Wuppertal/Deutsche Krebsgesellschaft e.V./Länderkrebsgesellschaften,* Darmkrebs verhindern, S.

Barth, Hermann — Wie viel Wissen tut uns gut?, G+G Spezial 10/2007, S. 3.

Bast, Michael — Die Schweigepflicht der Ärzte, Psychologen und Sozialarbeiter im Strafvollzug – Eine Untersuchung der innerbehördlichen Schweigepflicht nach §§ 182 StVollzG, § 203 StGB, Strafrecht in Forschung und

	Praxis Bd. 32, Hamburg 2003. Zitiert: *Bast,* Schweigepflicht im Strafvollzug, S.
Baumann, Jürgen / Weber, Ulrich / Mitsch, Wolfgang	Strafrecht Allgemeiner Teil, 11. Auflage, Bielefeld 2003. Zitiert: *Baumann/Weber/Mitsch,* Strafrecht AT, Kapitel, Rn.
Bender, Albrecht W.	Anmerkung zu OLG Frankfurt a.M., Beschluss vom 8.7.1999 (8 U 67/99), VersR 2000, S. 322 f.
Bender, Denise	Grenzen der Schweigepflicht des Arztes bei Kenntnis von Misshandlungen oder entwürdigenden Behandlungen durch Eltern, MedR 2002, S. 626 ff.
Berufsverband Medizinische Genetik (BVmedgen)	Leitlinien zu Genetischen Beratung, medgen (8) 1996, Heft 3, Sonderbeilage, S. 1 f.
Betriebskrankenkasse (BKK)	Gesunder Darm – Ein Leben lang, Informationsbroschüre der BKK, Altötting 2009. Zitiert: *BKK;* Gesunder Darm, S.
Blettner, Maria	Gentests: „Gewissheit gibt es selten“, G+G Spezial 10/2007, S. 17.
Böhm, Ingolf	Molekulargenetische Analyseverfahren, DuD 1993, S. 264 ff.
Bohnert, Joachim	Der beschuldigte Amtsträger zwischen Aussagefreiheit und Verschwiegenheitspflicht, NStZ 2004, S. 301 ff.
Brown, Terry A.	Gentechnologie für Einsteiger, 5. Auflage, München 2007. Zitiert: *Brown,* Gentechnologie, S.
Brückl, Daniel	Rechtsfragen zur Verwendung von genetischen Informationen über den Menschen,: ein Beitrag über die rechtliche Steuerung der Verwendung von Wissen, Berlin 2001. Zitiert: *Brückl,* Rechtsfragen zur Verwendung von genetischen Informationen, S.

Bruns, Manfred	Aids, Alltag und Recht, MDR 1987, S. 353 ff.
Bruns, Wolfgang / Andreas, Manfred / Debong, Bernhard	Ärztliche Schweigepflicht im Krankenhaus, ArztR 1999, S. 32 ff.
Buchborn, Eberhard	Konsequenzen der Genomanalyse für die ärztliche Aufklärung in der prädiktiven Medizin, MedR 1996, S. 441 ff.
Buchborn, Eberhard	Ärztliche Erfahrungen und rechtliche Fragen bei AIDS, MedR 1987, S. 260 ff.
Bundesärztekammer	Richtlinien zur prädiktiven genetischen Diagnostik, Dt. Ärztebl. 2003, S. A 1297 ff.
Bundesärztekammer	Richtlinien zur Diagnostik der genetischen Disposition für Krebserkrankungen, Dt. Ärztebl. 1998, S. A 1396 ff.
Bundesärztekammer	Empfehlungen zur ärztlichen Schweigepflicht, Datenschutz und Datenverarbeitung in der Arztpraxis, Dt. Ärztebl., 2008, S. A 1026.
Bund-Länder-Arbeitsgruppe „Genomanalyse“	Genomanalyse, Empfehlungen des Abschlussberichts, Nachricht in ZRP 1990, S. 328.
Bürki, Nicole	Brustkrebs: Infos für Ärzte, Identifikation von hereditären Mamma- und Ovarial-Cas, Medizin für die Frau 02/2006. Zitiert: *Bürki,* Brustkrebs, Medizin für die Frau 2006.
Corinth, Annette S.	Ärztliche Schweigepflicht und kollidierende Gesundheitsinteressen Dritter, Göttingen 2008. Zitiert: *Corinth,* Ärztliche Schweigepflicht und kollidierende Gesundheitsinteressen Dritter, S.
Cramer, Stephan	Genom- und Genanalyse, Frankfurt a. M. 1991. Zitiert: *Cramer,* Genom- und Genanalyse, S.
Damm, Reinhard	Eckpunkte der Bundesregierung zu einem Gendiagnostikgesetz, MedR 2008, S. 535 ff.

Damm, Reinhard	Prädiktive Medizin und Patientenautonomie - Informationelle Persönlichkeitsrechte in der Gendiagnostik, MedR 1999, S. 437 ff.
Damm, Reinhard / König, Steffen	Rechtliche Regulierung prädiktiver Gesundheitsinformationen und genetischer „Exzeptionalismus", MedR 2008, S. 62 ff.
Dargel, Helmut	Die rechtliche Behandlung HIV-infizierter Gefangener, NStZ 1989, S. 207 ff.
Delbrück, Hermann	Darmkrebs: Rat und Hilfe für Betroffene und Angehörige, 2. Auflage, Stuttgart, Berlin, Köln 2000. Zitiert: *Delbrück,* Darmkrebs, S.
Dencker, Friedrich	Der verschuldete rechtfertigende Notstand – BayObLG, NJW 1978, 2046, JuS 1979, S. 779 ff.
Denninger, Erhard / Hoffmann-Riem, Wolfgang / Schneider, Hans-Peter / Stein, Ekkehart	Kommentar zum Grundgesetz für die Bundesrepublik Deutschland, 3. Auflage, Reihe Alternativkommentare, Neuwied 2001. Zitiert: *Bearbeiter* in: Denninger/Hoffmann-Riem/Schneider/Stein, AK-GG, Art., Rn.
Dettmeyer, Reinhard	Medizin Und Recht: Rechtliche Sicherheit für den Arzt, 2. Auflage, Heidelberg 2006. Zitiert: *Dettmeyer,* Medizin und Recht, S.
Deutsch, Erwin	Die Genomanalyse: Neue Rechtsprobleme ZRP 1986, S. 1 ff.
Deutsch, Erwin	Schweigepflicht und Infektiosität, VersR 2001, S. 1471 ff.
Deutsch, Erwin	AIDS und Blutspende, NJW 1985, S. 2746.
Deutsch, Erwin	Anwerkung zu: Keine Mitteilung über Möglichkeit einer HIV-Infektion, LG Hamburg, Urt. v. 10.02.1989 - 3 O 364/86 in NJW 1989, S. 1551 ff, NJW 1989, S. 1554.

Deutsch, Erwin / Spickhoff, Andreas	Medizinrecht – Arztrecht, Arzneimittelrecht, Medizinprodukterecht, und Transfusionsrecht, 6. Auflage, Berlin Heidelberg 2008. Zitiert: *Deutsch/Spickhoff,* Medizinrecht, Rn.
Deutsche Forschungsgemeinschaft	Prädiktive genetische Diagnostik: Wissenschaftliche Grundlagen, praktische Umsetzung und soziale Implementierung, Stellungnahme der Senatskommission für Grundsatzfragen der Genforschung, Mitteilung 4, Weinheim 2003. Zitiert: *Dt. Forschungsgesellschaft,* Prädiktive genetische Diagnostik, S.
Deutsche Gesellschaft für Humangenetik e.V. (GfH) und Berufsverband Deutscher Humangenetiker e.V. (BVDH)	Genetische Beratung, medgen 2007, S. 452 ff.
Deutsche Gesellschaft für Humangenetik e.V. (GfH)	Positionspapier der Deutschen Gesellschaft für Humangenetik e.V., Kommission für Grundpositionen und ethische Fragen der Deutschen Gesellschaft für Humangenetik e.V. (vgl. http://www.gfhev.de/de/leitlinien/gfh.htm?Submit2=Liste+anzeigen#position), auch in: medgen 2007, Sonderdruck, S. 5 ff. (vgl. http://www.medgenetik.de/sonderdruck/2007_gfh_positionspapier.pdf), (Stand 09/2011).
Deutsche Gesellschaft für Humangenetik e.V. (GfH)	Neufassung des Positionspapiers der Deutschen Gesellschaft für Humangenetik e.V., Kommission für Grundpositionen und ethische Fragen der GfH, medgen 2007, S. 378 f.
Deutsche Krebsgesellschaft (DKG)	Prävention von Krebs: Aktueller Stand und wirksame Strategien, Germering 2006. Zitiert: *DKG,* Prävention von Krebs, S.
Deutsche Krebshilfe	Familiärer Brust- und Eierstockkrebs, Verbundprojekt der Deutschen Krebshilfe, Informationsbroschüre Nr. 181, Bonn 2003; Download von http://www.krebshilfe.de (Stand 09/2011). Zitiert: *Deutsche Krebshilfe,* Familiärer Brust- und Eierstockkrebs, S.
Deutsche Krebshilfe	Familienangelegenheit, Informationsbroschüre Nr. 444, Bonn 2007, Download von http://www. krebshil-

fe.de (Stand: 09/2011).
Zitiert: *Deutsche Krebshilfe,* Familienangelegenheit, S.

Deutsche Krebshilfe — Familiärer Darmkrebs, Verbundprojekt der Deutschen Krebshilfe, FAP – Familiäre Adenomatöse Polyposis, Informationsbroschüre Nr. 186, Bonn, 2004, Download von http://www. krebshilfe.de (Stand: 09/2011).
Zitiert: *Deutsche Krebshilfe,* Familiärer Darmkrebs – FAP, S.

Deutsche Krebshilfe — Familiärer Darmkrebs, Verbundprojekt der Deutschen Krebshilfe, HNPCC – Hereditäres kolorektales Karzinom ohne Polyposis, Informationsbroschüre Nr. 185, Bonn 2008, Download von http://www. krebshilfe.de (Stand: 09/2011).
Zitiert: *Deutsche Krebshilfe,* Familiärer Darmkrebs – HNPCC, S.

Deutsche Krebshilfe, Fachausschuss „Krebs-Früherkennung“ — Sachstandserhebung „Krebs-Früherkennung“ – Zusammenfassung der Ergebnisse der Hearings mit wissenschaftlichen Fachgesellschaften im Jahre 2005, Bonn 2007.
Zitiert: *Deutsche Krebshilfe,* Sachstandserhebung „Krebs-Früherkennung“, S.

Deutscher Familienverband, Landesverband NRW — Patchworkfamilie, http://www.familienratgeber-nrw.de/index.php?id=1891 (Stand 09/2011).

Deutsches Referenzzentrum für Ethik und Biowissenschaften — www.drze.de/themen/blickpunkte/gentests (Stand 09/2011).

Dimitratos, Nikolaos — Das Begriffsmerkmal der Gefahr in den strafrechtlichen Notstandsbestimmungen, Rechtswissenschaftliche Forschung und Entwicklung, Band 210, München 1989.
Zitiert: *Dimitratos,* Das Begriffsmerkmal der Gefahr, S.

Dittrich, Iris — Drittgeheimnisse im Rahmen der Verletzung von Privatgeheimnissen gemäß § 203 StGB, Strafrecht in Forschung und Recht Bd. 102, Hamburg 2007.
Zitiert: *Dittrich,* Drittgeheimnisse, S.

Dölling, Dieter / Duttge, Gunnar / Rössner, Dieter | Handkommentar Gesamtes Strafrecht – StGB, StPO, Nebengesetze, 1. Auflage, Baden-Baden 2008. Zitiert: *Bearbeiter* in: Dölling/Duttge/Rössner, StGB, §, Rn.

Dolzer, Rudolf / Waldhoff, Christian / Graßhof, Karin | Bonner Kommentar zum Grundgesetz, Band 1: Einleitung bis Art. 3 GG, Heidelberg 2009. Zitiert: *Bearbeiter* in: Dolzer/Waldhoff/Graßhof, BK-GG, Art., Rn.

Dose, Matthias / Dengler, Rudolf / Rapusch, Carsten | Broschüre zur Huntington-Krankheit, Huntington Zentrum des Bezirkskrankenhauses Taufkirchen (Vils), Taufkirchen (Vils) 2004. Zitiert: *Dose ua,* Broschüre Huntington-Krankheit, S.

Dreier, Horst | Kommentar zum Grundgesetz, Band I (Präambel, Artikel 1-19 GG), 2. Auflage, Tübingen 2004. Zitiert: *Bearbeiter* in: Dreier, GG, Art, Rn.

Duttge, Gunnar | Stellungnahme zum Entwurf eines Gesetzes über genetische Untersuchungen bei Menschen (Gendiagnostikgesetz – GenDG; BT-Drs. 16/10532) vom 26 Januar 2009. Zitiert: *Duttge,* Stellungnahme zum GenDG (BT-Drs. 16/10532), S.

Duttge, Gunnar | Kurzstellungnahme zum Entwurf eines Gesetzes über genetischen Untersuchungen bei Menschen (Gendiagnostikgesetz – GenDG, BT- Drs. 16/3233) vom 6. November 2007. Zitiert: *Duttge,* Kurzstellungnahme zum Entwurf eines GenDG (BT-Drs. 16/3233), S.

Eberbach, Wolfram / Lange, Peter / Ronellenfitsch, Michael | Recht der Gentechnik und Biomedizin: EG-Recht, Gesetze, Verordnungen, Formulare, ZKBS-Empfehlungen, Beschlüsse des LAG, Richtlinien, Empfehlungen und Stellungnahmen von Institutionen und Vereinigungen – Kommentar und Materialien, Band 4, Loseblatt-Ausgabe, Heidelberg, Erscheinungsbeginn 1990. Zitiert: *Bearbeiter* in: Eberbach/Lange/Ronellenfitsch, Recht der Gentechnik und Biomedizin, Band 4, Teil, Kapitel, S.

Eichelbrönner, Nicolas — Die Grenzen der Schweigepflicht des Arztes und seiner berufsmäßig tätigen Gehilfen nach § 203 StGB im Hinblick auf Verhütung und Aufklärung von Straftaten – Anzeigepflichten, Auskunftspflichten und Offenbarungsbefugnisse gegenüber den Strafverfolgungsbehörden, Europäische Hochschulschriften II, band 3155, Frankfurt a.M. 2001.
Zitiert: *Eichelbrönner,* Grenzen der Schweigepflicht, S.

Ellermann, Rolf / Opolka, Uwe — Genomanalyse: Ihre biochemischen, medizinischen, juristischen und politischen Aspekte, Gentechnologie Band 27, Frankfurt a. M. 1991.
Zitiert: *Bearbeiter* in: Ellermann/Opolka, Genomanalyse, S.

Emmerich, Volker — BGB – Schuldrecht Besonderer Teil, 12. Auflage, Heidelberg München 2009.
Zitiert: *Emmerich,* BGB – Schuldrecht BT, S.

Emmerling, Dieter — Eheschließungen 2005, Statistisches Bundesamt, Wirtschaft und Statistik, 02/2007, S. 159 ff.
Zitiert: *Emmerling,* Wirtschaft und Statistik 2007, S.

Engländer, Armin — Anmerkung zu OLG Frankfurt a.M., Urteil vom 5.10.1999 – 8 U 67/99 (LG Wiesbaden), MedR 2001, S. 143 f.

Epping, Volker, — Grundrechte, 3. Auflage, Berlin Heidelberg 2007.
Zitiert: *Epping,* Grundrechte, Kap, Rn.

Erman, Walter / Westermann, Harm Peter (Hrsg.) — Kommentar zum Bürgerlichen Gesetzbuch, Band I, §§ 1-811 BGB, 11. Auflage, Köln 2004.
Zitiert: *Bearbeiter* in: Erman, BGB, §, Rn.

Eser, Albin — Medizin und Strafrecht: Eine schutzorientierte Problemübersicht, ZStW 97 (1985), S. 1 ff.

Eser, Albin — Wahrnehmung berechtigter Interessen als allgemeiner Rechtfertigungsgrund, Zugleich ein Versuch über Rechtgüterschutz und evolutives Recht, Berlin Zürich 1969.
Zitiert: *Eser,* Wahrnehmung berechtigter Interessen, S.

Europäische Kommission | Report der Independant Expert Group “Ethical, legal and social aspects of genetic testing: research, development, and clinical applications “, Brüssel 2004, http://ec.europa.eu/research/conferences/2004/genetic/pdf/report_en.pdf (Stand 09/2011).

Europarat | Übereinkommen zum Schutz der Menschenrechte und der Menschenwürde im Hinblick auf die Anwendung von Biologie und Medizin: Übereinkommen über Menschenrechte und Biomedizin, 1997, SEV-Nr. 164.

Europarat | Zusatzprotokoll zur Konvention über Menschenrechte und Biomedizin betreffend der Gentests zu gesundheitlichen Zwecken, 2008, SEV-Nr. 203.

Falk Foundation e.V. | Darmkrebserkrankungen – Dickdarmkrebs (Kolonkarzinom), Enddarmkrebs (Rektumkarzinom), Informationsbroschüre: Der informierte Patient, 1. Auflage, Freiburg 2009.
Zitiert: *Falk Foundation e.V.,* Darmkrebserkrankungen, S.

Fischer, Thomas | Kurzkommentar zum StGB, 56. Auflage, München 2009.
Zitiert: *Fischer,* StGB, §, Rn.

Francke, Robert | Ärztliche Berufsfreiheit und Patientenrechte, Eine Untersuchung zu den Verfassungsrechtlichen Grundlagen des ärztlichen Berufsrechts und des Patientenschutzes, Medizin in Recht und Ethik, Band 30, Stuttgart 1994.
Zitiert: *Francke,* Ärztliche Berufsfreiheit und Patientenrechte, S.

Frisch, Wolfgang (Hrsg.) | Gegenwartsfragen des Medizinstrafrechts, 1. Auflage, Baden-Baden 2006.
Zitiert: *Bearbeiter* in: Frisch, Medizinstrafrecht, S.

Fröhlich, Sven / Wang, Yanguang / Peters, Brigitte | Schweigepflicht oder Aufklärungspflicht? – Eine Umfrage zur Arzt- und Patientenethik, in: Sass, Hans-Martin/Schröder, Peter (Hrsg.), Patientenaufklärung bei genetischen Risiko, Ethik in der Praxis, Band 3, Münster 2003.

Zitiert: *Fröhlich/Wang/Peters* in: Sass/Schröder, Patientenaufklärung bei genetischem Risiko, S.

Fuchs, Maximilian — Deliktsrecht: Eine nach Anspruchsgrundlagen geordnete Darstellung des Rechts der unerlaubten Handlung und der Gefährdungshaftung, 7. Auflage, Berlin Heidelberg 2009.
Zitiert: *Fuchs,* Deliktsrecht, S.

Ganten, Detlev / Ruckpaul, Klaus — Monogen bedingte Erbkrankheiten 1, Handbuch der Molekularen Medizin, Band 6, Berlin, Heidelberg 2000.
Zitiert: *Bearbeiter* in: Ganten/Ruckpaul, Monogene Erbkrankheiten 1, S.

Ganten, Detlev / Ruckpaul, Klaus — Monogen bedingte Erbkrankheiten 2, Handbuch der Molekularen Medizin, Band 7, Berlin, Heidelberg 2000.
Zitiert: *Bearbeiter* in: Ganten/Ruckpaul, Monogene Erbkrankheiten 2, S.

Ganten/ Detlev / Ruckpaul, Klaus — Tumorerkrankungen, Handbuch der Molekularen Medizin, Band 2, Berlin Heidelberg 1998.
Zitiert: *Bearbeiter* in: Ganten/Ruckpaul, Tumorerkrankungen, S.

Geiger, Michael — Zu den Pflichten eines beratenden Arztes bei akut lebensgefährlicher Erkrankung des Patienten, Anmerkung zu BGH, Urt. v. 26.10.1982 – 1 StR 413/82 (LG Rottweil), JZ 1983, S. 151 ff,
JZ 1983, S. 153 f.

Gemeinsame Arbeitsgruppe des Bundesministers für Forschung und Technologie und des Bundesministers der Justiz — In-vitro-Fertilisation, Genomanalyse und Gentherapie, Reihe Gentechnologie, Chancen und Risiken, Band 6, München 1985.
Zitiert: *Gemeinsame Arbeitsgruppe des Bundesministers für Forschung und Technologie und des Bundesministers der Justiz,* In-vitro-Fertilisation, Genomanalyse und Gentherapie, S.

Gen-ethisches Netzwerk (GeN)	Stellungnahme zu dem Referentenentwurf eines Gesetzes über genetische Untersuchungen bei Menschen (Gendiagnostikgesetz – GenDG), Anhörung im Bundesministerium für Arbeit und Soziales in Bonn am 30. Juli 2008. Zitiert: *GeN,* Stellungnahme zu GenDG, S.
Goerdeler, Jochen / Laubach, Birgit	Im Datendschungel – Zur Notwendigkeit der gesetzlichen Regelung von genetischen Untersuchungen, ZRP 2002, S. 115 ff.
Göhler, Erich	Das Einführungsgesetz zum Strafgesetzbuch, NJW 1974, S 825 ff.
Gola, Peter / Schomerus, Rudolf	Kommentar zum Bundesdatenschutzgesetz (BDSG), 9. Auflage, München 2007. Zitiert: *Gola/Schomerus,* BDSG, §, Rn.
Gottschalk, Werner	Allgemeine Genetik, 4. Auflage, Stuttgart 1994. Zitiert: *Gottschalk,* Genetik, S.
Graw, Jochen	Genetik, 4. Auflage, Berlin Heidelberg 2006. Zitiert: *Graw,* Genetik, S.
Gretter, Bettina	Gesetzlich geregelte Informationspflicht gegenüber Risikoträgern von genetisch bedingten, heilbaren Krankheiten?, ZRP 1994, S. 24 ff.
Griffiths, Anthony J. F. / Wessler, Susan R. / Lewontin Richard C. / Carroll Sean B.	Introduction to Genetic Analysis, 9th Edition, New York 2008. Zitiert: *Griffiths ua,* Genetic Analysis, S.
Grömig, Ursula	Schweigepflicht der Ärzte untereinander, NJW 1970, S. 1209 ff.
Grundmann, Ekkehard	Das ist Krebs: Entwicklungen, Erkenntnisse, Erfolge, München 2007. Zitiert: *Grundmann,* Das ist Krebs, S.
Hackel, Wolfgang	Drittgeheimnisse innerhalb der ärztlichen Schweigepflicht, NJW 1969, S. 2257 ff.

Hamann, Peter A. / Fenger, Hermann | Allgemeinmedizin und Recht, Berlin Heidelberg 2004.
Zitiert: *Hamann/Fenger,* Allgemeinmedizin und Recht, Kapitel, S.

Hanau, Peter / Lorenz, Egon / Matthes, Hans-Christoph | Festschrift für Günther Wiese zum 70. Geburtstag, Neuwied 1998.
Zitiert: *Bearbeiter* in: Hanau/Lorenz/Matthes, Festschrift für Wiese, S.

Harbig, Christine | Neuer Therapieansatz für Chorea Huntington entdeckt,
Internet-Beitrag, News Medizin vom 29.07.2003, www.wissenschaft.de/wissenschaft/news/225415.html (Stand 09/2011).

Hasskarl, Horst / Ostertag, Alice | Der deutsche Gesetzgeber auf dem Weg zu einem Gendiagnostikgesetz,
MedR 2005, S. 640 ff.

Hattenhauer, Hans | Allgemeines Landrecht für die Preußischen Staaten von 1794, 2. Auflage, Neuwied 1994.
Zitiert: *Hattenhauer,* Allgemeines Landrecht für die Preußischen Staaten, S.

Heghmanns, Michael | Strafrecht für alle Semester: Besonderer Teil, Grund- und Examenswissen kritisch vertieft, Berlin Heidelberg 2009.
Zitiert: *Heghmanns,* Strafrecht für alle Semester: BT, Kapitel, Rn.

Heghmanns, Michael / Niehaus, Holger | Outsourcing im Versicherungswesen und der Gehilfenbegriff des § 203 III 2 StGB,
NStZ 2008, S. 57 ff.

Heller-Jung, Silke | Viel Zeit für Fragen,
G+G Spezial 10/2007, S. 8 f.

Heller-Jung, Silke | Der Abschied vom Schicksal,
G+G Spezial 10/2007, S. 14 f.

Henn, Wolfram | Gentests: Sinnvoller Einsatz erfordert klare Regeln,
BKK 2008, S 349.

Henn, Wolfram — Der Diskussionsentwurf des Gendiagnostikgesetzes: Ein Meilenstein der Patientenautonomie?, Ethik in der Medizin 2005, S. 34 ff.

Henn, Wolfram — Probleme der ärztlichen Schweigepflicht in Familien mit Erbkrankheiten, Zeitschrift für medizinische Ethik (48) 2002, S. 343 ff.

Henn, Wolfram — Predictive diagnosis and genetic screening: Manipulation of fate?, Perspectives in biology and medicine 1998, S. 282 ff.

Henn, Wolfram — Schutz und Grenzen der informationellen Selbstbestimmung in der medizinischen Genetik in: Zang, Klaus / Henn, Wolfram, 25 Jahre Institut für Humangenetik der Universität des Saarlandes, st. Ingbert 1999.
Zitiert: *Henn* in: Zang/Henn, Humangenetik im Saarland, S.

Henn, Wolfram / Meese, Eckart — Was stimmt? Humangenetik: die wichtigsten Antworten, Freiburg 2007.
Zitiert: *Henn/Meese,* Humangenetik, S.

Herberer, Jörg / Mößbauer, Annette — Schweigepflicht bei infektiösen Patienten – Persönlichkeitsschutz des Patienten vor Schutz des Personals im Krankenhaus?, MedR 2004, S. 138 ff.

Hettinger, Michael / Zopfs, Jan / Hillenkamp, Thomas / Köhler, Michael / Rath, Jürgen / Streng, Franz / Wolter, Jürgen — Festschrift für Wilfried Küper zum 70. Geburtstag, Heidelberg München 2007.
Zitiert: *Bearbeiter* in: Hettinger ua, Festschrift für Küper, S.

Hinrichs, Werner — Rechtliche Aspekte zur Schweigepflicht der Betriebsärzte und des betrieblichen Personals, DB 1980, S. 2287 ff.

Hofmann, Constantin — Rechtsfragen der Genomanalyse, Frankfurt a. M. 1999.
Zitiert: *Hofmann,* Rechtsfragen der Genomanalyse, S.

Hollmann, Angela — Patientengeheimnis und medizinische Forschung, MedR 1992, 177 ff.

Honnefelder, Ludger / Mieth, Dietmar / Propping, Peter / Siep, Ludwig / Wiesemann, Claudia — Das genetische Wissen und die Zukunft des Menschen, Berlin 2003.
Zitiert: *Bearbeiter* in: Honnefelder ua, Das genetische Wissen, S.

Hoppe, Jörg-Dietrich — Wir brauchen ein Gendiagnostikgesetz, G+G Spezial 10/2007, S. 7.

Hufen, Friedhelm — Staatsrecht II: Grundrechte, 2. Auflage, München 2009.
Zitiert: *Hufen,* Staatsrecht II: Grundrechte, Rn.

Jähnke, Burkhard / Laufhütte, Heinrich Wilhelm / Odersky, Walter — Leipziger Kommentar zum Strafgesetzbuch, Band 5, §§ 146-222 StGB, 11. Auflage, Berlin 2005.
Zitiert: *Bearbeiter,* LeipzKommStGB, §, Rn.

Jähnke, Burkhard / Laufhütte, Heinrich Wilhelm / Odersky, Walter — Leipziger Kommentar zum Strafgesetzbuch, Band 2, §§ 32-60 StGB, 11. Auflage, Berlin 2003.
Zitiert: *Bearbeiter,* LeipzKommStGB, §, Rn.

Jakobs, Günther — Strafrecht, Allgemeiner Teil – Die Grundlagen und die Zurechnungslehre, 2. Auflage, Berlin 1991.
Zitiert: *Jakobs,* Strafrecht AT, Abschnitt, Rn.

Janning, Wilfried / Knust, Elisabeth — Genetik, Stuttgart 2004.
Zitiert: *Janning/Knust,* Genetik, S.

Jarass, Hans D. / Pieroth, Bodo — Kommentar zum Grundgesetz, 10. Auflage, München 2009.
Zitiert: *Bearbeiter* in: Jarass/Pieroth, GG, Art, Rn.

Jauernig, Othmar — Kommentar zum Bürgerlichen Gesetzbuch mit Allgemeinem Gleichstellungsgesetz (Auszug), 12. Auflage, München 2007.
Zitiert: *Bearbeiter* in: Jauernig, BGB, §, Rn.

Jescheck, Hans-Heinrich / Weigend, Thomas — Lehrbuch des Strafrechts – Allgemeiner Teil, 5. Auflage, Berlin 1996.
Zitiert: *Jescheck/Weigend,* Strafrecht AT, §, S.

Joecks, Wolfgang / Miebach, Klaus — Münchner Kommentar zum Strafgesetzbuch, Band 3, §§ 185-262 StGB, München 2003.
Zitiert: *Bearbeiter,* MünchKommStGB, §, Rn.

Kaufmann, Arthur	Anmerkung zu OLG Nürnberg, NJW 1958, S. 272 ff.
Kiehntopf, Michael / Deufel, Thomas / Pagel, Cornelia	Gendiagnostikgesetz: Zweifel am Konzept, Dt. Ärztebl. 2008, 105 (15); A 776-777. Zitiert: *Kiehntopf*, Dt. Ärztebl. 2008, 105 (15); A 776-777.
Kiehntopf, Michael / Pagel, Cornelia	Der Entwurf des Gendiagnostikgesetzes – genetischer Exzeptionalismus oder allgemeines Diagnostikgesetz?, MedR 2008, S. 344 ff.
Kienle, Thomas	Die prädiktive Medizin und gentechnische Methoden, Tübingen 1998. Zitiert: *Kienle,* Prädiktive Medizin, S.
Kindhäuser, Urs	Strafrecht Besonderer Teil I, Straftaten gegen Persönlichkeitsrechte, Staat und Gesellschaft, 3. Auflage, Baden-Baden 2007. Zitiert: *Kindhäuser,* Strafrecht BT I, §, Rn.
Kindhäuser, Urs / Neumann, Ulfrid / Paeffgen, Hans-Ullrich	Kommentar zum Strafgesetzbuch, Band 2, §§ 146-358 StGB, 2. Auflage, Baden-Baden 2005. Zitiert: *Bearbeiter* in: Kindhäuser/Neumann/Paeffgen, StGB, §, Rn.
Kindhäuser, Urs / Neumann, Ulfrid / Paeffgen, Hans-Ullrich	Kommentar zum Strafgesetzbuch, Band 1, §§ 1-145 d StGB, 2. Auflage, Baden-Baden 2005. Zitiert: *Bearbeiter* in: Kindhäuser/Neumann/Paeffgen, StGB, §, Rn.
Köhler, Michael	Strafrecht Allgemeiner Teil, Berlin Heidelberg 1997. Zitiert: *Köhler,* Strafrecht AT, S.
Kollek, Regine / Lemke, Thomas	Entwicklung von Angebot und Nachfrage prädiktiver genetischer Tests, Szenarien und Determinanten, GGW 4/2007, S. 7 ff.
Kolpatzik, Kai / Egger, Bernhard	Fortschritt mit Nebenwirkungen, G+G Spezial 10/2007, S. 10 ff.
Koppernock, Martin	Das Grundrecht auf bioethische Selbstbestimmung: zur Rekonstruktion des allgemeinen Persönlichkeits-

	rechts, Nomos Universitätsschriften Recht, Band 238, 1. Auflage, Baden-Baden 1997. Zitiert: *Koppernock,* Das Grundrecht auf bioethische Selbstbestimmung, S.
Kötz, Hein / Wagner, Gerhard	Deliktsrecht, 10.Auflage, München 2006. Zitiert: *Kötz/Wagner,* Deliktsrecht, Rn.
Krähenbühl, Verena / Jellouschek, Hans / Kohaus-Jellouschek, Margarete / Weber, Roland	Stieffamilien: Struktur – Entwicklung – Therapie, 6. Auflage, Freiburg im Breisgau 2007. Zitiert: *Krähenbühl ua,* Stieffamilien, S.
Kremer, Christoph	Schweigepflicht bei HIV-Infektion, Bericht zu OLG Frankfurt a.M., Urteil vom 5.10.1999 – 8 U 67/99 (LG Wiesbaden), MedR 2000, S. 196 ff.
Kreuzer, Arthur	Die Schweigepflicht von Krankenhausärzten gegenüber Aufsichtsbehörden, NJW 1975, S. 2232 ff.
Kreuzer, Arthur	Aids und Strafrecht – Kriminologische Anmerkungen zur strafrechtlichen und kriminalpolitischen Diskussion, ZStW 100 (1988), S. 786 ff.
Kühn, Wolfgang / Walz, Gerd	Autosomal dominante polyzystische Nierenerkrankung, Übersichtsarbeit, Dt. Ärztebl. 2007, S. A 3022 ff.
Kulesza, Witold	Diskussionsbericht in: Szwarc, Andrzej J., AIDS und Strafrecht, Schriften zum Strafrecht, Heft 107, Berlin 1996. Zitiert: *Kulesza* in: Szwarc, Aids und Strafrecht, S.
Küper, Wilfried	Festschrift für Karl Lackner zum 70. Geburtstag am 18.Februar 1987, Berlin 1987. Zitiert: *Bearbeiter* in: Küper, Festschrift für Lackner, S.
Küper, Wilfried	Die sog. „Gefahrtragungspflichten" im Gefüge des rechtfertigenden Notstandes – ein Beitrag zum Verhältnis von Interessenabwägungsklausel und Angemessenheitsformel, JZ 1980, S. 755 f.

Küpper, Georg	Strafrecht – Besonderer Teil I: Delikte gegen Rechtsgüter der Person und Gemeinschaft, 3. Auflage, Berlin Heidelberg 2007. Zitiert: *Küpper,* Strafrecht BT I, §, Rn.
Lackner, Karl / Kühl, Kristian	Kommentar zum Strafgesetzbuch, 26. Auflage, München 2007. Zitiert: *Lackner/Kühl,* StGB, §, Rn.
Lange, Herwig W.	Morbus Huntington – Klinik, Diagnose und Therapie Psycho 2002, S 479 ff.
Langkeit, Jochen	Arztrechtliche Probleme im Zusammenhang mit Aids-Tests, Jura 1990, S. 452 ff.
Laufs, Adolf	Arztrecht, 5. Auflage, München 1993. Zitiert: *Laufs,* Arztrecht, Rn.
Laufs, Adolf	Die Entwicklung des Arztrechts 1979/80, NJW 1980, S. 1315 ff.
Laufs, Adolf	Die Entwicklung des Arztrechts 1986/87, NJW 1987, S. 1449 ff.
Laufs, Adolf, Uhlenbruck, Wilhelm	Handbuch des Arztrechts, 3. Auflage, München 2002. Zitiert: *Bearbeiter* in: Laufs/Uhlenbruck, Handbuch des Arztrechts, §, Rn.
LebensBlicke, Stiftung Früherkennung Darmkrebs	Faltblatt „Vermeiden statt Leiden: Aktiv gegen Darmkrebs", Eine Initiative der Stiftung LebensBlicke, Ludwigshafen. Zitiert: *Stiftung LebensBlicke,* Faltblatt: Vermeiden statt Leiden.
LebensBlicke, Stiftung Früherkennung Darmkrebs	Informationsbroschüre „Ein Augenblick für Ihr Leben!", Ludwigshafen. Zitiert: *Stiftung LebensBlicke,* Broschüre: Ein Augenblick für ihr Leben.
Lebensblicke, Stiftung Früherkennung Darmkrebs	Broschüre über Stiftung und Förderverein LebensBlicke e.V., Ludwigshafen 2009. Zitiert: *Stiftung LebensBlicke,* Stiftung und Förderverein LebensBlicke e.V., S.

Lehnen-Beydel, Ilka | Süße Therapie gegen Chorea Huntington, Internet-Beitrag, News Medizin vom 19.01.2004, www.wissenschaft.de/wissenschaft/news/236522.html (Stand 09/2011).

Leibholz, Gerhard / Rinck, Hans-Justus | Kommentar zum Grundgesetz für die Bundesrepublik Deutschland, Band I, Art. 1-11 GG, Köln 2005.
Zitiert: *Leibholz/Rinck,* GG, Art., Rn.

Lilie, Barbara | Medizinische Datenverarbeitung – Schweigepflicht und Persönlichkeitsrecht im deutschen und amerikanischen Recht, Göttinger Rechtswissenschaftliche Studien, Band 112, Göttingen 1980.
Zitiert: *Lilie,* Medizinische Datenverarbeitung, S.

Lilie, H. | Zu den Pflichten eines beratenden Arztes bei akut lebensgefährlicher Erkrankung des Patienten, Anmerkung zu BGH, Urt. v. 26.10.1982 – 1 StR 413/82 (LG Rottweil), NStZ 1983, S. 313 f,
NStZ 1983, S. 314 f.

Lohkamp, Christine | Die Büchse der Pandora, G+G Spezial 10/2007, S. 18.

Mankowski, Peter | Anmerkung zu: BGH, Urteil v. 25.3.1993 in JZ 1994, S. 46 ff.,
JZ 1994, S. 48 ff.

Mansen, Gerrit | Staatsrecht II: Grundrechte, 6. Auflage, München 2009.
Zitiert: *Mansen,* Staatsrecht II: Grundrechte, Rn.

Maunz, Theodor / Dürig, Günther | Grundgesetz-Kommentar, Band I, Art. 1-5 GG, München 2009.
Zitiert: *Bearbeiter* in: Maunz/Dürig, GG, Art., Rn.

Maurach, Reinhard / Zipf, Heinz | Strafrecht Allgemeiner Teil, Teilband 1, Grundlehren des Strafrechts und Aufbau der Straftat, 8. Auflage, Heidelberg 1992.
Zitiert: *Maurach/Zipf,* Strafrecht AT I, Kapitel, Rn.

Medicus, Dieter | Schuldrecht II – Besonderer Teil, 14. Auflage, München 2007.
Zitiert: *Medicus,* Schuldrecht II – Besonderer Teil, Rn.

Menzel, Hans-Joachim — Genomanalyse im Arbeitsverhältnis und Datenschutz, NJW 1989, S. 2041 ff.

Meurer, Dieter — AIDS und strafrechtliche Probleme der Schweigepflicht in: Szwarc, Andrzej J., AIDS und Strafrecht, Schriften zum Strafrecht, Band 107, Berlin 1996. Zitiert: *Meurer* in: Szwarc, AIDS und Strafrecht, S.

Michael, Lothar / Morlok, Martin — Grundrechte, 1. Auflage 2008, Baden-Baden 2008. Zitiert: *Michael/Morlok,* Grundrechte, Rn.

Michalowski, Sabine — Schutz der Vertraulichkeit strafrechtlich relevanter Patienteninformationen, ZStW 109 (1997), S. 519 ff.

Mieth, Dietmar — Wissen ohne Gewissheit, G+G Spezial 10/2007, S. 19.

Nationaler Ethikrat — Prädiktive Gesundheitsinformationen bei Einstellungsuntersuchungen, Stellungnahme, Berlin 2005. Zitiert: *Nationaler Ethikrat,* Prädiktive Gesundheitsinformationen bei Einstellungsuntersuchungen, S.

Neumann, Ulfrid / Puppe, Ingeborg / Schild, Wolfgang — Nomos Kommentar zum Strafgesetzbuch, Band 1, 1. Auflage, Baden-Baden 1995, Stand: Nov. 2003. Zitiert: *Bearbeiter,* NK-StGB, §, Rn.

OECD — OECD Guidelines for Quality Assurance in Molecular Genetic Testing (OECD Leitlinien zur Qualitätssicherung in der molekulargenetischen Diagnostik) 2007, http://www.oecd.org/dataoecd/43/6/38839788.pdf (Stand 09/2011).

Oppenhoff, Friedrich Christian — Das Strafgesetzbuch für die Preußischen Staaten, Berlin 1856 (Nachdruck Goldbach 1997). Zitiert: *Oppenhoff,* PrStGB, S.

Ostendorf, Heribert — Der strafrechtliche Schutz von Drittgeheimnissen, JR 1981, S. 444 ff.

Otto, Harro — Aufklärungsrecht und -pflicht über AIDS-Erkrankung, Jura-Karteikarte zu OLG Frankfurt a. M. v. 8.7.1999 8 U 67/99, Heft 9, 2001. Zitiert: *Otto,* JK 2001, StGB § 203/2.

Palandt, Otto	Kommentar zum Bürgerlichen Gesetzbuch mit Nebengesetzen, 68. Auflage, München 2009. Zitiert: *Bearbeiter* in: Palandt, BGB, §, Rn.
Pfeffer, Hans	Durchführung von HIV-Tests ohne den Willen des Betroffenen – Pflicht und Befugnis zur Befundmitteilung aus der Sicht des Strafrechts, Schriften zum Strafrecht, Band 82, Berlin 1989. Zitiert: *Pfeffer,* HIV-Tests ohne den Willen des Betroffenen, S.
Pieroth, Bodo / Schlink, Bernhard	Grundrechte, Staatsrecht II, 24. Auflage, Heidelberg 2008. Zitiert: *Pieroth/Schlink,* Grundrechte, Rn.
PKD Familiäre Zystennieren e.V.	http://www.pkdcure.de/diagnose.html. (Stand 09/2011).
Präve, Peter	Das Recht des Versicherungsnehmers auf geninformationelle Selbstbestimmung, VersR 1992, S. 279 ff.
Propping, Peter	Spurensuche im Erbgut, G+G Spezial 10/2007, S. 4 ff.
Quaas, Michael / Zuck, Rüdiger	Medizinrecht – öffentliches Medizinrecht, Pflegeversicherungsrecht, Arzthaftpflichtrecht, Arztstrafrecht, 2. Auflage, München 2008. Zitiert: *Quaas/Zuck,* Medizinrecht, §, Rn.
Ratzel, Rudolf / Lippert, Hans-Dieter	Kommentar zur Musterberufsordnung der deutschen Ärzte (MBO), Elektronische Volltext Ressource, 4. Auflage, Berlin Heidelberg 2006. Zitiert: *Bearbeiter* in: Ratzel/Lippert, MBO, §, Rn.
Ratzel, Rudolf / Luxenburger, Bernd	Handbuch Medizinrecht, Bonn 2008. Zitiert: *Bearbeiter* in: Ratzel/Luxenburger, Handbuch Medizinrecht, §, Rn.
Rebmann, Kurt / Säcker, Franz Jürgen / Rixecker, Roland (Hrsg.)	Münchner Kommentar zum Bürgerlichen Gesetzbuch, Band 2: Schuldrecht Allgemeiner Teil, §§ 241-432 BGB u. FernAbsG, 4. Auflage, München 2001. Zitiert: *Bearbeiter,* MünchKomm, BGB, §, Rn.

Regenbogen, Daniela — Ärztliche Aufklärung und Beratung in der prädiktiven genetischen Diagnostik, Nomos Schriftenreihe Gesundheitsrecht und Gesundheitswissenschaften, Band 3, 1. Auflage, Baden-Baden 2003.
Zitiert: *Regenbogen,* Ärztliche Aufklärung und Beratung in der prädiktiven genetischen Diagnostik, S.

Reiter-Theil, Stella — Ethische Fragen in der genetischen Berautung – Was leisten Konzepte wie „Nichtdirektivität" und „ethische Neutralität" für die Problemlösung?,
Concilium 1998, S. 138 ff.

Rieger, Hans-Jürgen — Unterrichtung anderer Ärzte über HIV-Befund,
DMW 1992, S. 678 ff.

Rieger, Hans-Jürgen — Lexikon des Arztrechts, 2. Auflage, Heidelberg 2001.
Zitiert: *Bearbeiter* in: Rieger, Lexikon des Arztrechts, Beitragsnummer, Rn.

Rieger, Hans-Jürgen — Unterrichtung anderer Ärzte über HIV-Befund,
DMW 1992, S. 678 f.

Rieger, Hans-Jürgen — Lexikon des Arztrechts, Berlin New York 1984.
Zitiert: *Rieger,* Lexikon des Arztrechts, 544.

Ries, Hans Peter / Althaus, Jürgen / Großbölting, Ralf / Schnieder, Karl Heinz / Voß, Martin — Arztrecht – Praxishandbuch für Mediziner, 2. Auflage, Berlin Heidelberg 2007.
Zitiert: *Ries/Althaus ua,* Arztrecht, S.

Robert Koch-Institut / Gesellschaft der epidemiologischen Krebsregister in Deutschland (GEKID) — Krebs in Deutschland 2003-2004: Häufigkeiten und Trends, 6. Auflage, Berlin 2008.
Zitiert: *Robert Koch-Institut/GEKID,* Krebs in Deutschland 2003-2004, S.

Rogall, Klaus — Die Verletzung von Privatgeheimnissen (§ 203 StGB) – Aktuelle Probleme und ungelöste Fragen –,
NStZ 1983, S. 1 ff.

Rogall, Klaus — Offenbaren von Drittgeheimnissen durch Amtsträger, Anmerkung zur Entscheidung des OLG Köln in NStZ 1983, S. 412,
NStZ 1983, S. 413 ff.

Roßner, Hans-Jürgen — Begrenzung der Aufklärungspflicht des Arztes bei Kollision mit anderen ärztlichen Pflichten: Eine medi-

zinrechtliche Studie mit vergleichenden Betrachtungen des amerikanischen Rechts, Recht und Medizin, Band 40, Frankfurt a.M. 1998.
Zitiert: *Roßner,* Begrenzung der Aufklärungspflicht des Arztes, §, S.

Roxin, Claus — Strafrecht – Allgemeiner Teil, Band I: Grundlagen, der Aufbau der Verbrechenslehre, 4. Auflage, München 2006.
Zitiert: *Roxin,* Strafrecht AT I, §, Rn.

Roxin, Claus / Schroth, Ulrich — Handbuch des Medizinstrafrechts, 3. Auflage, Stuttgart München 2007.
Zitiert: *Bearbeiter* in: Roxin/Schroth, Handbuch Medizinstrafrecht, Kapitel, S.

Rudolphi, Hans-Joachim / Horn, Eckhard / Günther, Hans-Ludwig — Systematischer Kommentar zum Strafgesetzbuch, Band 2, Besonderer Teil §§ 80-206 StGB, München 2009.
Zitiert: *Bearbeiter,* SK-StGB, §, Rn.

Rudolphi, Hans-Joachim / Horn, Eckhard / Günther, Hans-Ludwig — Systematischer Kommentar zum Strafgesetzbuch, Band 1, Allgemeiner Teil §§ 1-37 StGB, München 2009.
Zitiert: *Bearbeiter,* SK-StGB, §, Rn.

Rüpke, Giselher — Das Anwaltsgeheimnis auf dem Prüfstand des Strafrechts – ein quasi-datenschutzrechtliches Missverständnis zu § 203 StGB?, NJW 2002, S. 2835 ff.

Russek, René — Das ärztliche Berufsgeheimnis, Bern Stuttgart 1954.
Zitiert: *Russek,* Ärztliches Berufsgeheimnis, S.

Sachs, Michael — Kommentar zum Grundgesetz, 4. Auflage, München 2007.
Zitiert: *Bearbeiter* in: Sachs, GG-Kommentar, Art, Rn.

Sass, Hans-Martin / Schröder, Peter — Patientenaufklärung bei genetischem Risiko, Münster 2003.
Zitiert: *Bearbeiter* in: Sass/Schröder, Patientenaufklärung, S.

Schimke, Hans-Jürgen	Die Schweigepflicht des Betriebsarztes bei freiwilligen Vorsorgeuntersuchungen nach dem Arbeitssicherheitsgesetz, BB 1979, S. 1354 f.
Schirrmacher, Volker	Krebs – Tumoren, Zellen, Gene, Spektrum der Wissenschaft: Verständliche Forschung, Heidelberg 1986. Zitiert: *Bearbeiter* in: Schirrmacher, Krebs, S.
Schlund, Gerhard H.	Zu Fragen der ärztlichen Schweigepflicht, JR 1977, S. 265 ff.
Schmidt, Angelika	Rechtliche Aspekte der Genomanalyse, Frankfurt a. M. 1991. Zitiert: *Schmidt,* Rechtliche Aspekte der Genomanalyse, S.
Schmidt, Eberhard	Das Reichsgericht und der „übergesetzliche Notstand“, ZStW 49 (1929), S. 350 ff.
Schmidt, Rolf	Grundrechte sowie Grundzüge der Verfassungsbeschwerde, 10. Auflage, Grasberg bei Bremen 2008. Zitiert: *Schmidt,* Grundrechte, Rn.
Schmidt-Bleibtreu, Bruno / Hofmann, Hans / Hopfauf, Axel	Kommentar zum Grundgesetz, 11. Auflage, München 2008. Zitiert: *Bearbeiter* in: Schmidt-Bleibtreu/Hofmann/Hopfauf, GG, Art, Rn.
Schmidtke, Jörg	Vererbung und Ererbtes: Ein humangenetischer Ratgeber, 2. Auflage, Chemnitz 2002. Zitiert: *Schmidtke,* Vererbung und Ererbtes, S.
Schmidtke, Jörg / Müller-Röber, Bernd / van den Daele, Wolfgang / Hucho, Ferdinand / Köchy, Kristian / Sperling, Karl / Reich, Jens / Rheinberger, Hans-Jörg / Wobus, Anna M. /Boysen, Mathias / Domasch, Silke	Gendiagnostik in Deutschland: Status quo und Problemerkennung, Supplement zu, Gentechnologiebericht, Forschungsberichte der Interdisziplinären Arbeitsgruppen der Berlin-Brandenburgische Akademie der Wissenschaften, Limburg an der Lahn 2007. Zitiert: *Bearbeiter* in: Schmidtke ua, Gendiagnostik in Deutschland, S.
Schmitter, Hermann	Untersuchung von Blut- und Sekretspuren mit Hilfe der DNA-Analyse MDR 1989, S 402 ff.

Schmitz, Roland	Verletzung von (Privat)geheimnissen – Der Tatbestand des § 203 StGB, JA 1996, S. 772 ff.
Schmitz, Roland	Verletzung von (Privat)geheimnissen – Qualifikationen und ausgewählte Probleme der Rechtfertigung, JA 1996, S. 949 ff.
Schnittler, Christoph	Genomanalyse: Stand der politischen Diskussion und rechtliche Regelungen in Deutschland, DuD 1993, S. 290 ff.
Schöffski, Oliver	Gendiagnostik: Versicherung und Gesundheitswesen: eine Analyse aus ökonomischer Sicht, Versicherungwissenschaft in Hannover: Hannoveraner Reihe, Band 10, Karlsruhe 2000. Zitiert: *Schöffski,* Gendiagnostik: Versicherung und Gesundheitswesen, S.
Schönke, Adolf / Schröder, Horst	Kommentar zum Strafgesetzbuch, 27. Auflage, München 2006. Zitiert: *Bearbeiter* in: Schönke/Schröder, StGB, §, Rn.
Schröder, Peter	Gendiagnostische Gerechtigkeit: eine ethische Studie über die Herausforderung postnataler genetischer Prädiktion, Münster 2004. Zitiert: *Schröder,* Gendiagnostische Gerechtigkeit, S.
Schröder, Peter (Landesinstitut für den Öffentlichen Gesundheitsdienst NRW, Bielefeld, BRD)	Der Status genom-basierter Informationen, Public – Health-Genomics und die These des Exzeptionalismus, Bundesgesundheitsblatt 2006, S. 1219 ff.
Schroeder-Kurth, Traute	Zur Ethik der Genetischen Diagnostik, Zeitschrift für medizinische Ethik (48) 2002, S. 329 ff.
Schubert, Werner / Regge, Jürgen / Schmid, Werner / Schröder, Rainer	Das Strafgesetzbuch für die Preußischen Staaten nebst dem Gesetze und den Verordnungen über die Einführung derselben, Berlin 1867 (Nachdruck Frankfurt a.M. 1991). Zitiert: *Schubert/Regge ua,* PrStGB, S.
Schünemann, Bernd	Der strafrechtliche Schutz von Privatgeheimnissen, ZStW 90 (1978), S. 11 ff.

Seiler, Robert — Der strafrechtliche Schutz der Geheimsphäre, Graz 1960.
Zitiert: *Seiler,* Strafrecht. Schutz der Geheimsphäre, S.

Selbsthilfegruppe Familiäre Zystennieren e.V. — http://www.znshg.de, Link: Zur Erkrankung (Stand 09/2011).

Sieg, Andreas / Seitz, Helmut-Karl — Darmkrebsprävention: Früherkennung und Vorbeugung, Hannover 2004.
Zitiert: *Sieg/Seitz,* Darmkrebsprävention, S.

Silva, Orlando E. / Zurrida, Stefano — Brustkrebs: Diagnostik und Therapie, 1. Auflage, München 2007.
Zitiert: *Silva/Zurrida,* Brustkrebs, S.

Simon, Jürgen / Donner, Hartwig — Genomanalyse und Verfassung, DÖV 1990, S. 907 ff.

Sippel, Albrecht E. / Nordheim, Alfred — Erbsubstanz DNA, 2. Auflage, Spektrum der Wissenschaft: Verständliche Forschung, Heidelberg 1986.
Zitiert: *Bearbeiter* in: Sippel/Nordheim, Erbsubstanz DNA, S.

Soergel, Hs. Th. — Kommentar zum Bürgerlichen Gesetzbuch mit Einführungsgesetz und Nebengesetzen, Band 12: Schuldrecht 10, §§ 823-853, ProdHG, UmweltHG, 13. Auflage, Stuttgart 2005.
Zitiert: *Bearbeiter* in: Soergel, BGB, §, Rn.

Sokol, Bettina — Gesundheitsdatenbanken und Betroffenenrechte: Das isländische Beispiel, NJW 2002, S. 1767 ff.

Spann, W. / Liebhardt, E. / Penning, R. — Genomanalyse und ärztliche Schweigepflicht in: Kamps, H. / Laufs, A., Festschrift für Prof. Dr. iur. Helmut Narr zum 60. Geburtstag, Heidelberg 1988.
Zitiert: *Spann/Liebhardt/Penning* in: Kamps/Laufs, Festschrift für Narr, S.

Spann, Wolfgang / Penning, Randolph — Neue Problemstellungen in der Rechtsmedizin durch AIDS – AIDS: New Challenges in Forensic Medicine, AIFO 1986, S. 637 ff.

Stabsabteilung der Friedrich-Ebert-Stiftung — Dokumentation der Fachkonferenz „Anforderungen an ein Gendiagnostik-Gesetz", veranstaltet von der Friedrich-Ebert-Stiftung in Zusammenarbeit mit der Berlin-Brandenburgischen Akademie der Wissenschaften am 11.10.2007 in Berlin, Berlin 2007. Zitiert: *Bearebeiter* in: Friedrich-Ebert-Stiftung, Anforderungen an ein Gendiagnostik-Gesetz, S.

Statistisches Bundesamt (Destatis) / Gesellschaft Sozialwissenschaftlicher Infrastruktureinrichtungen (GESIS-ZUMA), Zentrum für Sozialindikatorenforschung / Wissenschaftszentrum Berlin für Sozialforschung , Zentrales Datenmanagement — Datenreport 2008: Ein Sozialbericht für die Bundesrepublik Deutschland, Bundeszentrale für politische Bildung (Bonn), Wiesbaden, Mannheim, Berlin 2008. Zitiert: *Statistisches Bundesamt ua,* Datenreport 2008, S.

Steinmüller, Wilhelm — Genetisches Selbstbestimmungsrecht: Eine Skizze zur sozialen Bewältigung der Genomanalyse, DuD 1993, S. 6 ff.

Stratenwerth, Günter / Kuhlen, Lothar — Strafrecht Allgemeiner Teil I: Die Straftat, 5. Auflage, Köln Berlin München 2004. Zitiert: *Stratenwerth/Kuhlen,* Strafrecht AT I, Kapitel, Rn.

Stumper, Kai — Informationelle Selbstbestimmung und DNA-Analysen – zur Zulässigkeit der DNA-Analyse am Menschen angesichts des informationellen Selbstbestimmungsrechts aus Art. 2 I i.V.m. Art. 1 I GG, Frankfurt a.M. 1996. Zitiert: *Stumper,* Informationelle Selbstbestimmung und DNA-Analysen, S.

Stumper, Kai — DNA-Analysen und ein Recht auf Nichtwissen, DuD 1995, S. 511 ff.

Taupitz, Jochen — Privatrechtliche Rechtspositionen und die Genomanalyse: Eigentum, Persönlichkeit, Leistung, JZ 1992, S. 1089 ff.

Ten Have, Henk A. M. J. — Gentics and Culture: The geneticization thesis, Medicine, Health Care and Philosopy 4, 2001, S. 295 ff.

Terbille, Michael	Münchner Anwaltshandbuch Medizinrecht, München 2009. Zitiert: *Bearbeiter* in: Terbille, Medizinrecht, §, Rn.
Tiebe, Susann	Strafrechtlicher Patientenschutz – Die Bedeutung des Strafrechts für die individuellen Patientenrechte, Recht und Medizin Bd. 70, Frankfurt a.M. 2005. Zitiert: *Tiebe,* Strafrechtlicher Patientenschutz, S.
Timm, Manfred	Grenzen der ärztlichen Schweigepflicht, Köln 1988. Zitiert: *Timm,* Grenzen der ärztlichen Schweigepflicht, S.
Tinnefeld, Marie-Theres	Menschenwürde, Biomedizin und Datenschutz – Zur Aufklärung neuer Risiken im Arbeits- und Versicherungswesen, ZRP 2000, S. 10 ff.
Tinnefeld, Marie-Theres	Persönlichkeitsrecht und Modalitäten der Datenerhebung im Bundesdatenschutzgesetz, NJW 1993, S. 1117 ff.
Tinnefeld, Marie-Theres	Quo vadis, Molekularbiologie? – Fragen zur sozialen und rechtlichen Auswirkung von Genomanalysen, DuD 1993, S. 261 ff.
Tinnefeld, Marie-Theres / Böhm, Ingolf	Genomanalyse und Persönlichkeitsrecht – Chancen und Gefährdungen, DuD 1992, S. 62 ff.
Uhlsenheimer, Klaus	Arztstrafrecht in der Praxis, 4. Auflage, Heidelberg 2008. Zitiert: *Uhlsenheimer,* Arztstrafrecht, Rn.
Unruh, Peter	Zur Dogmatik der grundrechtlichen Schutzpflichten, Schriften zum öffentlichen Recht, Bd. 709, Berlin 1996. Zitiert: *Unruh,* Zur Dogmatik der grundrechtlichen Schutzpflichten, S.
Untch, M. / Sittek, H.	Diagnostik und Therapie des Mammakarzinoms, State of the Art, 5. Auflage, München 2008. Zitiert: *Bearbeiter* in: Untch/Sittek, Mammakarzinom, S.

v. Mangoldt, Hermann / Klein, Friedrich / Starck, Christian	Kommentar zum Grundgesetz, Band 1: Präambel, Artikel 1-19 GG, 5. Auflage, München 2005. Zitiert: *Bearbeiter* in: v. Mangoldt/Klein/Starck, GG, Art., Rn.
v. Münch, Ingo / Kunig, Philip	Grundgesetz-Kommentar, Band 1 (Präambel bis Art. 19 GG), 5. Auflage, München, 2000. Zitiert: *Bearbeiter* in: v. Münch/Kunig, Art., Rn.
van den Daele, Wolfgang	Freiheiten gegenüber Technikoptionen : Zur Abwehr und Begründung neuer Techniken durch subjektive Rechte, KritV 1999, S. 257 ff.
Verbraucherzentrale Bundesverband	Schutz vor den Risiken genetischer Untersuchungen?, Stellungnahme zum Referentenentwurf der Bundesregierung zum Entwurf eines Gesetzes über genetische Untersuchungen bei Menschen (GenDG) vom 14.01.2009. Zitiert: *Verbraucherzentrale Bundesverband,* Stellungnahme zum Referentenentwurf der Bundesregierung zum GenDG, S.
Visher, Emily B. / Visher, John S.	Stiefeltern, Stiefkinder und ihre Familien – Probleme und Chancen, 2. Auflage, Weinheim 1995. Zitiert: *Visher/Visher,* Stiefeltern, Stiefkinder, S.
Vogels, Tim O.	Keine ärztliche Schweigepflicht bei Aids-Erkrankung eines Patienten gegenüber dessen Lebensgefährtin, Anmerkung zu OLG Frankfurt a. M. Beschluss v. 8.7.1999, 8 U 67/99 (LG Wiesbaden), MDR 1999, S. 1444, MDR 1999, S. 1445 f.
Wagenmann, Uta	In Kürze: Gendiagnostikgesetz, GID, Nr. 168 (Feb./März 2005), S. 10 ff.
Wagner, Gerhard	Das Zweite Schadensersatzrechtsänderungsgesetz, NJW 2002, S. 2049 ff.
Weigell-Weber, Maike	Chorea Huntington: Diagnose, Verlauf und Prognose unter Berücksichtigung moderner molekulargenetischer Erkenntnisse, Münster, New York 1995. Zitiert: *Weigell-Weber,* Chorea Huntington, S.

Wellbrock, Rita — Genomanalysen und das informationelle Selbstbestimmungsrecht, CR 1989, S. 204 ff.

Wessels, Johannes / Beulke, Werner — Strafrecht – Allgemeiner Teil, Die Straftat und ihr Aufbau, 37. Auflage, Heidelberg München 2007.
Zitiert: *Wessels/Beulke,* Strafrecht – Allgemeiner Teil, §, Rn.

Wiese, Günther — Gibt es ein Recht auf Nichtwissen? – Darstellung am Beispiel der genetischen Veranlagung von Arbeitnehmern – in: Jayme, Erik ua, Festschrift für Hubert Niederländer, Heidelberger rechtsvergleichende und wirtschaftsrechtliche Studien, Band 20, Heidelberg 1991.
Zitiert: *Wiese* in: Jayme ua, Festschrift für Niederländer, S.

Wiese, Günther — Genetische Analysen an Arbeitnehmern, DuD 1993, S. 274 ff.

Wiesing, Urban / Schmitz, Dagmar — Aus der Forschung: Methode oder Prognose? Zum Diskussionsentwurf des Gendiagnostikgesetzes aus ethischer Perspektive, Zeitschrift für medizinische Ethik, S. 192 ff.

Wilming, Anneliese — Neuropathologische, klinische und genetische Aspekte der Chorea Huntington, 1996.
Zitiert: *Wilming,* Chorea Huntington, S.

Winter, Stefan F. / Fenger, Hermann / Schreiber, Hans-Ludwig — Genmedizin und Recht: Rahmenbedingungen und Regelungen für Forschung, Entwicklung, Klinik, Verwaltung, München 2001.
Zitiert: *Bearbeiter* in: Winter/Fenger/Schreiber, Genmedizin und Recht, Rn.

Woesner, Horst — Fragen ärztlicher Geheimhaltungspflicht, NJW 1957, S. 692 ff.

Wolfslast, Gabriele — Aufklärung über AIDS-Erkrankung, Anmerkung zum Urteil des OLG Frankfurt a.M., NStZ 2001, S. 151 ff.

World Health Organization (WHO) — Proposed International Guidelines on Ethical Issues in Medical Genetics and Genetic Services, Human

Genetic Programm, Report of a WHO Meeting on Ethical Issues in Medical Genetics, Geneva, 15-16 December 1997, published by the World Heath Organization 1998.
http://whqlibdoc.who.int/hq/1998/WHO_HGN_GL_ETH_98.1.pdf (Stand 09/2011).
Zitiert: *WHO,* Proposed International Guidelines on Ethical Issues in Medical Genetics and Genetic Services, S.

Wrba, Fritz / Dolznig, Helmut / Mannhalter, Christine — Genetik verstehen, Wien 2007.
Zitiert: *Wrba/Dolznig/Mannhalter*, Genetik, S.

Wuermeling, H.-B. — Ärztlich-ethische Fragen zu AIDS, MedR 1987, S. 265 ff.

Zirpins, Walter — Reichsstrafgesetzbuch mit systematischen Erläuterungen und den wichtigsten strafrechtlichen Nebengesetzen, Hannover 1949.
Zitiert: *Zirpins,* RStGB, S.

Zuck, Rüdiger — Kurzer Beitrag zu AIDS (Blick in die Zeit), MDR 1987, S. 460 ff.

Kolibri 360 GmbH
Ferdinand-Jühlke-Straße 7
99095 Erfurt, Deutschland
produktsicherheit@kolibri360.de